U0197823

反光低纹理物体 6D 位姿估计

何再兴　赵昕玥　著

科学出版社

北京

内 容 简 介

物体 6 自由度(6D, 6DoF)位姿估计是机器人视觉、增强现实、自动驾驶、具身智能等领域的核心技术。本书分层次介绍了有纹理物体、低纹理物体,以及反光低纹理物体位姿估计的先进机器视觉理论、方法及关键技术,其中以最具挑战性的反光低纹理物体为重点。

全书包含 8 章,第 1 章为绪论,介绍视觉 6D 位姿估计的基本概念、研究现状,及现有技术面临的挑战;第 2 章介绍视觉 6D 位姿估计的基础知识;第 3 章介绍适用于有纹理物体的基于图像特征点匹配的方法;第 4 章介绍适用于低纹理物体的判别式神经网络方法;第 5 章~第 8 章介绍适用于反光低纹理物体的理论、方法及数据集,其中,第 5 章和第 6 章分别为基于低层和高层几何特征的理论与方法,第 7 章介绍基于"特征-图像"的生成式深度神经网络理论与方法,第 8 章介绍构建的大型反光低纹理物体图像数据集 RT-Less。

本书可供从事机器人视觉、增强现实等涉及物体 6D 位姿估计技术研究和应用的相关科研人员、高等学校教师、研究生及高年级本科生使用。

图书在版编目(CIP)数据

反光低纹理物体 6D 位姿估计 / 何再兴,赵昕玥著. 北京 :科学出版社, 2024. 10. -- ISBN 978-7-03-079676-9

Ⅰ. TP242.6

中国国家版本馆 CIP 数据核字第 20242QS024 号

责任编辑:闫 悦 / 责任校对:胡小洁
责任印制:赵 博 / 封面设计:蓝正设计

科 学 出 版 社 出版
北京东黄城根北街 16 号
邮政编码:100717
http://www.sciencep.com

中煤(北京)印务有限公司印刷
科学出版社发行 各地新华书店经销

*

2024 年 10 月第 一 版 开本:720×1000 1/16
2025 年 1 月第二次印刷 印张:16 插页:9
字数:320 000
定价:159.00 元
(如有印装质量问题,我社负责调换)

前　　言

人工智能、具身智能等领域正以前所未有的速度向前发展，这些智能产业与技术的核心是让系统具有类人智能。人类获取的信息约 83%来自视觉，因此机器视觉技术在这些智能产业中占据举足轻重的地位。目标在哪里、处在什么位置和姿态（位姿）是智能体视觉感知要完成的核心任务。本书专注于物体 6 自由度（6D, 6DoF）位姿估计的理论与方法。

在物体（本书指刚体）6D 位姿估计领域，根据处理的难易程度来分类，可以将物体分为有纹理物体、低纹理物体（这里仅包含朗伯体或近似朗伯体）和反光低纹理物体。有纹理物体表面具有丰富纹理图案，从图像处理角度来看，其表面可以提取鲁棒可靠的图像局部特征，从而可以计算出其准确的位姿。针对这类物体，传统位姿估计技术的鲁棒性和精度均较高，仅在处理一些特殊物体，如具有重复纹理的物体时还存在一些局部问题需要解决。低纹理物体指表面不具有明显纹理但具有漫反射特性的物体，传统方法在这类物体上的表现欠佳，也正是近年来位姿估计领域的研究重点。深度学习技术给这一问题的解决带来了新的理论与方法，取得了显著的进展。虽然低维纹理物体不存在显性纹理，很难从其表面的图像中提取可靠的图像特征点，然而实质上其表面仍然存在隐性纹理，这种隐性纹理可以被深度学习所利用从而实现较为鲁棒与精确的位姿估计，但在遮挡、复杂干扰等场景下的位姿估计效果仍然有提升空间。反光低纹理物体指表面不但没有明显纹理，而且具有不同程度镜面反射特性的物体。这种物体表面的隐性纹理不复存在，甚至会产生由反光导致的错误纹理信息，因此一般的深度学习位姿估计方法也难以处理这类物体，是当前现有技术面临的最大挑战。

作者针对 6D 位姿估计，尤其是反光低纹理物体的位姿估计问题进行了长期的研究，本书系统性总结了这些研究成果。本书包含了有纹理物体、低纹理物体，以及反光低纹理物体（本书重点）的位姿估计理论与方法，在方法类型上涵盖了关联点法、几何特征法和深度学习法。全书分为 8 章，第 1 章为绪论；第 2 章介绍必要的基础知识；第 3 章介绍基于图像特征点匹配的方法，适用于有纹理物体；第 4 章介绍基于判别式神经网络的方法，适用于低纹理物体；第 5~7 章介绍反光低纹理物体的位姿估计理论、方法，分为两大类，其中，第 5、6 章介绍第一类基于几何特征的理论与方法，分别基于低层和高层几何特征实现位姿估计，第 7 章介绍基于"特征-图像"的生成式深度神经网络理论与方法；第 8 章介绍为推动反光低纹理物体位姿估计领域研究发展而构建的大型反光低纹理物体图像数据集 RT-Less。更多相关研究成果和资源，请访问 http://github.com/ZJU-IVI/。

感谢谭建荣院士、张树有教授对本书的指导，感谢研究生江智伟、吴晨睿、吴梦天、蒋俊杰、冯武希、超越、赵金栋、李泉志、沈晨涛等，本书很多内容来源于他们的辛勤研究工作。

限于作者的研究和写作水平，书中的错误和缺点不可避免，希望读者批评指正（zaixinghe@zju.edu.cn）。

作　者

2024 年 4 月

目　　录

彩图

第 1 章 绪 论

物体的 6 自由度位姿估计是智能机器人(自主抓取与装配)、增强现实、自动驾驶等领域的核心技术。以智能机器人为例,机器人视觉技术利用视觉感知引导机器人作业,就如同给机器人装上"眼睛"和"大脑",是当前研究热点具身智能领域的核心技术之一。检测相机"视野"中的物体并估计其 6 自由度位置与姿态(6DoF 位姿或 6D 位姿)是机器人视觉技术最核心的任务。

目前在物体(刚体)6D 位姿估计领域,针对纹理丰富、特征明显的普通物体的位姿估计技术已趋于成熟,现有技术的鲁棒性和精度均较高。但是在制造领域中普遍存在的金属零件等工业目标不仅无明显纹理,而且表面反光,这种反光低纹理目标的 6D 位姿估计仍然是一个世界性难题。

根据所使用的硬件来分类,主流的 6D 位姿估计方法主要分为基于单目视觉(RGB(red-green-blue)相机)的方法和基于深度(depth)相机的方法,以及两者结合的方法(RGB-D 相机)。对于普通物体的 6D 位姿估计,应用较多的是基于 RGB-D 相机的方法,因为 RGB-D 相机既能提供图像信息,又能提供深度信息。对于目标物体,如能获取它表面较精确的三维点云,通过计算就能得到其 6D 位姿。因此,不论是 RGB-D 相机或者深度相机都能很好地用于位姿估计,其鲁棒性与精度通常比单目视觉法更高。然而基于单目视觉的方法适用范围最广。在很多场合,精确的三维点云难以获取,此外,诸多因素限制了深度相机方法的应用范围。①硬件的限制:比如对于许多手机等移动端的应用程序,它们往往只配备了 RGB 相机;②应用场合的限制:深度相机普遍容易受到外界光线的干扰,在户外或强室内光干扰等环境下,精确三维点云的获取比较困难;③物体表面光学特性的限制:对于反光物体,由于其表面镜面反射的原因,会导致结构光等三维感知技术采集的点云大面积缺失和精度下降。基于这一原因,单目视觉法是用于反光低纹理目标的 6D 位姿估计更适合的方法,本书将聚焦于这一类方法。

本章将介绍物体 6D 位姿估计的基本概念、研究现状,并分析现有位姿估计方法对于反光低纹理物体的局限性,以及其面临的困难和挑战,最后概述了本书的主要内容与结构。

1.1 物体 6D 位姿估计的基本概念

图 1-1 所示是一个刚体,它在空间的运动可以包含 6 个独立的运动自由度。其

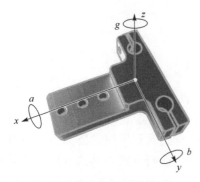

图 1-1　物体的 6D 位姿表示

中，沿 x、y、z 轴的平移代表 3 个平移量，围绕 x、y、z 轴的转动则代表了 3 个旋转量。这样，在直角坐标系 $O\text{-}XYZ$ 中表征了该物体的 3 个平移（即物体位置）和 3 个旋转（即物体姿态），它们共同表示了物体的 6 自由度（6 degree of freedom）位置和姿态，简称为 6DoF 或 6D 位姿，6D 位姿有多种表示方式，刚体在三维空间中的状态都可以用 6D 位姿来进行表示。

物体的 6D 位姿估计是指计算目标的 6 个自由度的位置与姿态。对于配合目标，可以通过物体内置的传感器来读取其位姿。本书所讨论的对象是非配合目标，且表面反光、低纹理，需要通过 RGB 相机获取该目标的图像，从图像信息中计算其 6D 位姿。通常需要物体的显式或隐式的三维模型（如大量不同视角的二维图像），通过建立相机中的目标物体图像和模型的对应关系，来计算其 6D 位姿。

通常用鲁棒性和精度两个指标来评估物体位姿估计的效果：当位姿估计误差过大（如大于目标物体尺寸的 10%）时，则认为位姿估计错误，位姿估计错误率高，则说明方法的鲁棒性低；还可以用位置误差（长度值或像素值[1]）和角度误差来进一步评估位姿估计的精度。在后续章节中，将采用这两个指标来对不同的方法进行评估。

1.2　物体 6D 位姿估计的研究现状

现有 6D 位姿估计方法，可以根据它们处理特征的类型及方式将它们大部分归类为以下几种：

①关联点法（correspondence-based methods）；

②模板匹配法（template-based methods）；

③投票法（voting-based methods）；

④回归法（regression-based methods）。

还可以根据是否使用了深度学习模型，将它们分为两种类型：①传统方法（traditional methods）；②基于深度学习的方法（deep learning-based methods）。其中，传统方法多属于前两种类型：关联点法和模板匹配法，而投票法和回归法是基于深度学习方法的常见类型。本章将根据第二种分类方式，并结合第一种分类方式来简要介绍 6D 位姿估计方法的发展现状。

---

1)　与长度单位（如毫米）相比，像素单位能更准确地评估算法的精度，因为用长度单位评估精度会受到镜头焦距、物距等的严重影响，而用像素值评估精度则不受这些因素影响。

1.2.1　传统 6D 位姿估计方法

传统的 6D 位姿估计方法大多属于关联点法或模板匹配法。

关联点法指的是这样一类算法：首先，使用特征提取算法，如尺度不变特征变换(scale-invariant feature transform，SIFT)[1]、加速稳健特征(speeded-up robust features，SURF)[2]、方向倒角二进制特征(oriented FAST and rotated brief，ORB)[3]等，从图像中获得描述局部特征的二维特征点。然后，通过匹配这些特征点对应的三维模型中的三维点坐标，获得多对 2D-3D 的匹配点对。最后，通过求解一个 n 点透视(perspective-n-point，PnP)问题来计算目标位姿。PnP 是已知 n 组匹配点对($n \geqslant 3$)的情况下，联立方程组求解位姿变换矩阵的问题。

图 1-2 表示了关联点法的基本原理，通过建立物体图像和三维模型的 7 个 2D-3D 的匹配点对，可以通过求解一个 PnP 问题($n = 7$)，得到图像中物体的 6D 位姿。此类方法的代表有 SIFT-Cloud-Model(scale invariant feature transform-cloud-model)[4]，3-Dimension Semi-Global Descriptors[5]，BOLD3D(3D bunch of lines descriptor)[6,7]等。

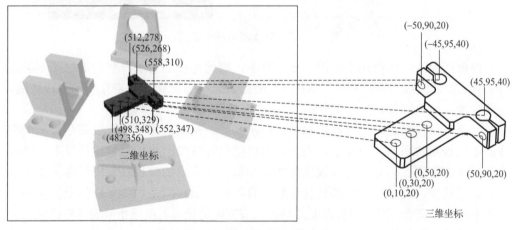

图 1-2　关联点法原理示意图

关联点法的重点在于如何正确地匹配关键点：正确的匹配数量越多，位姿估计的鲁棒性也越高，位姿估计的精度也越高。由于其利用的是局部特征，它可以实现目标在部分被遮挡的情况下还原整体的位姿。

但是关联点法的匹配过程对特征点的要求非常苛刻，需要其满足尺度、平移、旋转、仿射不变性等可靠性要求，并且要求有足够数量。上述条件往往只能在表面纹理丰富的物体上得到满足。然而现实世界中的许多物体难以满足上述条件。

对于低纹理表面的物体，模板匹配法比关联点法更具优势。在识别目标图像之前，模板匹配法首先需要制作模板库。模板库包含大量不同视角、已知位姿的目标二维图像 1)。然后，模板库存储所有的图像特征及其对应位姿。在位姿估计的过程中，相同的特征提取算法将作用在检测图像上，并在模板库中搜寻与其最匹配的模板特征，获得最为近似的模板，将其对应姿态作为检测图像的位姿输出。

图 1-3 表示了模板匹配法的运行原理，此类方法的代表有：LineMod[8]、Hodan 等的模板匹配算法[9]、Super 4PCS (4-points congruent sets)[10]、GO-ICP (globally optimally iterative closest point)[11]等。

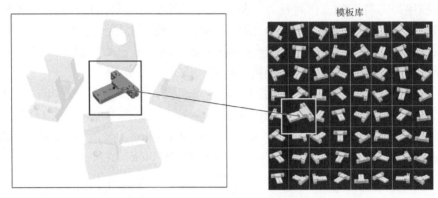

图 1-3　模板匹配法原理示意图

模板匹配法的优势在于使用了全局特征，因此可以适用于一些局部特征不明显的物体，如低纹理物体。另外，现有方法的模板采样图像通常来自真实的工作环境，因此更能反映目标物体的真实状态。

但是，模板匹配法的鲁棒性和精度都不高。一是模板库中的模板都是同一个物体的不同视角的图像，而要想达到一定的位姿估计精度，模板数量往往很多，要求模板采样较密集。因此大量模板图像非常相似，在后期的模板匹配中很容易发生匹配错误的情况，从而导致位姿估计错误，鲁棒性降低。二是由于采样的模板库是一个离散的有限集合，因此模板匹配的结果只有有限的选择，用最相似的模板位姿来作为检测图像中目标的位姿，会产生量化误差，导致精度下降。实际应用上，大多数模板匹配方法往往需要借助额外的优化算法以提高精度。例如，Hinterstoisser 等[8]和 Hodan 等[9]的方法就需要借助最近点迭代 (iterative closest point，ICP) 方法。这些优化方法往往对目标物体有要求，并不适用于所有的目标物体。此外，高昂的模板采样成本以及时间消耗也是模板匹配方法不可忽视的缺点。

1.2.2　基于深度学习的 6D 位姿估计方法

随着深度学习的发展，6D 位姿估计领域涌现了大量基于深度学习的研究。一种

---

1) 通常并不是直接用这些图像进行匹配，而是提取它们的特征(通常是全局特征)，用特征进行匹配。

典型的方式便是使用深度学习模型代替传统的关联点法和模板匹配法的部分过程。其中,替代传统关联点法(其中的关键点匹配)的深度学习方法通常被称作两阶段法,这是为了区分常规端到端(end-end)的深度学习模式。同时这类方法也被称作隐式预测的方法,因为这些方法往往不直接检测目标物体上的图像特征点,例如, BB8(8 corners of the bounding box)[12]和 YOLO-6D(6 dimension of you only look once)[13]预测的是 3D 包围盒的 8 个顶点, Wang 等[14]的方法预测的是构建的局部 3D 控制点, Hu 等[15,16]的方法、稠密位姿检测器(dense pose object detector, DPOD)[17]预测的是目标局部区域对应的所有点。基于深度学习的模板匹配法可以看作是通过机器学习模型替代了遍历模板库的过程,直接从训练集中寻找到与输入图像匹配度最高的模板。此类方法的代表有增强自编码器(augmented auto encoder, AAE)[18]等。

除了以上两类方法,还有两种深度学习类型的方法:投票法和回归法[1]。

投票法的原理是从图像中的每一个像素点/3D 点都输出描述特征的投票(vote),然后基于所有的局部输出对总体产生投票。由于它们通常需要关键点预测和位姿计算两个阶段,因此这类方法一般也属于两阶段法。此类方法可以分为间接投票法和直接投票法。

间接投票法的思路类似于关联点法,其整体投票的目标是预定义的特征点(2D/3D)。然后通过 PnP 或最小二乘法求解最终位姿。此类方法的代表有 PVNet(pixel-wise voting network)[19]和 Pix2Pose(pixel to pose)[20]等。

PVNet 的原理是通过深度学习模型得到一个指向 2D 关键点的稠密向量场,然后通过基于随机抽样一致性(random sample consensus,RANSAC)的投票方法获得关键点,最后求解 PnP 问题计算位姿。PVNet 的优点在于即使目标处于局部遮挡状态下,依然可以通过局部预测获得整体位姿。

Pix2Pose 的原理是通过自编码器估计每个像素和空间坐标的误差,进行逐像素的多阶段 2D-3D 配对关系,并通过 PnP+RANSAC 的方法求解目标位姿。Pix2Pose 的另一特点在于可以用生成对抗模型复原目标物体的遮挡部位,修补图像缺失造成的精度误差。

其他的间接投票法包括:PVN3D(point-wise 3D keypoints voting network)[21]、6-PACK(6D-pose anchor-based category-level keypoint tracker)[22]、YOLOff(you only learn offsets)[23]等。

直接投票法的思路是所有的基元(2D 像素/3D 点)都需要输出确定目标物体的坐标或姿态$[R|t]$,最后通过投票的方式决定物体的最终 6D 位姿。此类方法的代表有 DenseFusion[24]等。DenseFusion 的原理是融合图像的三原色 RGB 信息与深度 3D 信息。通过 RGB 信息为图像中的 3D 点增加可匹配的特征性,增强了其在 3D-3D 匹配过程中的成功率和准确性。

---

1) 这两种方法在深度学习方法流行之前,在传统方法中也有少量应用。

　　其他的直接投票法包括：LRF-Net (local reference frames net)[25]和 Brachmann 等[26]、Tejani 等[27]、Pavlakos 等[28]提出的方法等。

　　与关联点法类似，投票法也是一种基于挖掘局部特征的方法。投票法利用了机器学习的方法获得了大量的局部关键点特征，达到传统的手工设计特征无法企及的规模。同时，投票法也得益于机器学习替代人工处理了大量关键点之间的复杂关系。图 1-4 所示为投票法的基本原理。

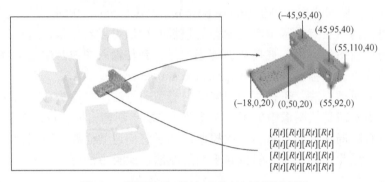

图 1-4　投票法 (间接法/直接法) 原理示意图

　　回归法是通过输入图像，直接输出 6D 位姿的一类算法，因此又称一阶段法。这类方法的产生得益于深度学习发展所带来的大规模学习模型，使得通过大量图像拟合姿态的方式成为可能，如图 1-5 所示。此类方法的代表有 PoseCNN (pose convolutional neural networks)[29]、SSD-6D (single shot multibox detector-6 dimension)[30] 和 Do 等的方法[31]等。

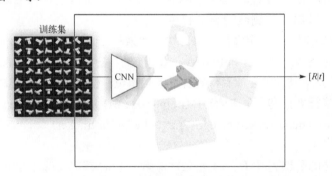

图 1-5　回归法原理示意图

　　PoseCNN 模型的输出参数分为语义标记、平移估计和旋转变量估计。其中，平移估计依靠的是计算相机距离目标投影的中心。旋转变量估计依靠的是回归旋转变换的四元数。PoseCNN 的训练是建立在大型的数据库 (YCB-Video[29]) 支持上的。该数据库为 PoseCNN 提供了包含 21 个物体的 92 个视频，共 133827 帧的数据量。

　　SSD-6D 是基于单步多框目标检测器(single shot multibox detector, SSD)(目标检测算法)的一种算法。SSD-6D 的处理数据是基于三维模型实例的 RGB 图像。SSD-6D 的一大特点是通过图形渲染实现训练,其位姿估计精度可以与很多基于RGB-D 数据集的方法相比,并且在速度上达到了 10fps。

　　Deep-6DPose 实现了端到端的深度学习框架。它的关键技术在于解析姿态参数,将其分为平移和旋转两类变量。在训练模型的过程中,它通过李代数回归旋转变量,使得姿态的损失函数构成了利于训练的可微模型。这样的方法使得 Deep-6DPose 的输出模型直接成为可回归的位姿参数。

　　其他的回归法包括:Tekin 等的方法[13]、DeepIM(deep iterative matching)[32]、CDPN(coordinates-based disentangled pose network)[33]、SilhoNet[34]、HybridPose[35]等。

　　回归法的优点在于其输入输出模式的直接性。但是由于回归法是一种基于训练数据的机器学习方法,难以避免数据匮乏带来的局限。实际上,由于 6D 位姿估计的求解空间十分巨大,在现实世界中,为其提供完备的学习样本往往难以实现,并且与模板匹配法的缺点类似,数量庞大的位姿图像中互相之间相似度很高,再加上环境等干扰导致的噪声影响,很难求解出正确位姿。因此,目前一阶段法的效果整体上劣于两阶段法。

　　此外,随着以微软 Kinect、英特尔 RealSense 为代表的深度相机(以及 RGB-D 相机)的成熟,基于 3D 点云的方法也日益增多,如 3DMatch[36]、PCRNet(point cloud registration network)[37]、PPF(point pair features)[38]等。然而如前所述,由于反光物体的精确三维点云采集十分困难,因此此类方法不大适用于反光低纹理目标,本书不做过多介绍。

　　6D 位姿估计是机器人视觉任务的核心课题,除了机器臂抓取,其应用场景还包括了自动化装配、自动避障等,在增强现实(augmented reality)领域,如跟踪注册技术、虚拟物体生成技术等,也具有广泛的应用。另外,位姿估计技术对于自动驾驶也至关重要。因此,6D 位姿估计问题聚集了大量学者与工程师的关注。研究人员甚至为它专门开发了一系列公共数据集(LineMOD[8],OcclusionLineMOD[8],YCB-Video[29],T-Less(texture-less)[39]等),另外还举办了 6D 位姿估计基准挑战[40]这样的竞赛平台吸引了全世界的研究者。现今的 6D 位姿估计领域已经有大量的相关研究和有效算法(本章提到的主要方法总结如表 1-1 所示)。尽管如此,在工业领域,面向低纹理反光金属物体的位姿估计问题依然充满挑战。

表 1-1　本章提到的主要代表性 6D 位姿估计方法汇总

6D 位姿估计方法	传统方法	深度学习方法
关联点法	SIFT-Cloud-Model、3D Semi-Global Descriptors、BOLD3D	BB8、YOLO-6D、Robust3D、Segmentation-driven、DPOD、Single-stage 6D
模板匹配法	LineMode、Detection and fine、Super 4PCS、GO-ICP	AAE

续表

6D 位姿估计方法	传统方法	深度学习方法
投票法	—	PVNet、Pix2Pose、PVN3D、6-PACK、YOLO ff、DenseFusion、Learning 6D object pose、Latent-class、LRF-Net、6DoF object pose
回归法	—	PoseCNN、SSD-6D、Deep-6Dpose、2017-Real-Time Seamless、DeepIM、CDPN、SilhoNet、HybridPose

1.3　反光低纹理物体位姿估计的挑战

对于本书的研究对象：反光低纹理物体，以精密金属零件为代表，其表面的镜面反射，会导致结构光等三维感知技术采集的点云大面积缺失和精度下降（图1-6）。基于这一原因，本书中反光低纹理目标的 6D 位姿估计多采用单目视觉法。

图 1-6　利用结构光技术对复杂强反光物体表面采集的点云（见彩图）

传统的关联点法多采用手工设计的特征，如 SIFT 特征点，用于建立相机图像与三维模型（或二维图像模板）的匹配关系，从而求解位姿。但是对反光低纹理物体，一方面特征点邻域局部信息非常相似，另一方面，受到反光的干扰，特征点提取的信息往往是由反光造成的干扰信息。因此很难提取到稳定、可靠的特征点，所以基于传统图像特征点的方法也不适用于反光低纹理物体。图 1-7 所示为对反光低纹理金属零件通过 SIFT 特征点匹配的结果，很难建立正确的匹配。

近年来，深度学习在 6D 位姿估计上取得了较大的突破。如前所述，投票法（一般也属于两阶段法）通常先通过投票建立 2D-3D 匹配关系（相机图像中的 2D 点与三维模型中的 3D 点），再通过求解 PnP 问题求解位姿。例如，PVNet 通过对语义分割结果进行逐像素投票获得 8 个关键点，建立了 2D-3D 匹配关系后，通过 PnP 求解位姿。这类方法针对低纹理曲面物体取得了较高的准确度。这类低纹理粗糙表面虽然不存在显性的、明显的纹理，但具有难以被察觉的隐性纹理，因此，它们的表面图像中难以提取可靠的 SIFT 等手工设计特征点，但其隐性纹理可以被深度学习的强大挖掘能力所学习。

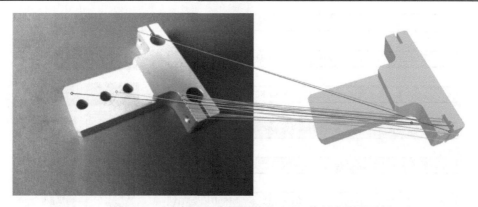

图 1-7　反光低纹理金属零件的 SIFT 特征点匹配示例

但对于金属零件等反光低纹理目标而言，其表面不但没有显性纹理，也没有隐性的纹理，或者说受到反光的干扰，其隐性纹理无法呈现出来。更严重的是，镜面反射导致其表面在一个角度下呈现出来的特征与另一角度下呈现的特征可能大不相同。因此，用逐像素投票得到的关键点正确率和精度不高，从而导致位姿估计的鲁棒性和精度不高。例如，Pix2Pose 等方法通过建立逐像素稠密的 2D-3D 匹配点对，然后基于 RANSAC 和 EPnP（efficient PnP）算法剔除误匹配点再求解位姿，它也存在和 PVNet 一样的问题，由于反光金属表面不能提供有效的隐性纹理信息，从而会导致大量的误匹配。

总之，对于纹理丰富的物体，传统关联点法可以取得很高的位姿估计鲁棒性和精度，但无法处理低纹理目标。近年来低纹理目标的 6D 位姿估计研究受到越来越多的关注，也取得了很大的进步，已报道的大量研究结果表明深度学习投票法（两阶段法）的鲁棒性和精度优于其他方法，已经取得较好的效果，但有遮挡、复杂干扰等场景的位姿估计问题仍然需要进一步的研究。而对于既反光又低纹理的物体，现有技术的位姿估计鲁棒性和精度均较低，研究文献也非常有限，这是一个世界性的难题。这一难题正是位姿估计技术在工业应用中普及的一大主要障碍，因为在工业生产中，机加工金属零件等占了很大部分，它们正是反光低纹理物体的典型代表。

1.4　本书的主要内容与结构

本书作者针对当前位姿估计技术的难点，尤其是低纹理、反光目标的位姿估计问题进行了多年的研究，本书将系统性总结作者在这方面的研究成果。从位姿估计的目标物体类型来看，本书涵盖了有纹理物体、低纹理物体，以及低纹理反光物体（本书重点）的位姿估计方法，在方法类型上涵盖了关联点法、几何特征法和深度学习法。本书的主要内容与结构如图 1-8 所示。

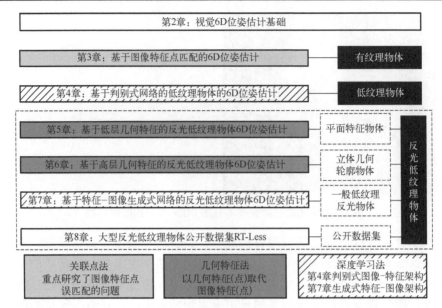

图 1-8　本书的主要内容与结构

第 2 章简要介绍了视觉 6D 位姿估计的基础知识，主要包括空间变换、相机模型与标定、手眼标定等。

第 3 章讨论了有纹理物体的位姿估计问题。有纹理物体的位姿估计技术较成熟，多采用图像特征点匹配从而构建关联点的方法，但由于图像特征点多为局部特征，当物体不同部位的局部纹理比较相似等情况存在时，容易发生特征点匹配错误，会导致位姿估计错误，因此第 3 章重点讨论了特征点误匹配去除问题。

第 4 章讨论了低纹理物体的位姿估计问题。低纹理物体位姿估计是当前 6D 位姿估计领域的研究重点，近年来这一方向越来越受到研究人员的关注，深度学习算法被大量应用到了该领域，位姿估计的鲁棒性和精度得到了大幅提高，但仍有提升空间。在深度学习方法中，表现比较出色的当属两阶段法：即先用神经网络进行投票等方式预测关键点，然后通过求解关键点匹配的 PnP 问题来计算位姿。由于其中使用的神经网络多用判别式神经网络，为了区别于第 7 章的基于生成式神经网络的方法，我们将它命名为基于判别式网络的位姿估计方法。在这一方面，在现有技术的基础上，本书作者提出了新的网络架构与位姿估计的方法，提高了低纹理物体的位姿估计鲁棒性与精度，本章重点阐述了两种基于判别式网络的低纹理物体位姿估计的代表性方法。

第 5～7 章讨论了反光低纹理物体位姿估计问题，目前在这方面的现有研究相对较少。

第 5、6 章阐述了基于几何特征的位姿估计方法。考虑到反光低纹理物体，如机械零件，没有可靠的图像特征，而具有比较有特点的几何特征，挖掘其丰富的几何特征以进行匹配和位姿计算，是一条可行的途径。圆等平面特征(任意平面图形)在机械零件中非常普遍，第 5 章的方法利用这类特征有效地估计物体的位姿。为了区别于第 6 章的高层几何特征：由多个简单几何特征(如直线)共同构成一个高层几何特征(直线族描述子)，本书将平面图形特征这类自然几何特征归类为低层几何特征，因此第 5 章的方法被称为基于低层几何特征的位姿估计方法。

大量机械零件等反光低纹理物体通常具有鲜明的空间几何轮廓，第 6 章基于这一特征进行物体位姿估计。在传统的图像特征点匹配方法(关联点法)中，由于点匹配的稳定性和精确性，其位姿计算非常精准。反光低纹理物体没有可靠的图像特征点，但却通常具有几何点，利用几何特征进行匹配从而建立起几何特征上的关键几何点的匹配关系，并计算位姿是本章方法的主要思路。具体实现上，由于一些低层几何特征不具有特异性(如两条不同的直线轮廓在几何上并没有差异)，无法进行有效的相似度计算，因此需要在低层几何特征的基础上构建具有特异性的高层几何特征，然后在高层几何特征匹配的基础上，建立起高层几何特征上的关键几何点的对应关系，并通过求解 PnP 问题获得精准的位姿。

在第 7 章，作者提出了基于深度学习的反光低纹理物体位姿估计方法。近年来，深度学习已经成为位姿估计技术的主流方法，但现有深度学习方法具有两大特点：一是多为判别式方法，即将位姿估计问题作为一个判别式机器学习问题；二是采用一般的图像处理或机器视觉流程，即从图像中提取特征，再用特征进行位姿计算的流程。对于普通物体，现有深度学习方法已经取得了较好的位姿估计效果，然而仍然无法解决反光低纹理物体的问题。针对这一现状，第 7 章提出了与现有深度学习方法不同的生成式"特征-图像"位姿估计方法。首先提出了生成式观察空间的概念，生成式观察空间是一种深度生成网络模型，实现了从特征到图像的观察空间泛化性，以及从图像到特征的反向传播可微性。"特征-图像"方法基于生成式观察空间的可微性，利用面向输入参数的反向传播算法，规避了贝叶斯估计中"遍历特征空间"的穷举操作，将模式识别问题转化为基于优化过程的回归问题，在有限迭代步骤内实现了对特征的优化检索。基于该框架的 6D 位姿估计方法突破了生成模型在模式识别领域的技术限制，实现了面向反光低纹理目标全局几何特征的精确回归。

第 8 章介绍了作者构建的反光低纹理物体图像数据集。数据集是推动机器视觉技术发展的重要资源，在位姿估计领域，有众多能够公开获取的数据集，在早期极大地推动了位姿估计技术的发展。但是它们的对象和环境设置大部分都源于办公室、家庭等非工业场景，这些数据集中的物体多是纹理丰富的物体，随着纹理丰富物体的位姿估计问题得到较为有效的解决，学术界与工业界已逐渐转向低纹理物体位姿估计的研究。因此，近年来也出现了如 LineMod[8]、T-Less[39]等低纹理物体数据集，但这些数据集包含的物体并不具有反光属性。而针对反光低纹理对象和工业场景，仅有一些较小的数据集，这不利于研究人员进行更深入的研究和比较，降低了技术研发的效率。一个面向反光低纹理物体、贴近真实工业场景的数据集是非常必要的。因此，在第 8 章中，本书作者构建了一个较大型的反光低纹理物体公开数据集（reflective and texture-less，RT-Less）。该数据集包含 38 个机加工金属工业零件对象，这些对象涵盖了工业零件的典型特征（如大平面、曲面、斜面、圆孔等），同时这些零件具有较强的反光属性，且不具备明显纹理。数据集包含 38392 张 RGB 图像和相同数量的掩膜图像：包括 38 个金属零件对象的 25080 张训练图像以及 32 个模拟工业场景的 13312 张测试图像。

参 考 文 献

[1] Lowe D G. Distinctive image features from scale-invariant keypoints[J]. International Journal of Computer Vision, 2004, 60(2): 91-110.

[2] Bay H, Tuytelaars T, Gool L V. SURF: Speeded up robust features[C]//European Conference on Computer Vision. Berlin: Springer, 2006: 404-417.

[3] Rublee E, Rabaud V, Konolige K, et al. ORB: An efficient alternative to SIFT or SURF[C]//2011 International Conference on Computer Vision. IEEE, 2011: 2564-2571.

[4] Tsubota H, Kagami S, Mizoguchi H. Sift-cloud-model generation method for 6D pose estimation and its evaluation[C]//2011 IEEE International Conference on Systems, Man, and Cybernetics. IEEE, 2011: 3323-3328.

[5] Hirschmuller H. Stereo processing by semiglobal matching and mutual information[J]. IEEE Transactions on Pattern Analysis and Machine Intelligence, 2007, 30(2): 328-341.

[6] Tombari F, Franchi A, Di Stefano L. BOLD features to detect texture-less objects[C]//Proceedings of the IEEE International Conference on Computer Vision, 2013: 1265-1272.

[7] Zhou J, Liu Y, Liu J, et al. BOLD3D: A 3D bold descriptor for 6D pose estimation[J]. Computers & Graphics, 2020, 89: 94-104.

[8] Hinterstoisser S, Lepetit V, Ilic S, et al. Model based training, detection and pose estimation of texture-less 3D objects in heavily cluttered scenes[C]//Asian Conference on Computer Vision, Berlin: Springer, 2012: 548-562.

[9] Hodan T, Zabulis X, Lourakis M, et al. Detection and fine 3D pose estimation of texture-less objects in RGB-D images[C]//2015 IEEE/RSJ International Conference on Intelligent Robots and Systems (IROS). IEEE, 2015: 4421-4428.

[10] Mellado N, Aiger D, Mitra N J. Super 4PCS fast global pointcloud registration via smart indexing[C]//Computer Graphics Forum, 2014, 33(5): 205-215.

[11] Yang J, Li H, Campbell D, et al. GO-ICP: A globally optimal solution to 3D ICP point-set registration[J].

IEEE Transactions on Pattern Analysis and Machine Intelligence, 2015, 38(11): 2241-2254.

[12] Rad M, Lepetit V. BB8: A scalable, accurate, robust to partial occlusion method for predicting the 3D poses of challenging objects without using depth[C]//Proceedings of the IEEE International Conference on Computer Vision, 2017: 3828-3836.

[13] Tekin B, Sinha S N, Fua P. Real-time seamless single shot 6D object pose prediction[C]// Proceedings of the IEEE Conference on Computer Vision and Pattern Recognition, 2018: 292-301.

[14] Wang K, Zhang G, Bao H. Robust 3D reconstruction with an RGB-D camera[J]. IEEE Transactions on Image Processing, 2014, 23(11): 4893-4906.

[15] Hu Y, Hugonot J, Fua P, et al. Segmentation-driven 6D object pose estimation[C]//Proceedings of the IEEE/CVF Conference on Computer Vision and Pattern Recognition, 2019: 3385-3394.

[16] Hu Y, Fua P, Wang W, et al. Single-stage 6D object pose estimation[C]//Proceedings of the IEEE/CVF Conference on Computer Vision and Pattern Recognition, 2020: 2930-2939.

[17] Zakharov S, Shugurov I, Ilic S. DPOD: 6D pose object detector and refiner[C]//Proceedings of the IEEE/CVF International Conference on Computer Vision, 2019: 1941-1950.

[18] Sundermeyer M, Marton Z C, Durner M, et al. Implicit 3D orientation learning for 6D object detection from RGB images[C]//Proceedings of the European Conference on Computer Vision (ECCV), 2018: 699-715.

[19] Peng S, Liu Y, Huang Q, et al. PVNet: Pixel-wise voting network for 6D pose estimation[C]// Proceedings of the IEEE/CVF Conference on Computer Vision and Pattern Recognition, 2019: 4561-4570.

[20] Park K, Patten T, Vincze M. Pix2Pose: Pixel-wise coordinate regression of objects for 6D pose estimation[C]//Proceedings of the IEEE/CVF International Conference on Computer Vision, 2019: 7668-7677.

[21] He Y, Sun W, Huang H, et al. PVN3D: A deep point-wise 3D keypoints voting network for 6D pose estimation[C]//Proceedings of the IEEE/CVF Conference on Computer Vision and Pattern Recognition, 2020: 11632-11641.

[22] Wang C, Martín-Martín R, Xu D, et al. 6-PACK: Category-level 6D pose tracker with anchor-based keypoints[C]//2020 IEEE International Conference on Robotics and Automation (ICRA). IEEE, 2020: 10059-10066.

[23] Gonzalez M, Kacete A, Murienne A, et al. YOLOff: You only learn offsets for robust 6D object pose estimation[J]. arXiv: 2002. 00911, 2020.

[24] Wang C, Xu D, Zhu Y, et al. DenseFusion: 6D object pose estimation by iterative dense fusion[C]//Proceedings of the IEEE/CVF Conference on Computer Vision and Pattern Recognition, 2019: 3343-3352.

[25] Zhu A, Yang J, Zhao W, et al. LRF-Net: Learning local reference frames for 3D local shape description and matching[J]. Sensors, 2020, 20(18): 5086.

[26] Brachmann E, Krull A, Michel F, et al. Learning 6D object pose estimation using 3D object coordinates[C]//European Conference on Computer Vision, Cham: Springer, 2014: 536-551.

[27] Tejani A, Tang D, Kouskouridas R, et al. Latent-class hough forests for 3D object detection and pose estimation[C]//European Conference on Computer Vision, Cham: Springer, 2014: 462-477.

[28] Pavlakos G, Zhou X, Chan A, et al. 6-DoF object pose from semantic keypoints[C]//2017 IEEE International Conference on Robotics and Automation (ICRA). IEEE, 2017: 2011-2018.

[29] Xiang Y, Schmidt T, Narayanan V, et al. PoseCNN: A convolutional neural network for 6D object pose estimation in cluttered scenes[J]. arXiv:1711.00199, 2017.

[30] Kehl W, Manhardt F, Tombari F, et al. SSD-6D: Making RGB-based 3D detection and 6D pose estimation great again[C]//Proceedings of the IEEE International Conference on Computer Vision, 2017: 1521-1529.

[31] Do T T, Cai M, Pham T, et al. Deep-6Dpose: Recovering 6D object pose from a single RGB image[J]. arXiv preprint arXiv:1802.10367, 2018.

[32] Li Y, Wang G, Ji X, et al. DeepIM: Deep iterative matching for 6D pose estimation[C]// Proceedings of the European Conference on Computer Vision (ECCV), 2018: 683-698.

[33] Li Z, Wang G, Ji X. CDPN: Coordinates-based disentangled pose network for real-time RGB-based 6-DoF object pose estimation[C]//Proceedings of the IEEE/CVF International Conference on Computer Vision, 2019: 7678-7687.

[34] Billings G, Johnson-Roberson M. SilhoNet: An RGB method for 6D object pose estimation[J]. IEEE Robotics and Automation Letters, 2019, 4(4): 3727-3734.

[35] Song C, Song J, Huang Q. HybridPose: 6D object pose estimation under hybrid representations[C]// Proceedings of the IEEE/CVF Conference on Computer Vision and Pattern Recognition, 2020: 431-440.

[36] Zeng A, Song S, Nießner M, et al. 3DMatch: Learning local geometric descriptors from RGB-D reconstructions[C]//Proceedings of the IEEE Conference on Computer Vision and Pattern Recognition, 2017: 1802-1811.

[37] Sarode V, Li X, Goforth H, et al. PCRNet: Point cloud registration network using pointnet encoding[J]. arXiv preprint arXiv:1908.07906, 2019.

[38] Vidal J, Lin C Y, Martí R. 6D pose estimation using an improved method based on point pair features[C]//2018 4th International Conference on Control, Automation and Robotics (iccar). IEEE, 2018: 405-409.

[39] Hodan T, Haluza P, Obdržálek Š, et al. T-Less: An RGB-D dataset for 6D pose estimation of texture-less objects[C]//2017 IEEE Winter Conference on Applications of Computer Vision (WACV). IEEE, 2017: 880-888.

[40] Hodan T, Sundermeyer M, Drost B, et al. BOP challenge 2020 on 6D object localization[C]// European Conference on Computer Vision, Cham: Springer, 2020: 577-594.

第 2 章　视觉 6D 位姿估计基础

本章简要介绍视觉 6D 位姿估计领域必要的基础知识，主要包括空间几何变换、相机模型及标定、机器人手眼标定，以及位姿估计中经常用到的 PnP 问题与 RANSAC 方法，最后还介绍了 6D 位姿估计方法的实验评价指标。

2.1　空间几何变换

对于机器人视觉来说，空间几何变换是该领域中最重要、最基础的数学工具之一。本节主要介绍空间几何变换中较为常用的齐次坐标、射影变换、仿射变换以及空间刚体变换等，这些内容也是本书后续章节的基础。

2.1.1　齐次坐标

齐次坐标表示，就是用 $n+1$ 维矢量表示一个 n 维矢量。当一个 n 维空间中的点的位置矢量不采用齐次坐标表示时，该矢量具有 n 个坐标分量 $(p_1, p_2, \cdots, p_n)$，很明显该分量是唯一表示某一确定的矢量。但如果改用齐次坐标表示，该矢量就有 $n+1$ 个坐标分量 $(hP_1, hP_2, hP_3, \cdots, hP_n, h)$，且该表达不唯一。非齐次坐标与齐次坐标的关系为一对多，如二维点 (x, y) 的齐次坐标表示为 (hx, hy, h)，那么 (h_1x, h_1y, h_1)，(h_2x, h_2y, h_2)，$\cdots$，(h_mx, h_my, h_m) 都表示二维空间中的点 (x, y) 的齐次坐标。

为什么要使用齐次坐标表示法呢？该表示法的优点主要有以下两点。

(1) 保证运算一致性。若采用非齐次坐标表示法，对于空间变换中的旋转、缩放变换都可以通过矩阵连乘的方式运算，但平移变换只能靠矩阵相加，而使用齐次坐标表示法就可以把各种变换都统一起来，表示成一连串的矩阵相乘的形式，保证了形式上的线性一致性，如图 2-1 所示。

$$\begin{bmatrix} x_2 \\ y_1 \end{bmatrix} = \begin{bmatrix} x_1 \\ y_1 \end{bmatrix} + \begin{bmatrix} t_x \\ t_y \end{bmatrix} \longrightarrow \begin{bmatrix} x_2 \\ y_2 \\ 1 \end{bmatrix} = \begin{bmatrix} 1 & 0 & t_x \\ 0 & 1 & t_y \\ 0 & 0 & 1 \end{bmatrix} \begin{bmatrix} x_1 \\ y_1 \\ 1 \end{bmatrix}$$

$$\begin{bmatrix} x_2 \\ y_2 \end{bmatrix} = \begin{bmatrix} \cos\theta & -\sin\theta \\ \sin\theta & \cos\theta \end{bmatrix} \begin{bmatrix} x_1 \\ y_1 \end{bmatrix} \longrightarrow \begin{bmatrix} x_2 \\ y_2 \\ 1 \end{bmatrix} = \begin{bmatrix} \cos\theta & -\sin\theta & 0 \\ \sin\theta & \cos\theta & 0 \\ 0 & 0 & 1 \end{bmatrix} \begin{bmatrix} x_1 \\ y_1 \\ 1 \end{bmatrix}$$

$$\Bigg\} \begin{bmatrix} x_2 \\ y_2 \\ 1 \end{bmatrix} = \begin{bmatrix} 1 & 0 & t_x \\ 0 & 1 & t_y \\ 0 & 0 & 1 \end{bmatrix} \begin{bmatrix} \cos\theta & -\sin\theta & 0 \\ \sin\theta & \cos\theta & 0 \\ 0 & 0 & 1 \end{bmatrix} \begin{bmatrix} x_1 \\ y_1 \\ 1 \end{bmatrix}$$

图 2-1　齐次坐标表示的一致性

(2) 可以表示无穷远点。例如，$n+1$ 维中，$h=0$ 的齐次坐标实际表示了一个 n 维的无穷远点。对二维的齐次坐标 (a,b,h) ，当 h 趋向于 0 时，表示 $ax+by=0$ 的直线，即在 $y=(a/b)x$ 上的连续点 (x,y) 逐渐趋近于无穷远，但其斜率不变。在三维情况下，利用齐次坐标表示视点在原点时的投影变换，其几何意义会更加清晰。

2.1.2　射影变换

射影变换(perspective transformation)的本质是将图像投影到一个新的视平面，例如，在移动机器人视觉导航研究中，由于摄像机与地面之间有一倾斜角，而不是直接垂直朝下(正投影)，有时希望将图像校正成正投影的形式，就需要利用射影变换。

本节以最简单的一维透视变换介绍其原理。一维透视变换如图 2-2 所示，过 O 点的射线分别交直线 L_1 和 L_2 于 A、B、C、D 和 A'、B'、C'、D'。其中，L_1 上的每一点都能在 L_2 上找到与之相对应的一点。如 A 和 A' 对应，特殊地，如果 OA 与 L_2 平行，则可定义 OA 与 L_2 的交点为 L_2 上的无穷远点。

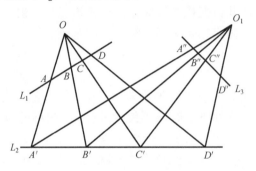

图 2-2　一维透视变换

对于上述这种几何关系，我们说 L_1 与 L_2 之间满足一个一一对应的变换，称之为一维中心射影变换。同理 L_2 和 L_3 也满足这种一一对应的变换关系。那么这两个中心射影变换的积就可以表示 L_1 和 L_3 之间的变换关系，像这种，由有限次中心射影变换的积定义的两条直线之间的一一对应变换就称为一维射影变换。

n 维射影空间的射影变换的数学表达如式 (2-1) 所示：

$$\rho y = T_P x \tag{2-1}$$

其中，ρ 为比例因子，x 为变换前的空间点齐次坐标 $x=(x_1,x_2,\cdots,x_{n+1})^T$，$y$ 为变换后的空间点齐次坐标 $y=(y_1,y_2,\cdots,y_{n+1})^T$，$T_P$ 为 $n+1$ 维的满秩矩阵，该矩阵描述了射影变换，T_P 共有 $(n+1)^2$ 个参数，但由于 x 和 y 都是齐次坐标，即 T_P 和 kT_P 表示的是同一变换，所以 T_P 共有 $((n+1)^2-1)$ 个独立参数。以一维射影变换为例，以矩阵的形式写出上述变换如式 (2-2) 所示：

$$\rho \begin{bmatrix} y_1 \\ y_2 \end{bmatrix} = \begin{bmatrix} m_{11} & m_{12} \\ m_{21} & m_{22} \end{bmatrix} \begin{bmatrix} x_1 \\ x_2 \end{bmatrix} \tag{2-2}$$

将式(2-2)变换，消去比例因子 ρ，并取 $\overline{y} = y_1 / y_2$，$\overline{x} = x_1 / x_2$，得到 x 和 y 非齐次坐标的关系如式(2-3)所示：

$$\overline{y} = \frac{m_{11}\overline{x} + m_{12}}{m_{21}\overline{x} + m_{22}} \tag{2-3}$$

由式(2-3)不难看出，射影变换中用非齐次坐标表示的变换关系是非线性的。且由式(2-2)和式(2-3)对比可以知道，一般 n 维射影变换的矩阵等式中包含了 $n+1$ 个方程，而变换前后的非齐次坐标关系由 n 个方程表示(消去了比例因子 ρ)。

2.1.3　仿射变换

仿射变换是特殊的射影变换，也是一个线性变换，当射影变换的射影中心平面设置到无限远处时，射影变换就变成了仿射变换。仿射变换有一个重要的特性就是，它保持二维图形的"平直性"和"平行性"，也能保持原来在一条直线上的几段线段之间比例关系不变(但是仿射变换不能保持线段长度和线段间的角度不变)。同样以一维仿射变换为例写出其数学表达式(2-4)所示：

$$\rho \begin{bmatrix} y_1 \\ y_2 \end{bmatrix} = \begin{bmatrix} m_{11} & m_{12} \\ 0 & m_{22} \end{bmatrix} \begin{bmatrix} x_1 \\ x_2 \end{bmatrix} \tag{2-4}$$

与射影变换相似，由式(2-4)可以得到式(2-5)：

$$\overline{y} = \frac{m_{11}\overline{x} + m_{12}}{m_{22}} \tag{2-5}$$

而对比式(2-5)与式(2-3)可以看出，仿射变换是线性变换，射影变换为非线性变换。

所以在三维仿射空间中，仿射变换矩阵可以表示为

$$\begin{bmatrix} y_1 \\ y_2 \\ y_3 \end{bmatrix} = \begin{bmatrix} a_{11} & a_{12} & a_{13} \\ a_{21} & a_{22} & a_{23} \\ a_{31} & a_{32} & a_{33} \end{bmatrix} \begin{bmatrix} x_1 \\ x_2 \\ x_3 \end{bmatrix} + \begin{bmatrix} a_{14} \\ a_{24} \\ a_{34} \end{bmatrix} \tag{2-6}$$

写成如 $\rho y = T_A x$ 所示的齐次坐标形式，其中，T_A 为仿射变换矩阵，T_A 如式(2-7)所示：

$$T_A = \begin{bmatrix} a_{11} & a_{12} & a_{13} & a_{14} \\ a_{21} & a_{22} & a_{23} & a_{24} \\ a_{31} & a_{32} & a_{33} & a_{34} \\ 0 & 0 & 0 & 1 \end{bmatrix} \tag{2-7}$$

2.1.4　欧式空间刚体变换

在机器人视觉研究中，很多情况下是相机跟随机器人运动，而这种运动是一个刚体运动，这种运动保证了变换前后同一个向量在各个坐标系下的长度和夹角都不

会发生变化，描述这种运动的变换也称为欧氏变换。

如图 2-3 所示，当我们在世界坐标系和相机坐标系下观察同一点 P，相机视野下 P 点坐标为 $\boldsymbol{p}_c = (x_c, y_c, z_c)$，$P$ 点的世界坐标为 $\boldsymbol{p}_w = (x_w, y_w, z_w)$，则由式 (2-8) 描述从世界坐标系到相机坐标系的欧式变换，并表示了 P 点在不同坐标系下的坐标变换关系。

$$\begin{bmatrix} x_w \\ y_w \\ z_w \\ 1 \end{bmatrix} = \begin{bmatrix} \boldsymbol{R} & \boldsymbol{t} \\ 0 & 1 \end{bmatrix} \begin{bmatrix} x_c \\ y_c \\ z_c \\ 1 \end{bmatrix} = \begin{bmatrix} r_{11} & r_{12} & r_{13} & t_x \\ r_{21} & r_{22} & r_{23} & t_y \\ r_{31} & r_{32} & r_{33} & t_z \\ 0 & 0 & 0 & 1 \end{bmatrix} \begin{bmatrix} x_c \\ y_c \\ z_c \\ 1 \end{bmatrix} \tag{2-8}$$

式中，$\boldsymbol{R}$ 是一个 3×3 的正交矩阵（且行列式值为 1）表示了该欧式变换的旋转过程，称为旋转矩阵。$\boldsymbol{t}$ 是一个三维向量表示了这个变换的平移过程，该向量是相机坐标系的原点在世界坐标系下的坐标，称为平移向量。如式 (2-8) 所示的欧式变换，具体可以分解为世界坐标系先平移至 (t_x, t_y, t_z)，再按照旋转矩阵进行旋转，最终可以使两个坐标系完全重合。

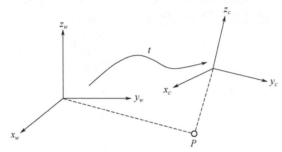

图 2-3　欧式空间坐标变换过程

下面介绍旋转矩阵的 *Z-Y-X* 欧拉角表示法。

用旋转矩阵表示刚体的旋转变换简化了许多运算，且被称为欧拉角的三个角度 (φ, θ, ϕ) 能很好地描述刚体的旋转变换：绕 X 轴旋转的 φ 角（偏航角），绕 Y 旋转的 θ 角（俯仰角），绕 Z 旋转的 ϕ 角（横滚角）。将三种情况的旋转矩阵写成齐次坐标表示法如式 (2-9) 所示：

$$\mathrm{Rot}(X, \varphi) = \begin{bmatrix} 1 & 0 & 0 & 0 \\ 0 & \cos\varphi & -\sin\varphi & 0 \\ 0 & \sin\varphi & \cos\varphi & 0 \\ 0 & 0 & 0 & 1 \end{bmatrix}$$

$$\mathrm{Rot}(Y, \theta) = \begin{bmatrix} \cos\theta & 0 & \sin\theta & 0 \\ 0 & 1 & 0 & 0 \\ -\sin\theta & 0 & \cos\theta & 0 \\ 0 & 0 & 0 & 1 \end{bmatrix} \tag{2-9}$$

$$\text{Rot}(Z,\phi)=\begin{bmatrix} \cos\phi & -\sin\phi & 0 & 0 \\ \sin\phi & \cos\phi & 0 & 0 \\ 0 & 0 & 1 & 0 \\ 0 & 0 & 0 & 1 \end{bmatrix}$$

Z-Y-X 欧拉角表示法将旋转矩阵拆分成分别绕三个轴旋转，即某次刚体旋转可以表示为先绕 z 轴旋转 ϕ 角，再绕 y 轴旋转 θ 角，最后绕 x 轴旋转 φ 角，可以用矩阵相乘的形式如式(2-10)所示：

$$\boldsymbol{R} = \text{Rot}(Z,\phi)\text{Rot}(Y,\theta)\text{Rot}(X,\varphi) \tag{2-10}$$

2.2　相　机　模　型

　　数字相机图像拍摄的过程是一个光学成像的过程。在这个过程中涉及四个坐标系，分别是世界坐标系(3D)、相机坐标系(3D)、图像坐标系(2D)、像素坐标系(2D)。经过一系列的坐标系转换最终物体在世界坐标系的某个坐标被转换到了像素坐标系下。

　　世界坐标系：是描述我们身处的三维世界的坐标系。处于世界这一三维环境下的任何物体都可以由此坐标系来描述(包括相机和机器人)，该坐标系下通常用 (X_w, Y_w, Z_w) 表示其坐标值(单位常为 mm)。

　　相机坐标系：其原点为相机的光心，该坐标系的 *X-Y* 轴分别平行于图像物理坐标系的 *X-Y* 轴，并以相机的光轴为 *Z* 轴，该坐标系下通常用 (X_c, Y_c, Z_c) 表示其坐标值(单位常为 mm)。

　　图像坐标系：又称图像物理坐标系，以 CCD 图像平面的中心为坐标原点，常用 *x-y* 坐标系来描述(单位常为 mm)，其坐标轴分别平行于图像平面的两条垂直边，该坐标系下分别用 d_x, d_y 表示每个像素在 x 和 y 方向的物理尺寸，该坐标系下通常用 (x, y) 表示其坐标值。

　　像素坐标系：又称图像像素坐标系，以 CCD 图像平面的左上角顶点为原点，常用 *u-v* 坐标系来描述(单位为像素)，其坐标轴分别平行于图像坐标系的 *X* 轴和 *Y* 轴，并常以 (u_0, v_0) 表示图像物理坐标系原点在图像像素坐标系上的坐标，该坐标系下通常用 (u, v) 表示其坐标值。

2.2.1　像素坐标系到图像坐标系的转换

　　图像像素坐标系与图像物理坐标系之间的关系如图 2-4 所示，其中，*u-v* 坐标系为图像像素坐标系，其原点为 CCD 图像平面的左上角。*x-y* 坐标系为图像物理坐标系，其原点为 CCD 图像平面的中心，分别用 d_x、d_y 表示每个像素在 x 和 y 方向的物理尺寸，以 (u_0, v_0) 为图像物理坐标系原点在图像像素坐标系上的坐标。

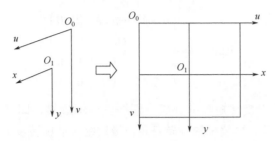

图 2-4　图像像素坐标系到图像物理坐标系的转换

由上述关系可得，图像像素坐标系与图像物理坐标系之间的转化在两个方向上如式(2-11)所示：

$$u = \frac{x}{d_x} + u_0$$
$$v = \frac{y}{d_y} + v_0$$

(2-11)

式中，u、v 分别是图像像素坐标系的横纵坐标，x、y 分别是图像物理坐标系的横纵坐标，d_x、d_y 分别是图像像素在 x 和 y 方向的物理尺寸，u_0、v_0 分别是图像物理坐标系原点在图像像素坐标系上的横纵坐标。为了更好地与后面的坐标系转化进行运算，我们将式(2-11)转化为矩阵形式，如式(2-12)所示：

$$\begin{bmatrix} u \\ v \\ 1 \end{bmatrix} = \begin{bmatrix} \dfrac{1}{d_x} & 0 & u_0 \\ 0 & \dfrac{1}{d_y} & v_0 \\ 0 & 0 & 1 \end{bmatrix} \begin{bmatrix} x \\ y \\ 1 \end{bmatrix}$$

(2-12)

2.2.2　图像坐标系到相机坐标系的转换

图像物理坐标系与相机坐标系之间的关系如图 2-5 所示，图上 x-y 坐标系为图像物理坐标系，X_c-Y_c-Z_c 坐标系为相机坐标系。由三角形的相似原理并结合图 2-4，我们可以得到两坐标系之间的关系如式(2-13)所示：

$$\begin{cases} \dfrac{x}{f} = \dfrac{X_c}{Z_c} \\ \dfrac{y}{f} = \dfrac{Y_c}{Z_c} \end{cases}$$

(2-13)

式中，f 为相机焦距，Z_c 是物体距离相机透镜中心的距离，将式(2-13)用矩阵形式

表示可得式 (2-14)，即为相机坐标系与图像物理坐标系之间的关系为

$$Z_c \begin{bmatrix} x \\ y \\ 1 \end{bmatrix} = \begin{bmatrix} f & 0 & 0 & 0 \\ 0 & f & 0 & 0 \\ 0 & 0 & 1 & 0 \end{bmatrix} \begin{bmatrix} X_c \\ Y_c \\ Z_c \\ 1 \end{bmatrix} \tag{2-14}$$

由式 (2-12) 和式 (2-14) 矩阵相乘可知图像像素坐标与相机坐标系之间的关系如式 (2-15) 所示：

$$Z_c \begin{bmatrix} u \\ v \\ 1 \end{bmatrix} = \begin{bmatrix} \dfrac{f}{d_x} & 0 & u_0 & 0 \\ 0 & \dfrac{f}{d_y} & v_0 & 0 \\ 0 & 0 & 1 & 0 \end{bmatrix} \begin{bmatrix} X_c \\ Y_c \\ Z_c \\ 1 \end{bmatrix} \tag{2-15}$$

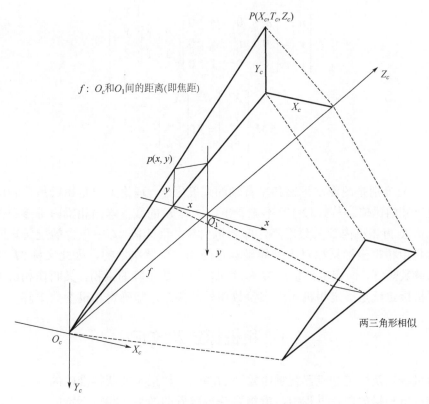

图 2-5　图像物理坐标系与相机坐标系之间透视关系示意图

2.2.3　相机坐标系到世界坐标系的转换

从世界坐标系到相机坐标系的转换是刚体变换，世界坐标系经过旋转和平移将会与相机坐标系重合，结合 2.1 节的知识，可以得到刚体变换关系方程如式(2-16)所示：

$$
\begin{bmatrix} X_c \\ Y_c \\ Z_c \\ 1 \end{bmatrix} = \begin{bmatrix} \boldsymbol{R} & \boldsymbol{t} \\ 0 & 1 \end{bmatrix} \begin{bmatrix} X_w \\ Y_w \\ Z_w \\ 1 \end{bmatrix} \tag{2-16}
$$

其中，$\boldsymbol{R}$ 为 3×3 正交旋转矩阵，即为描述世界坐标系旋转动作的矩阵，$\boldsymbol{t}$ 为三维平移向量，为描述世界坐标系平移动作的矩阵。结合式(2-15)，我们最终可以得到世界坐标系和像素坐标系间的转换关系如式(2-17)所示：

$$
\begin{aligned}
Z_c \begin{bmatrix} u \\ v \\ 1 \end{bmatrix} &= \begin{bmatrix} a_x & 0 & u_0 & 0 \\ 0 & a_y & v_0 & 0 \\ 0 & 0 & 1 & 0 \end{bmatrix} \begin{bmatrix} \boldsymbol{R} & \boldsymbol{t} \\ 0 & 1 \end{bmatrix} \begin{bmatrix} X_w \\ Y_w \\ Z_w \\ 1 \end{bmatrix} \\
&= \boldsymbol{K}\boldsymbol{M}_1 \begin{bmatrix} X_w \\ Y_w \\ Z_w \\ 1 \end{bmatrix} = \boldsymbol{M} \begin{bmatrix} X_w \\ Y_w \\ Z_w \\ 1 \end{bmatrix}
\end{aligned} \tag{2-17}
$$

式中，a_x, a_y 分别是图像水平轴和垂直轴的尺度因子，理论上说是相机焦距和图像像素物理尺寸的比值。从式(2-17)不难看出，矩阵 $\boldsymbol{K}$ 的数值均由相机内部参数决定，因此又称 $\boldsymbol{K}$ 为相机内部参数矩阵，即相机内参。而矩阵 $\boldsymbol{M}_1$ 中包含的旋转矩阵和平移向量是由相机坐标系相对于世界坐标系的相对位置决定的，因此又称 $\boldsymbol{M}_1$ 为相机的外部参数矩阵，即相机外参，$\boldsymbol{M}$ 是相机内外参数矩阵的乘积，又叫作相机参数矩阵。相机标定就是确定相机的内部参数和外部参数，即确定相机参数矩阵。

2.3　相机标定及校正

相机标定及校正是机器视觉中重要的基础，如果不能获得准确的相机内参，在处理相机所拍摄的图片过程中，就很难获得准确的结果。相机标定的过程就是确定相机参数矩阵的过程，本节介绍这个过程的原理，并以 MATLAB 的 Camera Calibrator 工具箱为例介绍相机内参标定的具体实现过程。

2.3.1　相机内外参标定

张正友标定法[1]由于标定过程操作简单、标定板仅为平面棋盘格、求解容易，被广泛使用，本书以张正友标定法为例介绍相机内外参标定原理。从图像坐标系到世界坐标系的转换如式(2-18)(与式(2-17)等价)所示：

$$s\begin{bmatrix} u \\ v \\ 1 \end{bmatrix} = \begin{bmatrix} f_x & 0 & u_0 \\ 0 & f_y & v_0 \\ 0 & 0 & 1 \end{bmatrix}[\boldsymbol{R} \quad \boldsymbol{t}]\begin{bmatrix} X \\ Y \\ Z \\ 1 \end{bmatrix} = \boldsymbol{M}_{3\times 3}[\boldsymbol{R} \quad \boldsymbol{t}]\begin{bmatrix} X \\ Y \\ Z \\ 1 \end{bmatrix} \tag{2-18}$$

其中，s 为未知尺度因子，$\boldsymbol{R}$、$\boldsymbol{t}$ 分别为旋转矩阵与平移向量。u 和 v 分别为图像坐标系下的坐标，f_x、f_y、u_0 与 v_0 分别为两个方向上的焦距及两个方向上主点坐标，X、Y 和 Z 为世界坐标系下的坐标。令 $\tilde{\boldsymbol{m}} = \begin{bmatrix} u \\ v \\ 1 \end{bmatrix}$，$\tilde{\boldsymbol{M}} = \begin{bmatrix} X \\ Y \\ Z \\ 1 \end{bmatrix}$，$\boldsymbol{R}_{3\times 3} = [\boldsymbol{r}_1 \quad \boldsymbol{r}_2 \quad \boldsymbol{r}_3]$，则式(2-18)可以改写为

$$s\tilde{\boldsymbol{m}} = \boldsymbol{M}[\boldsymbol{R} \quad \boldsymbol{t}]\tilde{\boldsymbol{M}} \tag{2-19}$$

由于标定板是平面棋盘格，设所有角点均在世界坐标系 $Z = 0$ 的平面上，有

$$s\begin{bmatrix} u \\ v \\ 1 \end{bmatrix} = \boldsymbol{M}\begin{bmatrix} \boldsymbol{r}_1 & \boldsymbol{r}_2 & \boldsymbol{r}_3 & \boldsymbol{t} \end{bmatrix}\begin{bmatrix} X \\ Y \\ 0 \\ 1 \end{bmatrix} = \boldsymbol{M}\begin{bmatrix} \boldsymbol{r}_1 & \boldsymbol{r}_2 & \boldsymbol{t} \end{bmatrix}\begin{bmatrix} X \\ Y \\ 1 \end{bmatrix} \tag{2-20}$$

令单应性矩阵 $\boldsymbol{H}$ 为

$$\boldsymbol{H} = [\boldsymbol{h}_1 \quad \boldsymbol{h}_2 \quad \boldsymbol{h}_3] = \frac{1}{s}\boldsymbol{M}[\boldsymbol{r}_1 \quad \boldsymbol{r}_2 \quad \boldsymbol{t}] \tag{2-21}$$

由于 $\boldsymbol{r}_1$ 和 $\boldsymbol{r}_2$ 单位正交，有式(2-22)：

$$\begin{cases} \boldsymbol{h}_1^{\mathrm{T}}(\boldsymbol{M}^{-1})^{\mathrm{T}}\boldsymbol{M}^{-1}\boldsymbol{h}_2 = 0 \\ \boldsymbol{h}_1^{\mathrm{T}}(\boldsymbol{M}^{-1})^{\mathrm{T}}\boldsymbol{M}^{-1}\boldsymbol{h}_1 = \boldsymbol{h}_2^{\mathrm{T}}(\boldsymbol{M}^{-1})^{\mathrm{T}}\boldsymbol{M}^{-1}\boldsymbol{h}_2 = 1 \end{cases} \tag{2-22}$$

设

$$\boldsymbol{B} = (\boldsymbol{M}^{-1})^{\mathrm{T}} \boldsymbol{M}^{-1} = \begin{bmatrix} \dfrac{1}{f_x^2} & 0 & \dfrac{-u_0}{f_x^2} \\[2mm] 0 & \dfrac{1}{f_y^2} & \dfrac{-v_0}{f_y^2} \\[2mm] \dfrac{-u_0}{f_x^2} & \dfrac{-v_0}{f_y^2} & \dfrac{u_0^2}{f_x^2} + \dfrac{v_0^2}{f_y^2} + 1 \end{bmatrix} = \begin{bmatrix} B_{11} & B_{12} & B_{13} \\ B_{21} & B_{22} & B_{23} \\ B_{31} & B_{32} & B_{33} \end{bmatrix} \quad (2\text{-}23)$$

则式 (2-23) 可改写为

$$\begin{cases} \boldsymbol{h}_1^{\mathrm{T}} \boldsymbol{B} \boldsymbol{h}_2 = 0 \\ \boldsymbol{h}_1^{\mathrm{T}} \boldsymbol{B} \boldsymbol{h}_1 = \boldsymbol{h}_2^{\mathrm{T}} \boldsymbol{B} \boldsymbol{h}_2 \end{cases} \quad (2\text{-}24)$$

令 $\boldsymbol{v}_{ij} = \begin{bmatrix} h_{i1}h_{j1} \\ h_{i1}h_{j2} + h_{i2}h_{j1} \\ h_{i2}h_{j2} \\ h_{i3}h_{j1} + h_{i1}h_{j3} \\ h_{i3}h_{j2} + h_{i2}h_{j3} \\ h_{i3}h_{j3} \end{bmatrix}$, $\quad \boldsymbol{b} = \begin{bmatrix} B_{11} \\ B_{12} \\ B_{22} \\ B_{13} \\ B_{23} \\ B_{33} \end{bmatrix}$ 易得:

$$\boldsymbol{h}_i^{\mathrm{T}} \boldsymbol{B} \boldsymbol{h}_j = \boldsymbol{v}_{ij}^{\mathrm{T}} \boldsymbol{b} = \begin{bmatrix} h_{i1}h_{j1} \\ h_{i1}h_{j2} + h_{i2}h_{j1} \\ h_{i2}h_{j2} \\ h_{i3}h_{j1} + h_{i1}h_{j3} \\ h_{i3}h_{j2} + h_{i2}h_{j3} \\ h_{i3}h_{j3} \end{bmatrix}^{\mathrm{T}} \begin{bmatrix} B_{11} \\ B_{12} \\ B_{22} \\ B_{13} \\ B_{23} \\ B_{33} \end{bmatrix} \quad (2\text{-}25)$$

则式 (2-24) 可转化为

$$\begin{bmatrix} \boldsymbol{v}_{12}^{\mathrm{T}} \\ \boldsymbol{v}_{11}^{\mathrm{T}} - \boldsymbol{v}_{22}^{\mathrm{T}} \end{bmatrix} \boldsymbol{b} = 0 \quad (2\text{-}26)$$

解出 $\boldsymbol{b}$ 后即得内参数, 之后可解得外参数:

$$\boldsymbol{r}_1 = s\boldsymbol{M}^{-1}\boldsymbol{h}_1, \quad \boldsymbol{r}_2 = s\boldsymbol{M}^{-1}\boldsymbol{h}_2, \quad \boldsymbol{r}_3 = \boldsymbol{r}_1 \times \boldsymbol{r}_2, \quad \boldsymbol{t} = s\boldsymbol{M}^{-1}\boldsymbol{h}_3 \quad (2\text{-}27)$$

其中, 尺度因子 $s = \dfrac{1}{\left\| \boldsymbol{M}^{-1}\boldsymbol{h}_1 \right\|}$。

　　基于上述原理, 我们可以通过采集多张黑白棋盘格图片, 检测图片角点坐标代入式 (2-26) 即可计算得到摄像机内参数矩阵。

2.3.2　相机畸变校正

在 2.2 节介绍的相机成像模型中式 (2-17) 表示的相机模型是一个理想模型，但由于制造误差，实际应用中镜头并不能理想地透视成像，而是带有不同程度的畸变。

(1) 相机畸变分类。

理想的透视模型是针孔成像模型，物和像会满足相似三角形的关系。但是实际上由于相机光学系统存在加工和装配的误差，透镜就并不能满足物和像成相似三角形的关系。相机畸变主要有以下三类。

①枕形畸变：又称鞍形形变，如图 2-6(a) 所示，视野中边缘区域的放大率远大于光轴中心区域的放大率，常出现在远摄镜头中。

②桶形畸变：如图 2-6(b) 所示，与枕形畸变相反，其视野中光轴中心区域的放大率远大于边缘区域的放大率，常出现在广角镜头和鱼眼镜头中。

③线性畸变：如图 2-6(c) 中光轴，与相机所拍摄的诸如建筑物类的物体的垂平面不正交，则原本应该平行的远端一侧和近端一侧，以不相同的角度汇聚产生畸变。这种畸变本质上是一种透视变换，即在某一特定角度，任何镜头都会产生相似的畸变。

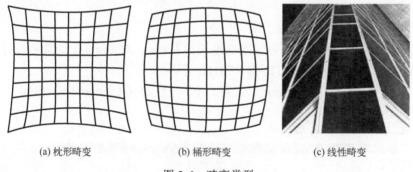

(a) 枕形畸变　　　　　　　(b) 桶形畸变　　　　　　　(c) 线性畸变

图 2-6　畸变类型

(2) 相机畸变模型。

如图 2-7 所示，空间点所成的像并不在理想模型所描述的 (x, y) 这一位置，而是受到镜头失真影响而偏移的实际坐标 (x_r, y_r)，这个变化可以用式 (2-28) 来描述：

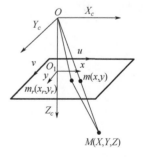

$$\begin{cases} x = x_r + \delta_x \\ y = y_r + \delta_y \end{cases} \quad (2\text{-}28)$$

其中，δ_x 和 δ_y 是非线性畸变值，它与图像点在图像中的位置有关。理论上镜头会同时存在径向畸变和切向畸变。但一般来讲切向畸变比较小，这里不做具体介绍，

图 2-7　相机实际成像模型

径向畸变的修正量由距图像中心的径向距离的偶次幂多项式模型来表示，如式 (2-29)：

$$\begin{cases} \delta_x = (x_r - u_0)(k_1 r^2 + k_2 r^4 + \cdots) \\ \delta_y = (y_r - v_0)(k_1 r^2 + k_2 r^4 + \cdots) \end{cases} \tag{2-29}$$

其中，(u_0, v_0) 是图像物理坐标系原点在图像像素坐标系上的坐标，r 如式 (2-30) 所示：

$$r^2 = (x_r - u_0)^2 + (y_r - v_0)^2 \tag{2-30}$$

如式 (2-30) 所示，x 方向和 y 方向的畸变相对值 $(\delta_x / x, \delta_Y / y)$ 与径向半径的平方成正比，这也就是为什么图像边缘处的畸变较大。对于一般的应用，二阶径向畸变已足够描述非线性畸变，此时可由式 (2-31) 描述。

$$\begin{cases} \delta_x = (x_r - u_0)(k_1 r^2 + k_2 r^4) \\ \delta_y = (y_r - v_0)(k_1 r^2 + k_2 r^4) \end{cases} \tag{2-31}$$

式 (2-31) 中的 k_1、k_2 称作径向畸变参数（有时也会计算到 k_3），与式 (2-17) 中的内参矩阵 $\boldsymbol{K}$ 所包含的线性模型参数 a_x、a_y、u_0、v_0 共同构成了相机非线性模型的内部参数。

2.3.3 相机内参标定实例

对于相机的内参标定，可以很方便地使用 Camera Calibrator 工具箱进行标定，具体步骤如下，该示例以 MATLAB R2018b 为例。

(1) 打开 MATLAB Calibrator 工具箱（APP 一栏选择 Camera Calibrator 工具），如图 2-8 所示。

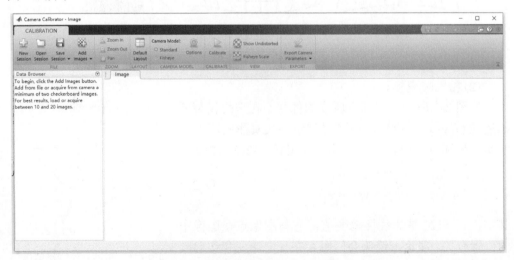

图 2-8　Camera Calibrator 工具界面

（2）点击从文件添加图片，如图 2-9 所示。

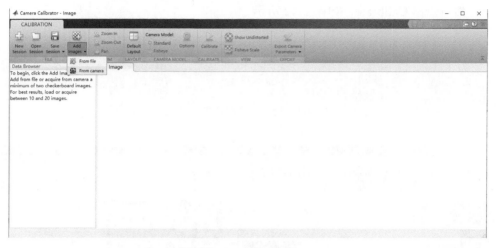

图 2-9　添加图片

（3）这里选择提前用相机拍摄的一组标定板图片（最少有 10 张不同角度的图片，并保证照片尽量不要有模糊或者反光等问题），如图 2-10 所示。

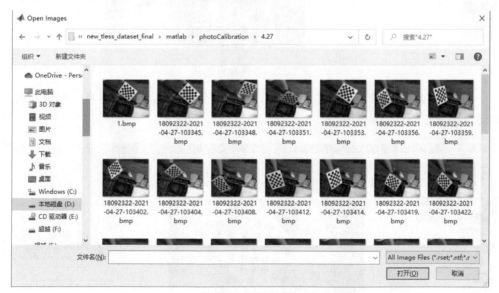

图 2-10　选择图片

（4）输入标定棋盘格大小，此处应该填写棋盘格某一块的边长（图 2-11）。

（5）点击 Options，在弹出的串口中选择如下几个选项。一般选用 2 系数（2 coefficients）即可保证标定效果（也可根据需求和情况选择 3 系数，但 3 系数中第三个系数代表的非线性较大，如果估计不准确会带来较大的扭曲）。另外一般需要计算其切向畸变 Tangential Distortion，并默认不计算 Skew（也可根据实验效果和需求调整），然后点击 Calibrate，如图 2-12 所示。

图 2-11　设定标定板图像块边长

图 2-12　设置标定选项

（6）得到如图 2-13 所示的标定结果，中间部分显示检测出的角点，右侧分别是误差分布和空间分布。

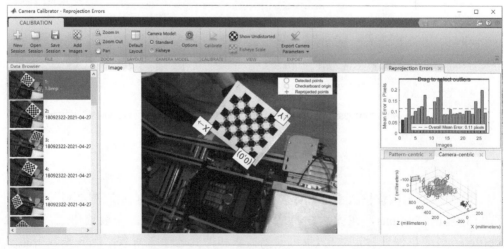

图 2-13　标定结果示意图

（7）误差分布反映了标定过程中每张图片的重投影误差，我们选择误差较大的几个直接删除即可，如图 2-14 所示。

（8）点击 Export Camera Parameters 导出标定参数并保存，如图 2-15 所示。

（9）打开保存的相机参数如图 2-16 所示。

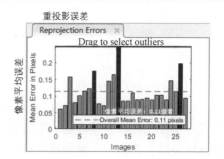

图 2-14　标定误差分布

其中，Tangential Distortion 中的两个参数分别对应两个切向畸变参数，Radial Distortion 中的两个参数为径向畸变参数，分别对应 k_1 和 k_2，这里 $k_3=0$（因为选择了径向畸变为 2 系数）。Intrinsic Matrix 为内参矩阵。至此我们已经完成了一次标准的相机标定，并获得了所需的相机参数。

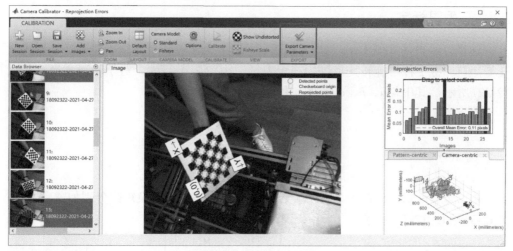

图 2-15　保存标定结果

图 2-16　标定结果

2.4　"手眼"标定及坐标转换

机械臂抓取（以及装配等）是机器人视觉的一个经典的应用场景。在实际作业场景中，机械臂相当于"手"，相机相当于"眼"，机器人可以自主抓取物体的前提是手眼协调，需要先做好手眼标定。本节以机械臂抓取为例，讲解关于机械臂手眼标定以及坐标转换的相关知识，帮助读者更好地理解机器人视觉在实际中的应用。相机的安装方式一般有两种，一种是安装在机械臂上，称之为"眼在手上"，这种情况下相机相对于机器人的基坐标系是运动的，而对于机械臂末端的法兰是静止的；另一种是相机安装在机械臂外，称之为"眼在手外"，这种情况下相机相对于机器人基坐标系是静止的，而对于机械臂末端的法兰是运动的。本节将以"眼在手上"为例进行手眼标定的介绍。

2.4.1　手眼标定

这里以经典的 Tsai-Lenz 法[2]为例进行标定。为了便于计算变换矩阵，使用齐次变换矩阵[3]将平移与旋转变换进行统一表示。由 2.2 节可知，对于平移变换，如式 (2-32) 所示，其中，a、b、c 分别为沿 X、Y、Z 轴的平移量。

$$\text{Trans}(a,b,c)=\begin{bmatrix} 1 & 0 & 0 & a \\ 0 & 1 & 0 & b \\ 0 & 0 & 1 & c \\ 0 & 0 & 0 & 1 \end{bmatrix} \tag{2-32}$$

由 2.2 节可知，绕 X、Y、Z 三轴旋转的旋转变换的齐次变换矩阵分别如式 (2-33)、式 (2-34) 和式 (2-35) 所示。

$$\text{Rot}(X,\theta)=\begin{bmatrix} 1 & 0 & 0 & 0 \\ 0 & \cos\theta & -\sin\theta & 0 \\ 0 & \sin\theta & \cos\theta & 0 \\ 0 & 0 & 0 & 1 \end{bmatrix} \tag{2-33}$$

$$\text{Rot}(Y,\theta)=\begin{bmatrix} \cos\theta & 0 & \sin\theta & 0 \\ 0 & 1 & 0 & 0 \\ -\sin\theta & 0 & \cos\theta & 0 \\ 0 & 0 & 0 & 1 \end{bmatrix} \tag{2-34}$$

$$\text{Rot}(Z,\theta)=\begin{bmatrix} \cos\theta & -\sin\theta & 0 & 0 \\ \sin\theta & \cos\theta & 0 & 0 \\ 0 & 0 & 1 & 0 \\ 0 & 0 & 0 & 1 \end{bmatrix} \tag{2-35}$$

　　如图 2-17 所示，在"眼在手上"的机器人中，机械臂末端的法兰坐标系到相机坐标系的齐次变换矩阵 $T_{F \to C}$ 始终保持不变，标定的主要目的就是求出 $T_{F \to C}$。假设机械臂末端法兰从状态 1 运动到状态 2，分别用 $T_{B \to F1}$、$T_{B \to F2}$ 表示状态 1 和状态 2 下机械臂基坐标系到法兰坐标系的齐次变换矩阵，用 $T_{C1 \to M}$、$T_{C2 \to M}$ 分别表示状态 1 和状态 2 下相机坐标系到标定板坐标系的齐次变换矩阵，由于两个状态下标定板在机械臂的基坐标系下位姿保持不变，有：

$$T_{B \to F1} T_{F \to C} T_{C1 \to M} = T_{B \to F2} T_{F \to C} T_{C2 \to M} \tag{2-36}$$

$$等价于 \quad T_{B \to F2}{}^{-1} T_{B \to F1} T_{F \to C} = T_{F \to C} T_{C2 \to M} T_{C1 \to M}{}^{-1} \tag{2-37}$$

令 $A = T_{B \to F2}{}^{-1} T_{B \to F1} = T_{F2 \to B} T_{B \to F1} = T_{F2 \to F1}$（即为法兰在状态 2 到状态 1 的齐次变换矩阵），$B = T_{C2 \to M} T_{C1 \to M}{}^{-1} = T_{C2 \to M} T_{M \to C1} = T_{C2 \to C1}$（即为相机在状态 2 到状态 1 的齐次变换矩阵），$X = T_{F \to C}$，则式 (2-37) 可表示为

$$AX = XB \tag{2-38}$$

　　这是一个西尔维斯特方程 (Sylvester equation)，可利用 Tsai 算法[4]等方法求得数值解。注意 $T_{F2 \to F1}$ 可以通过机器人控制器直接读取，$T_{C2 \to C1}$ 则可以通过标定板图像计算出来。一般需要移动机械臂末端，根据多个状态 (>2) 来求解方程 (2-38) 以减小误差。

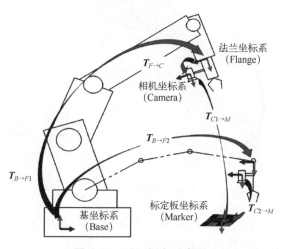

图 2-17　手眼标定示意图

2.4.2　坐标转换

　　6D 位姿估计技术可以获取相机坐标系相对于操作目标零件局部坐标系的变换矩阵 $T_{C \to L}$，但为了让机械臂可以根据这个变换矩阵顺利抓取目标，还需要做一些变换。如图 2-18 所示，整个流程中的坐标系分别有基坐标系 (Base)、法兰坐标系

(Flange)、相机坐标系(Camera)、工具坐标系(Tool)、零件局部坐标系(Local)与零件抓取坐标系(Grasp)。基坐标系是与机械臂基座固连的一个坐标系，一般在机械臂出厂时已经设定完毕。法兰坐标系是与机械臂末端法兰盘固连的坐标系，一般机械臂示教器上显示的机械臂的位姿即是基坐标系到法兰坐标系的变换。工具坐标系是固连在法兰盘上的末端执行器的坐标系。相机坐标系是与相机固连的坐标系。零件局部坐标系是零件上的坐标系。零件抓取坐标系是最终抓取零件时工具坐标系应该运动到的位姿。$T_{C \to L}$ 是通过 6D 位姿估算出的相机坐标系到零件局部坐标系的变换矩阵，$T_{F \to C}$ 是通过手眼标定计算出的法兰坐标系到相机坐标系的变换矩阵，$T_{F \to T}$ 是可以通过测量等方式得到的从法兰坐标系到工具坐标系的变换矩阵，$T_{L \to G}$ 是设定的从零件局部坐标系到零件抓取坐标系的变换矩阵，$T_{B \to F1}$ 表示抓取前机械臂(末端法兰)的位姿，即从基坐标系到法兰坐标系的变换矩阵，$T_{B \to F2}$ 是最终要求的抓取时机械臂(末端法兰)的位姿，在抓取时工具坐标系要与抓取坐标系重合，可以求得 $T_{B \to F2}$：

$$T_{B \to F2} = T_{B \to F1} T_{F \to C} T_{C \to L} T_{L \to G} T_{F \to T}^{-1} \tag{2-39}$$

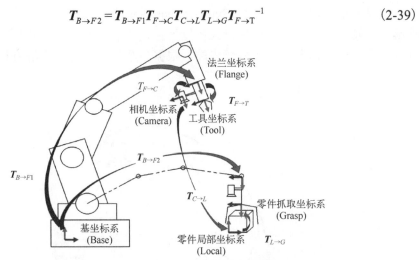

图 2-18　机械臂抓取坐标系转换示意图

在求得了 $T_{B \to F2}$ 之后，将其转换为机器人需要的欧拉角等表示方式，传输到机器人控制器，即可使机械臂运动到抓取位置，完成抓取。

2.5　PnP 问题和 RANSAC 算法

在位姿估计方法中，常用的一种方式是：先建立目标图像中的二维特征点和其三维模型点之间的一一对应关系，然后利用点对之间的匹配关系通过数学计算求取位姿。已知 n 对 3D-2D 点对匹配关系求解位姿的问题即为 PnP 问题。在许多实际应用中，3D-2D 点对中难免会存在一些错误的点对，把正确的称之为内点，错误的称之为外点。如何从同时存在内外点的数据中求取正确的数学模型参数也是一个经典的问题，RANSAC 是解决这一问题的经典方法。因此本节对 PnP 问题及其求解算法，以及 RANSAC 算法进行简要介绍。在后续章节中，有多个算法将会用到 PnP 与 RANSAC 相关算法进行位姿求解，其中第 3 章有较详细的应用实例。

2.5.1　PnP 问题

n 点透视问题 (PnP) 是指当 n 个 3D 空间点与其对应的 2D 投影点已知时，如何求解相机的位姿 (或物体位姿) 问题。该问题最少只需要 4 个点对，即 3 个点对及至少 1 个额外的验证点对就可以求解。在位姿估计任务中，3D 空间点可以在已知三维模型的坐标系中进行预定义。因此对于所拍摄的 2D 图像，可以使用人工设计或深度学习等特征点检测算法定位 2D 投影点，再使用 PnP 估计已知三维模型的目标实例在相机坐标系中的位姿。

PnP 问题的求解方法有多种。在位姿估计问题中，3D 点的位置通过预定义得到，因此可以视为已知量，通过构建线性方程组进行求解，例如，直接线性变换 (direct linear transform，DLT)、3 点透视法 (perspective-three-point，P3P)[5]、EPnP[6]、非标定 n 点透视法 (uncalibrated perspective-n-point，UPnP)[7] 等。在同步定位与地图构建 (simultaneous localization and mapping，SLAM) 等问题中，也可以使用非线性优化方法联合优化位姿和 3D 点坐标，如光束平差法 (bundle adjustment，BA) 是通过构造最小二乘问题来迭代求解的。

由于内参矩阵已知，对于 3D 点 $(X,Y,Z,1)^T$ 和归一化 2D 投影点 $(u_1,v_1,1)^T$，可以建立与 $[R\,|\,t]$ 矩阵相关的约束，其展开形式为

$$s\begin{pmatrix} u_1 \\ v_1 \\ 1 \end{pmatrix} = \begin{pmatrix} t_1 & t_2 & t_3 & t_4 \\ t_5 & t_6 & t_7 & t_8 \\ t_9 & t_{10} & t_{11} & t_{12} \end{pmatrix} \begin{pmatrix} X \\ Y \\ Z \\ 1 \end{pmatrix} \tag{2-40}$$

$[R\,|\,t]$ 矩阵包含 12 个待求解参数，因此至少需要 6 对匹配点可以实现线性求解，即 DLT 方法。当匹配点对大于 6 组时，也可以用奇异值分解 (singular value decomposition，SVD) 等方法求取超定方程的最小二乘解。由于旋转矩阵 $R \in SO(3)$，而 DLT 求解中忽略了参数间的关联，因此求出的解不一定满足约束。此时需要使用正交三角分解进行近似估计。

P3P 需要利用 3 组 3D-2D 匹配点对的几何关系，此外需要 1 组额外的点对用于验证，从候选的解中筛选出正确的一个。利用余弦定理和吴消元法可以解析出 4 个可能的解，然后通过验证来得到 3D 点在相机坐标系下的坐标，最后根据 3D-3D 点

对计算目标的位姿 R、t。本质上 P3P 的原理是利用三角形相似性质，求解特征点的 3D 坐标，把问题转换为 3D 到 3D 的位姿估计问题。其存在的问题为：①仅利用 3 组点对信息，当给定点对更多时无法加以利用；②当 2D 特征点定位不精确时，算法性能受到严重影响。后续的改进算法 EPnP、UPnP 利用更多信息和迭代优化流程来消除噪声影响。

EPnP 与 P3P 都先解算出 3D 点在相机坐标系下的坐标，将 3D-2D 问题转换为 3D-3D 问题。区别在于 EPnP 可以处理更多点对信息，利用主成分分析 (principal component analysis，PCA) 算法获取 4 个控制点，用于组合表示原始坐标系下的 3D 点。EPnP 是应用比较广泛的一种 PnP 问题求解方法。

2.5.2　随机采样一致性

RANSAC[8]可结合 PnP 算法 (这里指 PnP 问题的求解算法，下同) 来求解位姿。PnP 算法存在平滑假设，将所有输入点对视为高度可靠的数据，其内部没有剔除错误点的机制。因此位姿估计过程依赖于所有的输入点对，具有平均化处理的性质。在许多实际位姿估计应用中，存在一些输入数据包含着极大的误差。这将导致平滑假设难以成立，影响位姿估计的精度。

当检测结果中存在较多离群点时，使用 RANSAC 算法可以进行剔除，其范式如下。

(1) 给定需要最少 n 个数据点来实例化自由参数的模型，以及一组数据点 P，P 中的点数大于 n。从 P 中随机选择 n 个数据点的子集 S_1，并实例化该模型。

(2) 利用实例化的模型 M_1 确定 P 中在误差允许范围内的数据点的子集 S_1^*，集合 S_1^* 称为 S_1 的一致集合。

(3) 如果 S_1^* 中数据点的数量大于阈值 t，则使用 S_1^* 计算新模型 M_1^*。

(4) 如果 S_1^* 中数据点的数量小于阈值 t，则随机选择新的子集 S_2 并重复上述过程。

(5) 如果在试验完预定的次数后，没有一致集合则计算失败，否则处理已经找到的最大一致集合。

结合 PnP 算法和 RANSAC 算法的位姿估计流程如下。

(1) 初始化最优点集 L_{best} 等于空集。

(2) 随机从特征点检测结果中选取 k 个 3D-2D 点对，k 需要满足最少的 PnP 算法输入要求。

(3) 选取 PnP 算法计算出对应的 R、t。

(4) 赋值点集 L 等于空集，将所有在模型坐标系中预定义的 3D 点利用计算得出的 R、t 重投影到图像平面，并计算这些重投影像素坐标与特征点检测得到的像素坐标之间的误差，如果某一特征点重投影误差在某一设定的阈值范围内，将该点加入点集 L。

(5) 如果点集 L 内点的数量多于最优点集 L_{best}，则赋值最优点集 L_{best} 等于 L。

（6）检验迭代次数是否超过设定的最大迭代次数，如果超过，则结束计算，输出最优点集对应的 R、t，如果尚未超过，则返回步骤（2）。

2.6　位姿估计方法的有效性评价

位姿估计方法的实际效果，需要通过实验来评估。从鲁棒性和精度两方面对位姿估计的结果进行评估能够比较全面地评价一种位姿估计方法的有效性。鲁棒性是指位姿估计的成功率（或称正确率），通常设定一个误差阈值，超过这一阈值被认定为位姿估计错误，反之被认定为正确。在现有研究中，比较常见的是用鲁棒性这一个指标来评价位姿估计方法的有效性，但是，对于一些工业领域的精度要求较高的应用，仅仅提供鲁棒性的评价是不够的，需要能够量化位姿误差的精度评价，旋转和平移误差可以作为评判位姿估计方法精度的指标。在本书多个章节的实验中，一般都提供一种或两种评价结果。

2.6.1　鲁棒性评价指标：正确率

评估位姿估计方法的鲁棒性是非常重要的，它主要考量的是位姿估计方法在实际应用中的正确率（或称成功率），这也是现有位姿估计领域应用最广的评估手段。在 N 次位姿估计实验中，正确位姿估计的次数为 n，那么该方法的位姿估计正确率/成功率就是 $100\% \times n/N$。而判断位姿估计是否正确是一个定性的评价，需要一个定量的指标。常用的判定方法是基于一个叫作平均距离差（average distance difference，ADD）或对称平均距离差（average distance difference with symmetry，ADD(-S)）的指标，其中，ADD 用于非对称物体，而 ADD(-S) 用于对称物体。ADD(-S) 的定义为，在已知真实值（ground truth）$[R|t]$ 和预测结果 $[R_p|t_p]$ 后，分别用这两个位姿数据对模型三维点云数据进行变换，然后求出每个对应点距离的平均值。在此基础上，要计算正确率，需要设定一个阈值，该阈值一般确定为模型直径（模型三维点云中距离最远的两点距离）的一个比例，一般取 10%。如果 ADD(-S)<物体直径的 10% 时被判断为位姿估计正确（或者说成功），正确率为正确估计的位姿数占所有估计任务的比例。

ADD(-S) 在不同情况下对应着 ADD 和 ADD(-S) 两种指标。

当目标物体是非对称物体时，ADD(-S) 为 ADD 指标，如式（2-41）所示：

$$\text{ADD} = \frac{1}{m} \sum_{x \in M} \left\| (Rx + t) - (\tilde{R}x + \tilde{t}) \right\| \tag{2-41}$$

其中，M 是三维点云的集合，m 是点云集合中点的数量，(R,t) 和 $(\tilde{R},\tilde{t})$ 分别是真实值和位姿估计结果。

当目标物体是对称物体时，估计的位姿可能是真实值绕物体中心旋转轴旋转 180°

后的结果，这时如果还用式(2-41)计算会得到较大的误差，但这并不代表估计的位姿不准确。所以对于对称物体，ADD(-S)指标即为 ADD-S，如式(2-42)所示：

$$\text{ADD(-S)} = \frac{1}{m} \sum_{x_1 \in M} \min_{x_2 \in M} \left\| (\mathbf{R}x_1 + t) - (\tilde{\mathbf{R}}x_2 + \tilde{t}) \right\| \tag{2-42}$$

该式表示，计算误差时需要计算预测位姿与真实值之间的最近邻点之间的误差，从而消除对称物体带来的二义性。

2.6.2　精度评价指标：旋转与平移误差

虽然现有研究大多仅利用正确率，从鲁棒性的角度来评价位姿估计算法的性能。但在精度要求较高的工业应用场合，需要引入位姿估计方法的精度评价指标。位姿估计结果由旋转和平移组成，所以精度评价指标也主要包括旋转误差和平移误差。可以是各角度旋转误差和各方向平移误差，也可以简化成平均旋转误差、平均平移误差。注意，如果同时对鲁棒性和精度进行评估，则一般仅计算位姿估计成功的情况下得到的平移和旋转误差，否则因误差太大而导致失去了精度评价的意义。

物体的位姿一共有三个位置量和三个旋转量，因此位姿估计的误差也同样用这6 个量来表示。但是具体而言，用哪三个位置量和旋转量，则与所采用的坐标系有关系。例如，可以用最常规的 x, y, z 和 α, β, γ 来分别表示对应的真实值的平移量和旋转量，x', y', z' 和 α', β', γ' 来表示位姿估计方法的计算结果，则误差可表示为他们的差值的绝对值：$\Delta x, \Delta y, \Delta z$ 和 $\Delta \alpha, \Delta \beta, \Delta \gamma$。对于 n 次实验，分别计算这 6 个误差的平均值，即可得到 6 个平均误差。如果要进一步简化，可以计算两个平均误差，即平均平移误差 t_{mean} 和平均旋转误差 R_{mean}：分别取 3 个平移误差和 3 个旋转误差的平均值。旋转误差 R_{mean} 和平均平移误差 t_{mean} 分别如式(2-43)和式(2-44)所示：

$$R_{\text{mean}} = \frac{1}{n} \sum_{i \in S} (\Delta \alpha_i + \Delta \beta_i + \Delta \gamma_i) / 3 \tag{2-43}$$

$$t_{\text{mean}} = \frac{1}{n} \sum_{i \in S} \text{Euclidean}((x_i, y_i, z_i), (x_i', y_i', z_i')) \tag{2-44}$$

其中，S 是由 ADD(-S)评价为估计成功的测试数据合集，n 是集合 S 中目标的数量，i 代表第 i 个位姿估计的目标，Euclidean(·) 代表计算欧氏距离。

参 考 文 献

[1]　Zhang Z. Flexible camera calibration by viewing a plane from unknown orientations[C]// IEEE International Conference on Computer Vision, IEEE, 1999: 666-673.

[2]　Zhang Z. A Flexible new technique for camera calibration[J]. IEEE Transactions on Pattern

Analysis and Machine Intelligence, 2000, 22(11): 1330-1334.

[3]　Pour G. Understanding software component technologies: JavaBeans and ActiveX[C]// Technology of Object-Oriented Languages and Systems, IEEE, 1999: 398.

[4]　Tsai R Y, Lenz R K. A new technique for fully autonomous and efficient 3D robotics hand/eye calibration[J]. IEEE Transactions on Robotics and Automation,1989, 5(3): 345-358.

[5]　Gao X, Hou X, Tang Q. Complete solution classification for the perspective-three-point problem[J]. IEEE Transactions on Pattern Analysis and Machine Intelligence, 2003, 25: 930-943.

[6]　Lepetit V, Moreno-noguer F, Fua P. EPnP: An accurate $O(n)$ solution to the PnP problem[J]. International Journal of Computer Vision, 2008, 81(2): 155-166.

[7]　Penate-sanchez A, Andrade-cetto J, Moreno-noguer F. Exhaustive linearization for robust camera pose and focal length estimation[J]. IEEE Transactions on Pattern Analysis and Machine Intelligence, 2013, 35(10): 2387-2400.

[8]　Fischler M A, Bolles R C. Random sample consensus: A paradigm for model fitting with applications to image analysis and automated cartography[J]. Communications of the ACM, 1981, (24): 381-395.

第 3 章　基于图像特征点匹配的 6D 位姿估计

基于图像特征点的位姿估计方法属于关联点法一类，是最常用的传统位姿估计方法，主要基于透视变换和相机成像的部分原理，目前已经发展得较为成熟。使用同一个已标定好的相机，在不同视角下对同一物体拍摄两张图像后，通过分别对这两张图像提取特征点，然后进行特征点匹配以获得 2D-2D 匹配点对，以计算物体在这两个不同视角下的相对位姿。如果其中一张图像中特征点的 3D 信息已知，则可在 2D-2D 匹配点对的基础上获得 2D-3D 匹配点对，从而计算出物体在相机坐标系的绝对位姿。可见，基于图像特征点匹配的位姿估计技术的关键在于可靠的特征点匹配。虽然在现有技术中，已经有比较鲁棒、可靠的特征点描述子，如传统的人工设计特征点尺度不变特征变换(scale invariant feature transform，SIFT)等，也有新兴的深度学习特征点如基于学习的不变特征变换(learned invariant feature transform，LIFT)等。但在一些复杂的情况下，如物体表面的纹理不够明显、各局部的纹理相似、复杂光照等干扰，仍然难以避免地会出现特征点的误匹配。要建立准确的特征点匹配，必须将这些误匹配去除。针对特征点误匹配去除这一经典问题，已经有很多有效的方法，对于一般的较低或中等比率的误匹配，它们可以有效地将误匹配去除，而对于高比例的误匹配，仍然是一个难点，因此本章也将介绍作者在这一方面的研究成果。最后给出了基于图像特征点匹配的 6D 位姿估计实例。

3.1　图像特征与特征匹配

3.1.1　图像特征(点)

图像特征用于描述物体图像、区分不同物体的特点。一幅图像一般都具有能够区别于其他图像的特征，有些特征是可以非常直观地感受到，如亮度、边缘、纹理和色彩等；有些则是需要通过计算得到，如矩、直方图、灰度梯度方向等。图 3-1 为图像特征的例子，一些转折点、交叉点均属于其特征。

图像特征可以分为两类：全局特征与局部特征。全局特征是将整个图像信息进行处理，作为图像的特征信息。局部特征反映的是图像局部的信息，如图 3-1 图像中的转折、边缘，通常在一张图像中可以提取出很多局部特征。全局特征拥有信息量大的优点，但在位姿估计中更加关注图像所含的物体信息，使用全局特征相对比较粗糙不够精细，因此大部分情况下局部特征更加适合用于位姿估计。

图 3-1　图像特征示例

图像特征点是一类典型的、应用最广的局部特征。特征点不只是几何坐标系上的一个点，其代表了一个局部图像特征的所有信息。特征点的信息主要包含了两个部分：特征点位置信息和特征点描述子。特征点位置信息，为特征点在图像上的位置，但仅仅利用特征点的位置信息还不能进行匹配。因此需要特征点描述子：定义一个向量对特征点的邻域信息进行描述，如邻域的灰度梯度、灰度或方向直方图等。

这些描述子可以帮助减弱或消除视角变化、光照变化带来的影响，强化不同特征点之间的差异，弱化相同特征之间的差异，一个好的描述子具有不变性、鲁棒性、可区分性。常用的描述子有 SIFT[1]、快速鲁棒特征(speeded up robust features，SURF)[2]、二进制鲁棒独立基本特征(binary robust independent elementary features，BRIEF)[3]描述子。上述这些传统的图像特征点都是由人工精心研究设计的特征，因此统称为人工设计特征。而近年来深度学习技术也被应用到图像特征点提取中，用深度神经网络提取的特征称之为深度学习特征。

这些特征点一般都具有如下的特点。

①特征有合适的区分度。理想的图像特征需要在同类图像之间差异较小，在不同类别的图像之间差异较大。

②特征容易被提取。为了得到这些特征，不能花费过多的运算，但被提取的难易需要综合考虑特征的区分度。

③特征具有鲁棒性。特征需要对旋转、缩放、视角变换、光照变化等转换具有一定的抵抗能力，即一般常说的旋转、缩放和光照不变性等。

3.1.2　图像特征点提取——以 SIFT 和 LIFT 特征点为例

1. SIFT 特征点——人工设计特征

特征点提取(检测)指从图像中寻找特征点(包含特征的位置信息与其描述信息)，是目标检测、位姿估计的第一步。

特征点检测的一个重要基础为灰度梯度。灰度图像是一个大小为图像长宽的像素点矩阵，其内容为灰度值，一般为一个 0～255 的整数（每个像素为 8 字节）。灰度梯度即为各个像素点的灰度导数（这里为差分值），灰度梯度值能够反映附近灰度变化的剧烈程度。因此，物体的边缘、物体上的一些纹路可以通过求取梯度来表示，如物体的边缘即为灰度数值相差较大的区域，即梯度特别大的部分。

当然，具体特征检测的原理更复杂，通常在检测出特征的位置信息后，还要进行描述子的计算，使这个特征点信息能较好地代表图像，并拥有鲁棒性。下面简要介绍常用的 SIFT 特征点。

SIFT 特征点提取的主要步骤为：多尺度空间极值检测确定特征点位置、特征点精细化与低质量特征点去除、特征点描述子生成三个步骤。

（1）多尺度空间极值检测确定特征点位置。

通过变换尺度参数，进行高斯卷积与降采样操作，生成图像对应于不同尺度参数的一系列平滑图像，即尺度空间。用通俗的理解也可表述为，通过改变参数，生成对同一物体的不同缩放比例的图像，如图 3-2 所示。这样提取出来的特征不会因为物体在图像中的放大缩小而改变。

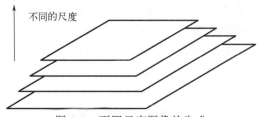

不同的尺度

图 3-2 不同尺度图像的生成

这样生成的一系列不同尺度的图像分层也叫高斯金字塔，在层与层之间做图像的差分可以获得高斯差分金字塔，在差分金字塔中可以通过极值的方式寻找出关键点，关键点即特征所在位置的坐标点。

（2）特征点精细化与低质量特征点去除。

通过上面一步找到的极值点落在像素点的位置上，但是实际中很多情况下极值点都不是恰好在像素点上，而是在比像素更小的级别上的位置，即亚像素的位置。SIFT 算法在像素点附近使用空间曲面去拟合极值点，获得了亚像素级的特征点。这种点更稳定，更具有精确性。例如，初始检测出来的极值点为在 (55,105) 的像素点，通过精确定位，拟合的结果为 (55.4,104.8) 的亚像素级的像素点，这样的位置更加精确。

然后需要对一些低质量的特征点进行去除。首先是消除对比度低的特征点：对求出梯度值比较低的那些点直接过滤；其次消除边界上的点：把平坦区域和在直线边界上的点去掉，如在边界上但不是边角的点，SIFT 算法不将这些点作为特征点。

图 3-3 为 SIFT 特征点检测的一个示例，左侧为原图，右边的图像中用圆形标注的位置即为特征点的位置。可以发现部分特征点受到了光照的影响，如下方在阴影中的部分特征点，这些特征点是由噪声、光照等造成的无意义的特征点，需要剔除。

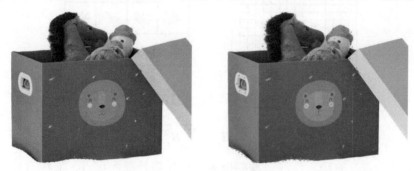

图 3-3　SIFT 特征点（见彩图）

（3）特征点描述子生成。

首先确定特征点的方向。利用式(3-1)和式(3-2)可以求出每一点的梯度方向与大小，$L(x,y)$ 代表坐标为 (x,y) 的像素点所对应的灰度值：

$$\theta(x,y) = \arctan((L(x,y+1) - L(x,y-1)) / (L(x+1,y) - L(x-1,y))) \tag{3-1}$$

$$m(x,y) = \sqrt{(L(x,y+1) - L(x,y-1))^2 + (L(x+1,y) - L(x-1,y))^2} \tag{3-2}$$

在以特征点为中心的邻域内采样，并用直方图统计邻域像素的梯度方向。梯度直方图的范围是 0～360°，其中，每 45° 为一个柱，总共 8 个柱。直方图的峰值则代表了该特征点处邻域梯度的主方向，作为该特征点的方向，如图 3-4 所示。

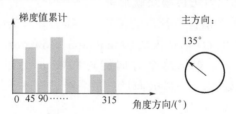

图 3-4　灰度直方图与主方向

其次根据邻域信息生成 128 维的特征向量。先将坐标轴的方向旋转到特征点的主方向上，以排除旋转等带来的干扰。随后以特征点为中心取 16×16 的邻域，计算每一个点的梯度大小与方向。取 4×4 的小区域计算灰度直方图。如图 3-5 所示。

一个直方图有 8 个方向信息，4×4 的直方图就有 128 个信息，将这些数据排列成一个向量 H，该向量就是描述该特征的 128 维度的描述子。

最后对这些向量长度进行归一化，以排除光照等干扰。用式(3-3)对向量 H 进行归一化获得描述子向量 L：

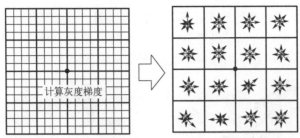

图 3-5　邻域计算直方图

$$L_i = H_i / \sqrt{\sum H_i^2} \tag{3-3}$$

SIFT 特征点具有稳定性好、准确性高、可拓展性强的优点，但提取速度较慢，而且对于模糊图像其检测效果会降低。因此，不断有学者对 SIFT 特征点进行改进，其中著名的有 SURF，其计算量小、运算速度快；还有彩色图像 SIFT 特征点(colored SIFT，CSIFT)[4]，其基于彩色图像来提取特征点。

2. LIFT 特征点——深度学习特征

LIFT[5]为一个用于特征提取的深度神经网络框架，其结合了特征点位置的检测、方向估计和描述符计算模块，使用后向传播进行端到端的训练。训练过程从后往前，先训练描述符，再训练方向估计，最后训练特征点检测模块。

其完整流程如图 3-6 所示，LIFT 算法由三个相互联通的部分组成。给定一个输入图像，检测器(detector，DET)模块就会提供一个得分图；其次在得分图执行 Soft argmax 算法，并返回单个潜在特征点的位置 x；随后算法提取了一个以特征点为中心的较小的邻域 p，作为方向估计模块(orientation estimator，ORI)的输入；ORI 模块用于预测邻域方向 θ，根据这个方向旋转邻域 p 经过空间变换器层(spatial transformer layer)变换处理，产生 p_θ 向量；最后经过描述子计算模块(description，DESC)网络，计算特征向量 d。

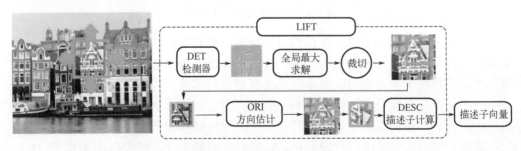

图 3-6　LIFT 网络流程图[5]

3.1.3　图像特征点匹配

特征点匹配为特征提取后的关键一步,匹配可以将两张图像的特征点进行对应。其原理是在获取每一个特征点之后, 在另一张图像中寻找最相似的特征点, 即特征匹配, 两个特征点相似度高就表明他们所代表的特征很有可能为相同的特征。一般计算两个特征点之间的距离(欧式距离、汉明距离等)作为其相似度的度量, 对一张图像中的每一个特征点在对应图像中找出与其距离最小的特征点, 此方法也称暴力匹配方法(brute force matching, BF)。

对于 SIFT 等特征点, 多采用欧式距离来计算相似度。对于 ORB 特征点, 因为其为二进制编码, 距离计算一般使用汉明距离。汉明距离就是计算两个相同长度编码对应为不同的个数, 如图 3-7 所示。

经过暴力匹配后, 每一个特征点都能找到另一图像中与之距离最近的特征点, 这称为初始匹配。初始匹配中往往有许多错误的匹配点对, 其中有些错误比较容易分辨, 通过简单的操作便可剔除。

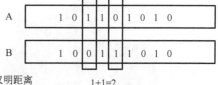

图 3-7　汉明距离示例

绝对距离阈值优化:有时模板图像的部分特征点在测试图像中并不一定存在对应的匹配点, 但通过匹配算法其仍然能够找到一个距离最近的点, 造成了错误的匹配, 故这些匹配应该被作为误匹配剔除。通常这些匹配的距离比较大, 故可以在匹配时设置一个阈值, 当某一特征点与另一图像中所有特征点的距离均大于这一阈值时, 则判定该特征点没有对应的匹配。图 3-8 所示为两张经过暴力匹配,并经过绝对距离阈值优化后所得的图像特征点匹配, 可以看到计算得到了很多的匹配点对, 但其中还存在很多的错误匹配, 需要进一步剔除。

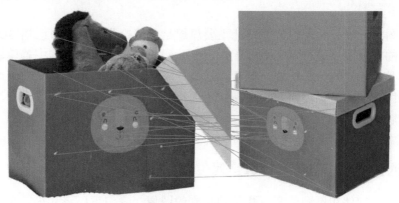

图 3-8　暴力匹配+绝对距离阈值优化结果

相对距离优化：前文所述最优匹配点的搜寻主要考虑了绝对距离，但作为特征点，很重要的一点是其独特性，也就是说该特征点与其他特征点有很大不同。对于任一特征点，它在另一图像中找到的匹配点，不但其绝对距离较小，而且这一距离比它与其他特征点的距离要小得多，即其相对距离也较小，这样的匹配点对才是可靠的点对。常用的具体做法是：用最近距离除以次近距离，当这一比值大于一定阈值时（常设置为 2），才保留这一匹配点对，否则剔除。

图 3-9 所示为经过距离比率优化后的匹配点对，可以看到与图 3-8 相比，已经有不少的错误匹配点对被剔除。但这些匹配中仍然存在错误匹配，这些错误匹配不能用上述这两种简单的操作剔除。误匹配的剔除是一个很重要的课题，将在 3.3 节中更详细讨论这一问题。

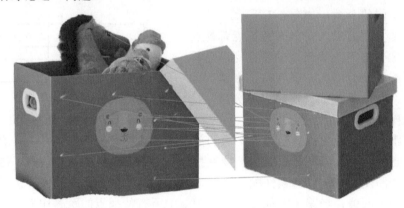

图 3-9　经过距离比率优化后的匹配结果

3.2　基于图像特征点匹配的 6D 位姿估计方法

基于图像特征点匹配的位姿估计主要思想是将待检测的图像与已知 3D 信息或已知位姿的模板图像进行特征点匹配，根据匹配关系进行求解。其中若模板图像对应的物体具有已知的 6D 位姿，则可以通过计算检测图像与模板图像的相对位姿来获得检测图像的绝对位姿；若模板图像上的点具有已知坐标系的三维坐标信息，则可通过求解 PnP 问题获取检测图像在该坐标系下的绝对位姿。

本节将分别介绍通过求解相对位姿计算绝对位姿与直接求解绝对位姿的方法。

3.2.1　通过求解相对位姿计算绝对位姿

对于一个物体在不同位姿下相机拍摄到的图像，我们可以将其等效为同一个静止物体在不同相机视角下的图像。那么求解不同图像中物体的位姿变化，即可以等效为物体静止时，求解相机 C 的位姿变化，如图 3-10 所示。

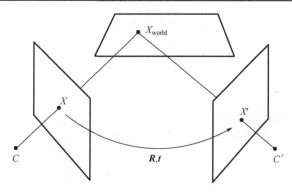

图 3-10　物体位姿转换为相机位姿变化

对于物体上的任意一点 X_{world} 在两个相机拍摄的图像中的图像点 X、X'，其中，X 代表相机 C 的成像平面上该点的投影，X' 代表相机 C' 的成像平面上该点的投影，则 X、X'、C、C' 在同一平面上，可得到：

$$\overrightarrow{CX} \cdot (\overrightarrow{CC'} \times \overrightarrow{C'X'}) = 0 \tag{3-4}$$

令向量 x、x' 为 X、X' 在以 C、C' 为原点的相机坐标系下的坐标向量，令 R 与 t 为两个相机坐标系之间的旋转矩阵与平移向量。那么，通过坐标变换，可以得到 X' 在相机坐标系 C 下的坐标，并将坐标向量带入式 (3-2) 得到：

$$x \cdot (t \times (Rx')) = 0 \tag{3-5}$$

引入本质矩阵 (essential matrix)，也称本征矩阵为 $E = t^{\wedge} R$，其中，$t^{\wedge}$ 表示向量 t 的斜对称矩阵，上式可以改写为更简洁的形式：

$$x^{\mathrm{T}} E x' = 0 \tag{3-6}$$

到此，从式 (3-6) 中可以看出，若需得到变换的位姿，只需得到成像点在相机坐标系下的坐标来计算出本质矩阵即可。但成像点在相机坐标系下的坐标往往难以求得，通常只能得到其在图像像素坐标系下的坐标。此处引入基本矩阵 F，其与本质矩阵的关系如下定义：

$$F = K^{\mathrm{T}} E K^{-1} \tag{3-7}$$

基本矩阵相比本质矩阵增加了相机内参矩阵的运算，其将相机坐标系转换为图像像素坐标系。设 p、p' 为 X、X' 在图像像素坐标系下的点，则其符合：

$$p^{\mathrm{T}} F p' = 0 \tag{3-8}$$

故只需要获得多对点在两个图像中的像素坐标，构造多个方程组，即可将基本矩阵 F 求解。图像经过特征匹配后，正确的匹配点反映了同一个世界点在两张图像的像素坐标，可以用其进行基本矩阵的解算。

虽然由相对位姿 (旋转矩阵 R 与平移向量 t) 求解本质矩阵比较容易，但通过本质矩阵来求解两个相机之间的相对位姿较为复杂，本书进行简要的介绍，不做具体的证明，在文献[6]中有详细的证明过程。

(1)对本质矩阵 E 进行奇异值分解(SVD)：

$$E = USV^{\mathrm{T}} \tag{3-9}$$

(2)创建一个满秩的矩阵 W：

$$W = \begin{bmatrix} 0 & -1 & 0 \\ 1 & 0 & 0 \\ 0 & 0 & 1 \end{bmatrix}$$

(3)可以根据分解的结果与矩阵 W 计算求解得到平移向量 t 与旋转矩阵 R，其各有两个解：

$$
\begin{aligned}
t_1 &= UWSU^{\mathrm{T}} \\
t_2 &= -t_1 \\
R_1 &= UWV^{\mathrm{T}} \\
R_2 &= UW^{\mathrm{T}}V^{\mathrm{T}}
\end{aligned}
\tag{3-10}
$$

(4)根据分解的结果可以得到四种组合，即相对位姿具有四个解：$(R_1, t_1), (R_1, t_2), (R_2, t_1), (R_2, t_2)$，但四个解中，仅有一组是成立的，实际位姿求解中可以将解带入，通过计算深度信息为同号且为正来进行解的判断。最终符合条件的解为两个相机的相对位姿。

最后，在获得两个相机的相对位姿后，可以通过坐标系的变换计算出物体坐标系(世界坐标系)下物体变换的位姿，结合模板图像已知的位姿，可以求出被测图像对应物体的 6D 位姿。

整个求解过程可以用图 3-11 的流程图表示。

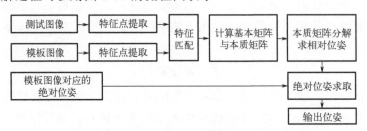

图 3-11　基于相对位姿的位姿估计流程图

3.2.2　通过求解 PnP 问题直接求解绝对位姿

同样地，物体在不同位姿下的图像，依旧可以将其等效为静止物体在不同相机视角下的图像，然后求解相机的位姿变化。当模板图像像素点对应的坐标已知时，如三维 CAD 模型的二维渲染图，在给定的参考系下，渲染图的每一个图像像素信息都具有确定的三维坐标信息。经过图像特征点匹配，可以得到两张图像对应的图像特征点，进而，被测图像上的特征点可以根据其在模板图像中匹配的特征点得到其三维信息，即获得了被测图像的 2D-3D 的点对匹配关系，可以通过求解 PnP 问题来对位姿进行求解，通过采用 EPnP 算法进行求解。

如第 2 章所述，EPnP 算法一般要求 4 对以上的点信息作为输入，其可以直接解算出测试图像中相机与物体之间的位姿。由于输入点对较多，EPnP 算法的精确性也更高，一般来说，其具有唯一的解，不易出现本质矩阵分解时的多解问题。

直接求解位姿的流程图如图 3-12 所示。

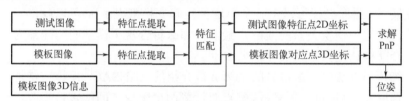

图 3-12　通过求解 PnP 问题计算绝对位姿流程图

3.3　图像特征点误匹配剔除

3.3.1　误匹配带来的挑战

在基于特征点匹配的位姿求解中，往往有很多因素造成了位姿计算的误差，如相机标定误差、物体特征点三维实际信息的不准确、图像特征点像素位置不精确误差、计算位姿误差。但特征点的错误对应，即图像特征点误匹配，会导致位姿计算的错误，远远超过了误差的范畴。必须通过剔除错误匹配、找出正确的匹配点对来纠正。

在图像特征点匹配的过程中，误匹配是指部分特征点没有正确的对应，如图 3-13

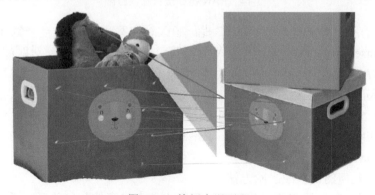

图 3-13　特征点误匹配

中被加粗的匹配，这些特征点对或是与其他特征点错误地匹配上，或是匹配误差过大，若选取了其中的特征点来进行位姿的估计，那么计算所得的位姿会与实际结果相差巨大，得到错误的位姿。

3.3.2　传统的误匹配去除方法

传统的误匹配去除方法可以分为主要的两大类：基于统计的方法与基于几何的方法。

(1)基于统计的误匹配去除方法。

基于统计的方法的核心思想是正确的特征匹配点对都符合同一个变换关系(符合仿射变换，其图像坐标可以由一个单应性矩阵变换来表示)，可以找出一个合适模型参数使符合这个变换关系的匹配点最多，那么符合这个模型的匹配点对就是正确的，不符合就被认定为错误的，需要去除。

基于统计的方法中，最常见的是第 2 章介绍的 RANSAC[7]：该方法通过随机采样，每次选取 4 个(也可以更多)匹配点对计算两个图像之间的转换矩阵，即前文提到的图像点之间的基本矩阵。然后，计算每对匹配点在该基本矩阵下的误差，误差小于一定的阈值认为是该矩阵的“内点”。通过不断地循环、计算基本矩阵、统计“内点”数量，在设置的最大运行次数下找到最佳的基本矩阵，即具有最多的“内点”。此时，不符合这个基本矩阵的匹配，即为“外点”，记为误匹配，需要去除。图 3-14 为用 RANSAC 算法去除误匹配的流程图。

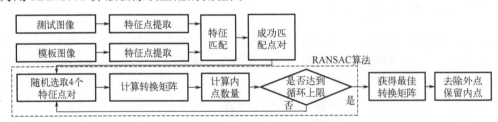

图 3-14　RANSAC 法去除误匹配

后续也有很多学者针对 RANSAC 提出了改进方案,如概率采样一致(progressive sampling consensus，PROSAC)[8]，其将特征匹配的得分转换为每一对匹配的正确率，将其引入 RANSAC 中，这样的方式可以增加 RANSAC 的效率，使 RANSAC 能够更快地选择正确的点进行匹配，加快收敛的速度。另外也有非常多的其他改进，如分组采样一致(group sample consensus，GroupSAC)[9]、随机采样最大似然算法(maximum likelihood estimator sample consensus，MLESAC)[10]等，都在一定程度上提高了 RANSAC 的性能，这里不一一介绍。

(2)基于几何的误匹配去除方法。

基于特征点几何约束的方法的主要原理为结合特征的几何关系，通过一些几何约束来剔除误匹配，如利用拓扑网络的同构等。

例如，非常典型的图变换匹配(graph transformation matching，GTM)[11]，其使用特征点最近邻关系构建无向图，通过不断迭代去除误匹配使两张图像的无向图趋于一致；本书作者在 2013 年提出了一种几何的误匹配去除方法，其基于特征点三角剖分约束与距离约束共同判断误匹配[12]；基于网格的运动统计(grid-based motion statistics，GMS)[13]，其利用运动平滑度约束，将其作为错误匹配的一种度量与统计，提高了匹配效率；保留局部特征的匹配(locality preserving matching，LPM)[14]，其不针对某一特定的变换关系，而利用局部结构一致性，提高了通用性。

基于特征点的几何约束方法可以迅速地检测出误匹配，理论上来说具有很高的正确率，受误匹配的影响也较小，通常可以较好地达到所需的剔除效果。

3.3.3 基于三角拓扑与概率采样的误匹配去除方法

现有方法对于较低或中比率的误匹配剔除效果较好，但对于高比例的误匹配，仍然难以达到好的去除效果，其原因主要是在高误匹配率情况下：一方面利用几何约束来直接判断点对匹配是否正确，准确率不高；另一方面，基于统计方法采用随机选点方式很难选到所有的点都是内点。

基于此，本书作者提出了基于三角拓扑与概率采样结合的误匹配去除方法(triangular topology probability sampling consensus，TSAC)[15]，将拓扑几何约束的思想引入到采样中。利用三角剖分拓扑网络来计算点对误匹配的概率，然后将这些概率赋予采样的过程，从而提高整体效果。

该方法的理论基础为图像拓扑约束，假设图像 P 与图像 Q 进行匹配，图像 P 为模板图像，图像 Q 为测试图像。随后，在图像 P 中构造三角拓扑网络，在图像 Q 中按照 P 中的顺序进行连接。如图 3-15 中，最左侧为图像 P 的拓扑网络，若图像 P 和图像 Q 的特征均正确地匹配，则他们形成的网络依旧相似。假设某对特征点错误

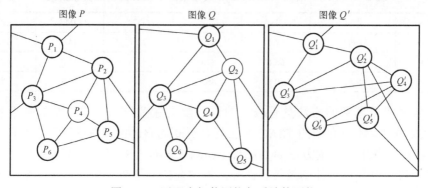

图 3-15 匹配点拓扑网络与重连接网络

匹配，如图像 Q' 所示，$P_4 - Q'_4$ 是一个错误的匹配，Q'_4 附近的网络发生了畸变，导致其引出的边和网络中其他边出现了交叉现象。此为三角剖分约束的基本性质，该方法基于此进行误匹配的概率计算。

特征点引出边线的交叉情况反映了其为误匹配点的可能性，交叉越多则为误匹配点的概率越高。值得注意的是，该方法并不直接根据拓扑网络的畸变情况来判断，由于正确的匹配点对有可能受到邻近的错误匹配点对的影响而产生交叉，导致其计算出的误匹配概率并不为 0，故该方法结合采样的思想，将误匹配的概率用于采样。区别于传统采样的方法(如 RANSAC)，该方法并不进行完全随机的采样，而是依照前文所获得的概率进行采样，误匹配的概率越高，则被采样的概率越低，反之误匹配概率低的点，其被认为更加可能为正确的点，在采样中更有可能被选中，因此可以称之为概率随机采样。

通过概率随机采样，在每一次采样中计算转换矩阵，并计算符合该转换矩阵模型的匹配，即模型的"内点"，通过不断地循环采样计算出"内点"数量最多的转换矩阵后，将其作为两个图像的转换矩阵，此时"外点"即为误匹配，将其去除，这一过程与 RANSAC 法基本相同。

将该方法与现有经典误匹配去除方法进行对比实验，此处实验选取 Mikolajczyk 数据集进行测试，该数据集为图像匹配中较为常用的数据集，包含了视角变换、光照变化、模糊等多种变换，并提供了图像间的单应矩阵来作为参考真值。评判的指标包含了精确率(precision)、召回率(recall)与 F 值(F-measure)，精确率定义为提取出的匹配中正确匹配的占比，召回率定义为提取获得的正确匹配占所有正确匹配的比重，这二者通常呈负相关，故定义 F 值为两倍的二者之积除以二者之和。同时，实验还与前文所提到的 RANSAC、GTM、GMS、LPM 方法进行了对比，实验结果如表 3-1 所示。

表 3-1　不同算法在 Mikolajczyk 数据集上的误匹配去除实验结果　　(单位：%)

外点率	指标	RANSAC	TSAC	GTM	GMS	LPM
55.4	精确率	82.1	**87.7**	72.1	44.4	78.7
	召回率	63.6	**86.0**	56.6	65.9	80.7
	F 值	70.8	**85.9**	62.8	50.9	78.9

实验表明，本章的方法具有较好的误匹配去除效果，相比传统的基于统计的 RANSAC 方法，本章介绍的 TSAC 方法具有更高的召回率，在精确率上也有一定的提升。相比于基于几何的方法如 GTM、GMS、LPM，TSAC 方法在精确率上具有更明显的优势，也具有最佳的效果。此外，本实验的平均外点率，即误匹配率超过了 50%，部分图像对的误匹配率甚至超过了 70%，TSAC 体现了较大的优势也说明了其具有较好的鲁棒性。综合来说 TSAC 方法可以较好地实现误匹配去除。

3.4 位姿估计实例

本节以本质矩阵分解方法为例进行物体位姿估计，以图 3-16 左侧的图像为模板图像，其图像中心点设置为原点，三个姿态角均为 0°。

图 3-16 位姿估计目标图像

首先对两张图像分别进行 SIFT 特征点提取，并用暴力匹配法进行粗匹配。如图 3-17 所示，特征粗匹配的结果中，有非常多的误匹配，如果直接使用这些匹配点对进行基本矩阵与本质矩阵的计算，则无法计算出正确的位姿。

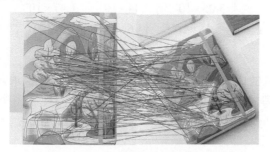

图 3-17 特征点粗匹配

然后利用 3.3 节中基于三角剖分与概率采样结合的方法进行误匹配去除。利用模板图像中的特征点建立拓扑网络，并在测试图像中按照模板图像中的顺序连接相应的特征点，形成测试图像的拓扑网络。如图 3-18 所示，箭头指向的位置交叉情况较复杂，其为错误匹配的概率较高。图 3-19 为误匹配去除后的结果，可以看到经筛选后的匹配均能实现正确的对应。

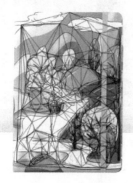

图 3-18 拓扑网络与重连接的网络

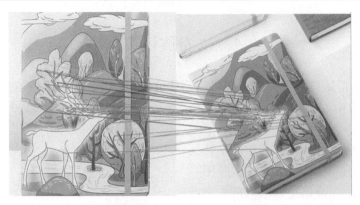

图 3-19　误匹配去除后的结果

最终，使用所得的匹配点对计算基本矩阵 $\boldsymbol{F}$，结果如下：

$$\boldsymbol{F} = \begin{bmatrix} 5.05\times10^{-5} & 9.44\times10^{-5} & 1.47\times10^{-3} \\ -5.18\times10^{-6} & 4.96\times10^{-7} & -2.42\times10^{-3} \\ -2.85\times10^{-3} & 4.76\times10^{-4} & 1 \end{bmatrix} \qquad (3\text{-}11)$$

随后并根据相机的内参矩阵 $\boldsymbol{K}$，求得本质矩阵 $\boldsymbol{E}$，根据求得的本质矩阵，将其进行分解，可以求得旋转矩阵 $\boldsymbol{R}$ 和平移向量 $\boldsymbol{t}$。因为模板图像的位姿为[0,0,0,0°, 0°,0°]，我们可以得到测试图像的位姿：[−29.8mm，−69.4mm，−12.7mm，−10.3°，0.2°，33.4°]。

图 3-20 为所求位姿的简单验证。将模板图像图 3-20(a)的像素根据所求得的位姿转换矩阵变换后，得到变换后的图像图 3-20(b)，可以看到，图 3-20(b)和目标图像图 3-20(c)一致。

(a) 模板图像　　　　(b)利用所求得的位姿转换矩阵　　　(c)目标图像
将模板图像变换成目标图像的位姿

图 3-20　位姿估计结果验证

参 考 文 献

[1]　Lowe D G. Distinctive image features from scale-invariant keypoints[J]. International Journal of Computer Vision, 2004, 60(2): 91-110.

[2]　Bay H, Tuytelaars T, Gool L V. SURF: Speeded Up Robust Features[M]. Berlin: Springer-Verlag, 2006.

[3]　Calonder M, Lepetit V, Strecha C, et al. BRIEF: Binary robust independent elementary features[C]// Proceedings of the 11th European conference on Computer vision, 2010: 778-792.

[4]　Abdel-Hakim A E, Farag A A. CSIFT: A SIFT descriptor with color invariant characteristics[C]// IEEE Computer Society Conference on Computer Vision and Pattern Recognition (CVPR'06), New York, NY, USA, 2006: 1978-1983.

[5]　Yi K M, Trulls E, Lepetit V, et al. LIFT: Learned invariant feature transform[C]// European Conference on Computer Vision (ECCV), 2016: 467-483.

[6]　Hartley R, Zisserman A. Multiple View Geometry in Computer Vision[M]. 2 edition. Cambridge: Cambridge University Press, 2004.

[7]　Fischler M A, Bolles R C. Random sample consensus: A paradigm for model fitting with applications to image analysis and automated cartography[J]. Communications of the ACM, 1981, 24(6): 381-395.

[8]　Chum O, Matas J. Matching with PROSAC-progressive sample consensus[C]//Proceedings of IEEE Computer Society Conference on Computer Society, 2005: 220-226.

[9]　Ni K, Jin H L, Dellaert F. GroupSAC: Efficient consensus in the presence of groupings[C]// Proceedings of the 12th IEEE International Conference on Computer Vision, 2009: 2193-2200.

[10]　Torr P H S, Zisserman A. MLESAC: A new robust estimator with application to estimating image geometry[J]. Computer Vision and Image Understanding, 2000, 78(1):138-156.

[11]　Aguilar W, Fraud Y, Escolano F, et al. A robust graph transformation matching for non-rigid registration[J]. Image and Vision Computing, 2009, 27(7): 897-910.

[12]　Zhao X Y, He Z X, Zhang S Y. Improved keypoint descriptors based on Delaunay triangulation for image matching[J]. Optik, 2014, 125: 3121-3123.

[13]　Bian J, Lin W, Matsushita Y, et al. GMS: Grid-based motion statistics for fast, ultra-robust feature correspondence[C]//2017 IEEE Conference on Computer Vision and Pattern Recognition(CVPR), 2017: 2828-2837.

[14]　Ma J, Zhao J, Jiang J, et al. Locality preserving matching[J]. International Journal of Computer Vision, 2019, 127(5):512-531.

[15]　He Z, Shen C, Wang Q, et al. Mismatching removal for feature-point matching based on triangular topology probability sampling consensus[J]. Remote Sensing, 2022; 14(3):706.

第 4 章　基于判别式网络的低纹理物体 6D 位姿估计

近年来，卷积神经网络(convolution neural networks，CNN)在机器视觉领域得到广泛应用，一方面其本身具有强大的物体检测和语义分割功能，另一方面，还具有尺度不变性，对图像中缩小或平移的目标的识别性能也很好，还可以通过 CNN 提取图片的局部特征，以便完成其他功能。深度学习在目标检测、实例分割上取得了较大的突破，在物体的 6D 位姿估计中也有应用。纹理丰富物体的位姿估计问题已得到较好的解决，因此低纹理物体位姿估计是当前的研究重点，近年来深度学习算法被应用到了该领域。由于其中使用的神经网络多为判别式神经网络，为了区别于第 7 章的基于生成式神经网络的方法，我们称之为基于判别式网络的位姿估计方法。

基于判别式网络的位姿估计方法主要分为两大类，一类是直接回归出物体的旋转和平移信息，被称为一阶段方法；另一类利用深度神经网络先找出图片中的关键点，再通过求解 PnP 问题解出目标物体的位姿，这种方法被称为两阶段方法。由于低纹理物体表面特征较少，难以学习，一些直接回归位姿的方法效果不佳，两阶段方法的精度和鲁棒性高于一阶段法(直接回归法)。在这一方面，本书作者首先提出了一种基于多模态表征的低纹理目标 6D 位姿估计方法来预测物体的初始位姿[1]，然后提出了一种基于长短程感知配准网络的复杂环境下低纹埋目标 6D 位姿估计方法来精细估计物体的位姿[2]。

4.1　基于多模态表征的 6D 位姿初始估计方法

两阶段法在位姿估计流程中引入了中间表征，通常可分为以稀疏关键点为核心的 2D 表征和以稠密表面点为核心的 3D 表征。定位稀疏 2D 关键点的难点在于：单目图像仅能提供像素级别的颜色信息，而低纹理物体表面不存在显著的颜色梯度线索。由于缺乏像素级别的几何结构信息，如深度图和点云，网络无法借助局部几何结构直接精确定位关键点，只能借助全局的颜色信息对关键点位置进行间接推断。回归稠密 3D 点坐标的难点在于：从 2D 图像到 3D 坐标的映射是一个维度提升的过程，难以被网络所学习。通过回归得到的表面通常带有噪声，且趋于平滑，缺失了大量细节结构。因此，利用单一类型的中间表征来解析低纹理物体的位姿是困难的，需要综合地对 2D 颜色线索和 3D 几何线索进行利用。

4.1.1　单目提升融合网络架构

本节介绍一种称为单目提升融合网络（monocular lifting fusion network，MLFNet）的实例级无纹理物体 6 自由度位姿估计架构。该结构的主要思想在于：①引入了 3D 表面法向量作为一种新的几何中间表征，结合法线与坐标为 3D 表面的预测提供几何一致性约束；②采用了从稠密 3D 表征到稀疏 2D 骨架表征的信息流动模式，为 2D 表征的预测同时提供颜色域与几何域的约束信息来源。

如图 4-1 所示，MLFNet 网络包括共享多模态空间的骨干网络、3D 点云坐标与 3D 表面法向量回归模块、基于多模态双重注意力机制的 2D 几何表征回归模块、位姿回归模块和标准 3D 形状嵌入接口。其使用两阶段的流程估计物体位姿：①利用神经网络模型预测 3D 几何表征，挖掘上述 3D 表征中的几何线索与图像中的颜色线索来预测 2D 几何表征；②使用基于改进 EPnP 的位姿回归模块[3]从 2D 几何表征中估计位姿。具体来说，在 2D/3D 多模态任务的联合学习中，首先由共享的骨干网络生成 2D-3D 混合特征，该特征一方面被输入 3D 几何表征回归模块来预测点云与表面法向量，另一方面被输入 2D 几何表征回归模块，与 3D 几何特征对齐融合，并生成 2D 关键点向量场、边缘与对称对应。在神经网络预测出中间表征后，利用位姿回归模块进一步融合 2D 几何表征，迭代地调整 2D-3D 匹配点对并同时解析物体位姿。

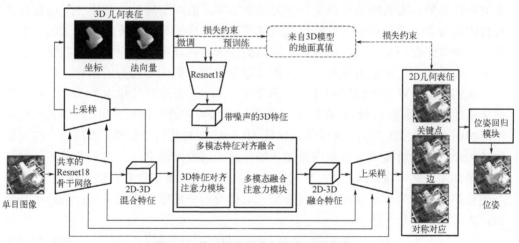

图 4-1　单目提升融合网络的整体架构

4.1.2　3D 几何表征回归模块

许多基于 2D 几何中间表示的网络，在训练阶段直接依赖颜色域的外观特征隐式地学习几何结构域的表征。由于缺乏对光照鲁棒的深度信息作为三维几何信息约束，从 RGB 图像中估计物体的 6D 位姿过程是很敏感的。MLFNet 采用一种新的中间表征信息流动模式，即稀疏 2D 几何中间表征的预测依赖于 2D 颜色特征与 3D 稠密几何中间表征的共同作用。这种模式通过混合 2D-3D 中间表征的多任务学习建立隐式依赖关系。

第一个 3D 几何中间表示是像素级点云的 3D 坐标，这种表征由于直接预测了每个像素点与 CAD 模型之间的 2D-3D 对应关系，因此在相关工作中通常直接被用作 PnP 算法的输入来求解位姿。他们的准确率相对于关键点方法较低，因为回归得到的点云表面是粗糙与局部变形的。虽然这种带噪声的点云坐标在绝对坐标上存在误差，但是可以较好地体现物体表面相对坐标变化趋势。与逐像素利用绝对坐标求解位姿的方法不同，MLFNet 利用卷积神经网络（convolutional neural networks，CNN）编码可见表面点云的相对变化特征来指导 2D 关键点的定位。

给定尺寸为 $3 \times H \times W$ 图像的输入 I，首先训练了一个简单的神经网络分支 $f_{\theta}^{C}(I) \in \mathbb{R}^3$ 来预测尺寸为 $3 \times H \times W$ 的可见表面像素的 3D 坐标。由于小物体分辨率低下，预测离散的点云来表征 3D 曲面通常缺失了大量细节。

第二个 3D 几何中间表征是像素级的 3D 表面法向量。为了给分辨率低下的物体注入亚像素级别的表面形貌约束，预测超分辨率点云坐标是可以考虑的，但是随着尺寸放大会成倍放大网络结构，对计算资源造成挑战。为了解决这些问题，MLFNet 为离散点云的预测引入同分辨率的表面法向量约束。像素级的法向量提供了附近曲面的变化趋势，为网络的整体形貌学习提供更丰富的细节辅助。使用 3D 表征的直接目的是为 2D 关键点的定位提供几何域的线索。通过最远点算法预定义的关键点通常在物体表面突变处，采用 CNN 回归的点云坐标通常趋于平滑，而在突变处法线的变化量相比坐标更为剧烈，因此能为定位关键点提供更有力的指导。

我们采用与点云坐标回归相同的分支 $f_{v}^{N}(I) \in \mathbb{R}^3$ 来预测尺寸为 $3 \times H \times W$ 可见表面像素的 3D 表面法向量，仅在最后一层添加了额外的通道来从共用的 3D 几何结构空间解码不同的 3D 表征。这样可以保持 3D 表征间的几何一致性。不同于一些无模型的领域，如相机视角下在室内预测全场景结构的表面法向量，这里预测的是物体局部坐标系的法向量。因此，在任意相机视角下，所预测物体表面法向量是一致的，不随物体相对于相机平移与旋转而改变。这使得网络的学习模式更像分类而不是回归，大大降低了学习成本。

对于输入为 $3 \times H \times W$ 的图片，MLFNet 用全卷积网络进行处理，分步隐式地聚集多模态特征空间，包括多模态间共享与单模态内部共享。首先，基于 3D 与 2D 表征之间存在一致性的想法，使用 ResNet-18 作为多模态间特征共享的骨干网络，将 3D 与 2D 表征空间压缩至同一子空间，并获取尺寸为 $H/8 \times W/8$ 的 2D-3D 混合特征 M。未使用两个网络单独提取 3D 与 2D 特征的一个原因在于处理对称物体时不会生成歧义的多模态表征，另一个原因是利用网络的自适应能力学习不同模态间的隐式约束。其次，基于 3D 或 2D 表征内部存在一致性的思想，将中间表征归类分组，并采用两个不同的解码器分别生成来自 3D 空间的表征与来自 2D 空间的表征。采用改进的跳跃连接结构，将上采样 ×2，×4，×8 处的特征图分别拼接至两个解码器的对应尺寸输出上，有助于解码器拥有更多不同尺度的多模态细节信息。解耦的网络结构降低了来自异构空间的噪声，更有利于网络掌握同空间内部的强关联性。例如，对于稠密的 3D 坐标预测任务，同样稠密的 3D 法向量显然比稀疏的 2D 关键点能提供更有效的相互约束。更具体地，MLFNet 在 3D 表征空间同时执行三个任务：语义分割 T_m、3D 点云坐标预测 T_c、3D 表面法向量预测 T_n，解码器的输出张量维度为 $(1+3+3) \times H \times W$。

4.1.3　2D 几何表征回归模块

在得到 3D 表征后，MLFNet 将稠密 3D 几何表征引入相对稀疏的 2D 几何表征的预测任务中来建立显式关联关系，加强不同中间表征间的几何一致性，并直接降低 2D 几何表征的预测难度。

MLFNet 借鉴自注意力机制中空间相关性与通道相关性筛选的思想，采用多模态双重注意力机制来对多模态特征进行对齐融合。其中，3D 特征对齐注意力模块如图 4-2 所示，它将 ResNet 网络提取的带有噪声的 3D 特征空间对齐到 2D-3D 混合特征隐空间下。

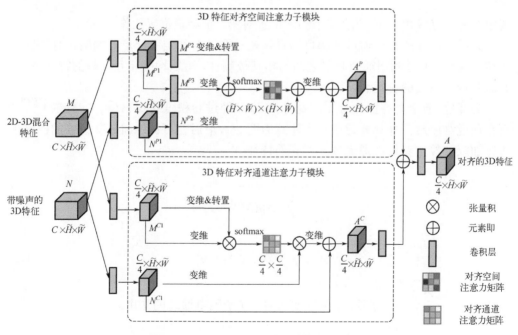

图 4-2　3D 特征对齐注意力模块的示意图

　　考虑到交叉模态数据存在不一致性，直接整合 RGB 信息和预测所得的不可靠 3D 信息可能会引入额外的污染，此外，从所预测的 3D 表征中提取的带有噪声的 3D 特征相比于 2D-3D 混合特征通常在空间或渠道方面比较丰富，但也包含信息冗余。因此需要利用 2D-3D 混合特征来筛选带有噪声的 3D 特征中可用于强化低维信息的重要成分，并抑制来自不可靠的 3D 特征的污染。为了减少单峰特征的冗余并对齐多模态子空间对应区域上的特征响应，我们对输入 3D 特征施加了空间对齐操作。

　　从技术上讲，给定 2D-3D 混合特征 $M \in \mathbb{R}^{C \times H \times W}$ 和带有噪声的 3D 特征 $N \in \mathbb{R}^{C \times H \times W}$，首先应用卷积运算将特征分别压缩为两个新特征图 M^{P1} 和 N^{P1}。以进一步通过卷积压缩生成的 $\{M^{P1}, M^{P2}\} \in \mathbb{R}^{\frac{C}{16} \times H \times W}$ 为队列（query）和键（key）计算空间对齐注意力图 W^P，以由 N^{P1} 再次卷积所得的 N^{P2} 作为值（value），并在可训练的尺度参数 α 的控制下进行加权计算，获得空间域上对齐特征 A^P：

$$w_{ji}^P = \frac{\exp(M_i^{P2} \cdot M_j^{P3})}{\sum\limits_{i=1}^{K^P} \exp(M_i^{P2} \cdot M_j^{P3})} \tag{4-1}$$

$$A_j^P = \alpha \sum_{i=1}^{K^P} (w_{ji}^P N_i^{P2}) + N_j^{P1} \tag{4-2}$$

其中，$K^P = H \times W$，w_{ji}^P 为第 i 个测量位置对第 j 个测量位置的作用。

　　高层次特征的每个通道图都可以看作是一个针对特定关键点的响应，且不同响应相互关联。通过利用通道映射之间的相互依赖性，可以增强相互依赖的特征映射，并对齐特定语义的特征表示。

　　类似地，通道对齐操作首先分别将 M 和 N 经过卷积压缩到 $\{M^{C1}, N^{C1}\} \in \mathbb{R}^{\frac{C}{4} \times H \times W}$，再在通道维度展开并计算通道对齐注意力图 w^C，最后在可训练缩放参数 β 的控制下进行加权计算，获得在通道域上对齐的特征 A^C：

$$w_{ji}^C = \frac{\exp(M_i^{C1} \cdot M_j^{C1})}{\sum\limits_{i=1}^{K^C} \exp(M_i^{C1} \cdot M_j^{C1})} \tag{4-3}$$

$$A_j^C = \beta \sum_{i=1}^{K^C} (w_{ji}^C N_i^{C1}) + N_j^{C1} \tag{4-4}$$

其中，$K^C = \dfrac{C}{4}$，w_{ji}^C 为第 i 个测量通道对第 j 个测量通道的作用。

　　最终对齐的 3D 特征 $A \in \mathbb{R}^{\frac{C}{4} \times H \times W}$ 由经过空间域对齐和通道域对齐后获得的 3D 特征经过逐元素求和运算和卷积层变换所得，以获得反映多模态上下文对齐的最终表示。

　　由于交叉模式信息存在互补性,外观特征与 3D 结构特征的融合方式在 2D 表征检测中扮演着关键的角色。由于对齐后的 3D 特征中的每个要素包含不同程度的有效补偿信息,多模态融合注意力模块被用于进一步增强并整合对齐后的 3D 特征,这样可以减少不同模态的干扰。不同于对齐模块中的自相关性计算,在融合模块中,以 2D-3D 混合特征作为 Query,以对齐的 3D 特征作为 Key 和 Value 进行相似度计算得到注意力权重。

　　如图 4-3 所示,给定 2D-3D 混合特征 $M \in \mathbb{R}^{C \times H \times W}$ 和对齐的 3D 特征 $A \in \mathbb{R}^{\frac{C}{4} \times H \times W}$,首先应用新的卷积运算将他们压缩为 $\{M^{P4}, A^{P1}\} \in \mathbb{R}^{\frac{C}{4} \times H \times W}$,来提取不同于对齐注意力模块所用的线索。利用空间域融合注意力图 a^P,在可训练的尺度参数 λ 的控制下进行加权计算,获得在空间域上的融合特征 F^P:

$$a_{ji}^{P} = \frac{\exp(M_i^{P5} \cdot A_j^{P2})}{\sum_{i=1}^{K^P} \exp(M_i^{P5} \cdot A_j^{P2})} \tag{4-5}$$

$$F_j^P = \lambda \sum_{i=1}^{K^P} (a_{ji}^P A_i^{P3}) + A_j^{P1} \tag{4-6}$$

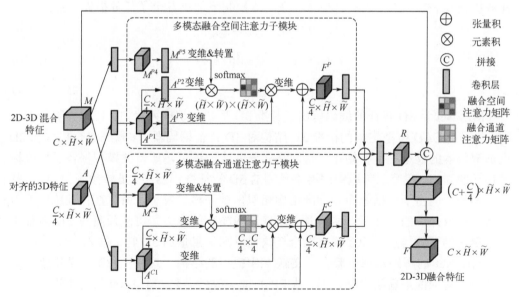

图 4-3　多模态融合注意力模块的示意图

　　此外,对交叉模态特征的通道关联程度进行显式建模,以增强 3D 特征的表示能力。具体操作为分别将 M 和 A 经过卷积压缩到 $\{M^{C2}, A^{C1}\} \in \mathbb{R}^{\frac{C}{4} \times H \times W}$,再在通道维度展开，并计算通道对齐注意力图 a^P，最后在可训练缩放参数 δ 的控制下进行加权计算，获得在通道域上融合的特征 F^C：

$$a_{ji}^C = \frac{\exp(M_i^{C2} \cdot A_j^{C1})}{\sum_{i=1}^{K^C} \exp(M_i^{C2} \cdot A_j^{C1})} \tag{4-7}$$

$$F_j^C = \delta \sum_{i=1}^{K^C} \left(a_{ji}^C A_i^{C1}\right) + A_j^{C1} \tag{4-8}$$

将经过空间域增强和通道域增强的 3D 特征求和，并拼接原始特征，最终通过卷积层生成 2D-3D 融合特征 $F \in \mathbb{R}^{C \times H \times W}$ 来表示多模态分步融合增强的最终结果。随后的上采样网络将融合后的特征映射为 2D 几何表征。MLFNet 在 2D 表征空间执行四个任务：语义分割 $T_{m'}$、关键点向量场预测 T_k、边缘预测 T_e 和对称对应预测 T_s。

4.1.4 损失函数和 2D-3D 匹配

MLFNet 在训练时使用二进制交叉熵损失（binary cross entropy loss）计算语义标签损失，使用平滑 L_1 损失（smooth L_1 loss）分别计算其余各表征的损失。最终的多任务损失 l_{final} 在一组权重 $\lambda = \{\lambda_i\}, i = 1, 2, \cdots, 6$ 控制下加权各个子任务损失得到：

$$l_{3d} = l_m + \lambda_1 l_c + \lambda_2 l_n \tag{4-9}$$

$$l_{2d} = l_{m'} + \lambda_3 l_k + \lambda_4 l_e + \lambda_5 l_s \tag{4-10}$$

$$l_{\text{final}} = l_{3d} + \lambda_6 l_{2d} \tag{4-11}$$

MLFNet 为 3D 表征的编码留出了标准 3D 形状知识嵌入接口。在第一阶段训练中，利用由 CAD 模型生成的标准 3D 结构对 3D 特征编码器、多模态融合模块和 2D 表征解码器的权重进行初始化。待网络充分完成训练后，所得的模型保留了提取标准特征的知识。在第二阶段中用网络预测的 3D 特征微调网络。虽然预测的 3D 形状带有噪声，但由于数据分布与标准结构相似，域偏移量较小，所以在预训练中保留的特征提取知识的指导下，网络具备快速适应噪声的能力，可从预测的 3D 表征中提取更多的有效信息，为多模态融合模块提供高信息量的 3D 特征输入。

MLFNet 的解码器部分整合了文献[1]中提出的结构，这是一种基于关键点、边缘和对称对应的最新姿态估计器，从 EPnP 框架改进而来。MLFNet 架构中沿用了这三类现有的 2D 几何表征，对 2D 图像和 3D 模型间的对应关键点进行匹配。利用 $(R_I; t_I)$ 和预测的混合 2D 表征之间的多约束关系，在仿射空间中进行求解，然后以交替优化的方式将其投影到 SE(3)，并通过最小化 2D 表征的重投影误差来获取最终位姿 $(R_I; t_I)$。

4.1.5　位姿估计实验分析

MLFNet 在两个常用的基准数据集上进行实验。其中，Linemod 数据集[4]包括 15 种颜色、形状和尺寸有区别的无纹理家居用品。每个对象都与一个测试图像集相关联，该测试图像集显示一个带注释的对象实例，该实例具有明显的杂乱，但只有轻微的遮挡。其中，15%的 LineMoD 实例作为训练数据，其余 85% LineMoD 实例进行测试。Occlusion LineMoD[5]对 LineMoD 中的一个测试集中的所有建模对象提供额外的标注，引入具有挑战性的测试实例，这些测试实例具有不同的遮挡程度。为了评估模型在遮挡场景下的鲁棒性，所有遮挡实例仅被用于测试。分别用位姿估计正确率和位姿估计平均误差(平均旋转和平移误差)从鲁棒性和精度两方面对方法的效果进行评估(详见第 2 章的评估方法)。

表 4-1 在 LineMoD 上对 MLFNet 和相关方法进行了位姿估计正确率的对比。其中，非优化的方法包括整体回归法[6]、稠密坐标法[7-9]、关键点法[10]和 2D 混合表征法[3]。结果表明，MLFNet 在所有物体上取得了最好的性能，性能超出其他方法至少平均 3.2 个百分点，总计 4 种(新增 2 种)物体的 ADD 指标达到 100.0%。BB8 训练了额外的 CNN 来改善预测的初始位姿，DeepIM[11]是一种更强大与通用的位姿迭代改善架构。结果表明即使未经过图像级别的重渲染与迭代改进，MLFNet 已经几乎在所有物体上取得了最好的性能。特别地，在处理较难识别的小物体上，如猩猩和鸭，MLFNet 通过多模态表征带来了显著提升。

表 4-1　不同方法在 LineMoD 数据集的位姿估计正确率　　　　(单位：%)

对比方法	不进行位姿优化							进行位姿优化	
	Tekin	Pix2Pose	DPOD	PVNet	CDPN	HybridPose	MLFNet	BB8	DeepIM
猩猩	21.6	58.1	53.28	43.6	64.4	63.1	70.4	40.4	**77.0**
虎钳	81.8	91.0	95.34	99.9	97.8	99.9	**100.0**	91.8	97.5
照相机	36.6	60.9	90.36	86.9	91.7	90.4	**97.4**	55.7	93.5
水壶	68.8	84.4	94.10	95.5	95.9	98.5	**99.7**	64.1	96.5
猫	41.8	65.0	60.38	79.3	83.8	89.4	**94.1**	62.6	82.1
电钻	63.5	76.3	97.72	96.4	96.2	98.5	**99.6**	74.4	95.0
鸭	27.2	43.8	66.01	52.6	66.8	65.0	**74.2**	44.3	77.7
鸡蛋盒	69.6	96.8	99.72	99.2	99.7	**100.0**	100.0	57.8	97.1
胶水	80.0	79.4	93.83	95.7	**99.6**	98.8	**99.6**	41.2	99.4
打孔机	42.6	74.8	65.83	81.9	85.8	89.7	**96.1**	67.2	52.8
熨斗	75.0	83.4	99.80	98.9	97.9	**100.0**	100.0	84.7	98.3
台灯	71.1	82.0	88.11	99.3	97.9	99.5	**100.0**	76.5	97.5
电话	47.7	45.0	74.24	92.4	90.8	94.9	**97.7**	54.0	87.7
平均值	56.0	72.4	82.98	86.3	89.9	91.3	**94.5**	62.7	88.6

　　表 4-2 为将 MLFNet 与 HybridPose[3]进行了可解释性的位姿估计精度对比。结果表明，所提出的 2D-3D 多模态融合表征显著地优于 2D 混合表征，在旋转估计任务上相对提升 26.1%，在平移估计任务上相对提升 17.5%。在旋转精度上相对提升更高的原因在于相对于微小的平移量，3D 表征对微小的旋转量导致的点云偏移提供了更强的约束。

表 4-2　不同方法在 LineMoD 数据集的位姿估计误差

对象	平均旋转误差/(°)		平均平移误差/m	
	HybridPose	MLFNet	HybridPose	MLFNet
猩猩	1.241	**0.987**	0.079	**0.067**
虎钳	0.858	**0.679**	0.016	**0.012**
照相机	1.133	**0.784**	0.043	**0.028**
水壶	0.951	**0.644**	0.026	**0.022**
猫	1.050	**0.773**	0.041	**0.031**
电钻	0.898	**0.604**	0.029	**0.021**
鸭	1.598	**1.054**	0.078	**0.057**
鸡蛋盒	1.008	**0.839**	0.044	0.054
胶水	1.281	**1.183**	0.051	**0.047**
打孔机	1.124	**0.820**	0.040	**0.031**
熨斗	1.058	**0.803**	0.019	**0.016**
台灯	0.903	**0.592**	0.022	**0.015**
电话	1.220	**0.844**	0.033	**0.026**
平均值	1.104	**0.816**	0.040	**0.033**

　　表 4-3 从遮挡鲁棒性的角度进行了对比，包括整体回归法（PoseCNN[12]）、稠密坐标法（Pix2Pose[7]、DPOD[8]）、关键点法（Heatmap[13]、Hu 等的方法[14]和 PVNet[10]）

表 4-3　不同方法在 Occlusion Linemod 数据集的位姿估计正确率（单位：%）

对象	PoseCNN	Heatmap	Hu	Pix2Pose	PVNet	DPOD	HybridPose	MLFNet
猩猩	9.6	12.1	17.6	22.0	15.8	—	20.9	**21.4**
水壶	45.2	39.9	53.9	44.7	63.3	—	75.3	**80.9**
猫	0.9	8.2	3.3	22.7	16.7	—	**24.9**	24.2
电钻	41.4	45.2	62.4	44.7	65.7	—	70.2	**81.5**
鸭	19.6	17.2	19.2	15.0	25.2	—	27.9	**35.2**
鸡蛋盒	22.0	22.1	25.9	25.2	50.2	—	52.4	**53.7**
胶水	38.5	35.8	39.6	32.4	49.6	—	**53.8**	53.6
打孔机	22.1	36.0	21.3	49.5	39.7	—	54.2	**54.9**
平均值	24.9	27.0	27.0	32.0	40.8	47.3	47.5	**50.7**

和 2D 混合表征法（HybridPose[3]）。结果表明，MLFNet 几乎在所有物体上实现了性能超越。在水壶和电钻等大物体上，性能改善显著，而在个别小物体上，模型性能提升较小或是轻微下降。其原因可能在于，在小物体上的严重遮挡使可见表面过小，从而难以预测出精度足够高的 3D 表面形貌来提供有效的约束。

　　图 4-4 可视化了位姿估计的定性分析结果。MLFNet 能够精确地估计各种遮挡程度下的物体位姿，如无遮挡（图 4-4(a)）、轻微遮挡（图 4-4(b)）、图 4-4(f) 和（图 4-4(g)）严重遮挡（图 4-4(c)、图 4-4(d) 和图 4-4(e)）。

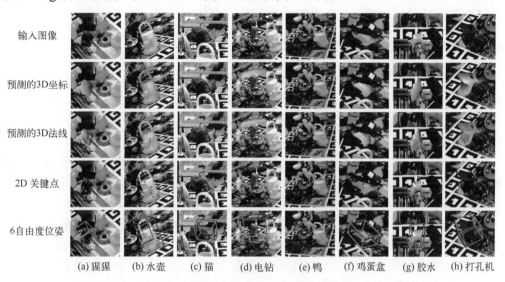

图 4-4　位姿估计效果示例（见彩图）

红色标记表示 MLFNet 的预测，绿色标记表示真实值，黄色区域表示重合程度

4.2　基于长短程感知配准网络的位姿精细估计方法

　　基于 RGB 图像的低纹理目标初始位姿估计精度有限。与绝对位姿相比，深度神经网络更容易通过捕捉图像间的差异来估计相对位姿。特别是在复杂环境下，现有方法通常需要执行重渲染和位姿迭代优化过程，即根据初始位姿和已知模型对低纹理目标进行渲染，通过比较渲染图像和原始图像之间的二维外观差异来回归相对三维位姿。

　　目前三维位姿精细估计方法仍存在以下问题：①端到端回归相对 6D 位姿的模式难以处理遮挡严重的小目标或高反光的非朗伯表面，当相对位姿较大时，这类目标物体可能会产生较少的像素变化，在整体外观上的差异难以被神经网络捕获；②没有充分利用初始位姿为网络学习提供有效特征，如果只提供目标物体的外观渲染图作为初始输入，神经网络将被迫过度关注冗余的全局外观变化，而忽略关键的局部偏移信息。

　　针对以上问题，本节提出了在位姿精细估计中捕捉重要局部偏移信息的主要思想。复杂场景下低纹理曲面的关键局部信息无法简单地表征为表面关键点，但可表征为锚定在关键点上的短程区域（如尖端、条带、凸包和其他曲率较大的区域）。为此引入了丰富的低纹理目标初始位姿特征，包括区域级关键点热力图、目标级外观渲染图和全局级像素位置编码，将三维位姿估计任务转化为二维关键点配准问题，并提出了一种长短程感知配准网络来挖掘关键点偏移信息。

4.2.1　区域级关键点热力图构建

　　给定原始图像 $I \in \mathbb{R}^{3 \times H \times W}$、初始位姿 $\hat{T}$、物体模型 X^{3D} 和相机内参 K，利用区域级关键点热力图、目标级外观渲染图和全局级像素位置编码为神经网络提供丰富的初始位姿先验信息。所提出的位姿精细估计架构具有通用性，初始位姿可使用 4.1 节提出的方法得到。

　　对于复杂环境下的低纹理目标，整体外观的可区分性通常较低。由于光线反射角的强烈变化，一些大曲率的局部区域通常对位姿变化很敏感，包含了重要的几何结构和外观信息。

　　关键点热力图 $H_P \in \mathbb{R}^{K^P \times H \times W}$ 是锚定在关键点上的高斯分布图，更靠近关键点的像素具有更大的值，可以提供初始关键点的区域限制信息。根据文献[10]中关于最远点采样算法的建议，为每个物体模型预定义了 $K^P = 8$ 个关键点，几乎所有这些关键点都位于大变形区域。如图 4-5 所示，与其他低纹理区域相比，这些关键点附近的区域具有更显著的外观特征。关键点热力图的引入为模型训练过程提供了区域性指导，避免了神经网络盲目地在整个图像中挖掘关键点初始位置和偏移距离相关的信息。

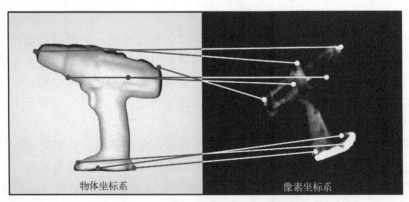

物体坐标系　　　　　　　　　像素坐标系

图 4-5　不同坐标系中关键点的可视化

现有的位姿估计方法[13, 15]将关键点作为位姿中间表征，并构建了神经网络模型输出关键点热力图。与之相反，本节方法以初始关键点二维位置作为网络输入，更侧重于为网络引入关键点的区域先验，而不是通过监督学习迫使其掌握关键点定位。

4.2.2　目标级初始位姿渲染图构建

基于初始位姿和已知模型的渲染图像可以提供目标级别的外观信息。为了减少来自混杂背景的干扰，将原始图像和渲染图像输入网络前需要裁剪出包含目标物体的图像块。大部分现有方法[3, 10, 11]使用额外的多目标检测器来提供动态边界框，基于检测的动态边界框进行图像裁剪与放大操作来提供更多的物体相关的细节。然而，这增加了计算成本，并将噪声同时引入了原始图像和渲染图像。为了解决这些问题，我们提出了绑定放大操作，使得边界框仅与初始位姿绑定，具体流程如图 4-6 所示。

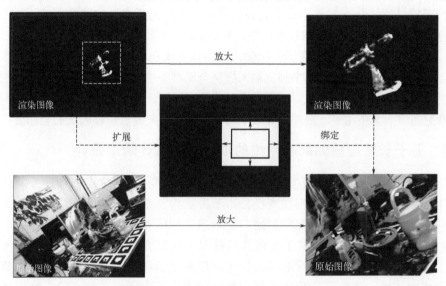

图 4-6　绑定放大操作的示意图

具体来说，基于初始位姿将物体中心投影 (x_c, y_c) 设置为剪裁中心，并设置边界框的宽度 w_p 和高度 h_p：

$$\begin{cases} x_{\max} = 2 \cdot \max\left(\left|b^l - x_c\right|, \left|b^r - x_c\right|\right) \\ y_{\max} = 2 \cdot \max\left(\left|b^u - y_c\right|, \left|b^d - y_c\right|\right) \\ w_p = z^e \cdot \max\left(x_{\max}, y_{\max} \cdot \dfrac{W}{H}\right) \\ h_p = z^e \cdot \max\left(x_{\max} \cdot \dfrac{H}{W}, y_{\max}\right) \end{cases} \tag{4-12}$$

其中，b^l、b^r、b^u 和 b^d 分别表示基于初始位姿的边界框左、右、上、下边界，z^e 表示边界框扩展比例系数。

将渲染图像和原始图像绑定到扩展后的边界框上进行裁剪，然后按比例系数 z^o 对图像进行双线性插值，放大至原始尺寸。此时初始位姿和裁剪后的渲染图像是唯一对应关系，因此从渲染图像中提取特征的过程不会受到边界框的干扰。

4.2.3　全局级像素位置编码

卷积网络只能利用"零填充"操作泄露的信息对图像中像素的绝对坐标进行隐式编码，因此 CNN 作为通用函数拟合器，在提取绝对尺度上的像素坐标位置时表现不佳。当训练不同分支编码器来对齐关键点的像素坐标时，不同编码器掌握的隐式定位不一致，这会在关键点配准中引入误差。

为了提供原始分支和渲染分支对齐信息，我们提出了像素位置编码 $\boldsymbol{\Gamma} \in \mathbb{R}^{2 \times H \times W}$。像素位置编码是一种双通道像素坐标图，其 X 和 Y 坐标分别从 $[1, W]$ 和 $[1, H]$ 归一化至 $[-1, 1]$。主要的设计理念在于：①输入端原始图像和渲染图像应该自然地按像素对齐，而像素位置编码可以为两个独立输入提供全局对齐信息；②后续网络中使用的偏移门控机制是置换不变的，因此需要提供唯一的位置标识，将这两个分支特征编码到同一个标准空间中；③在几乎不增加计算成本的情况下提供关键点短程区域的坐标信息。

4.2.4　基于长短程感知配准网络的位姿精细估计网络设计

给定 RGB 图像、物体模型、相机内参和初始位姿，6D 位姿估计任务是获得从物体坐标系到相机坐标系的刚性变换。本节方法将复杂环境的低纹理目标 6D 位姿估计任务转化为二维关键点配准问题，基本思想如图 4-7 所示。

对于纹理丰富的对象，基于图像描述符[16]的传统方法可以分别在渲染图像和原图像上提取局部关键点并执行配准，但无法应对复杂环境的低纹理目标。本节结合前面提出的初始位姿特征，提出长短程感知配准策略来预测关键点的二维偏移和潜在区域，最后根据约束来联合优化二维关键点和三维位姿。

复杂环境下低纹理目标位姿估计方法难以一次性获取精确的位姿。尤其是遮挡和反光现象会导致从二维图像到三维位姿的神经网络映射不够鲁棒。文献[8,11]提出了位姿精细估计方法，利用初始位姿渲染图和原始图像进行对比式学习，即用神经网络测量二维图像差异引起的 6D 位姿变化 $\Delta T = T - \hat{T}$：

$$\Theta(\boldsymbol{K}(\boldsymbol{X}_{\hat{T}}^{3\mathrm{D}})) \Leftrightarrow \Theta(\boldsymbol{K}(\boldsymbol{X}_T^{3\mathrm{D}})) \tag{4-13}$$

其中，$\boldsymbol{X}_{\hat{T}}^{3\mathrm{D}}$ 表示初始位姿 $\hat{T}$ 下的三维目标数据，$\boldsymbol{X}_T^{3\mathrm{D}}$ 表示真实位姿 T 下的三维原始环境数据，$\boldsymbol{K}$ 表示相机内参，Θ 表示渲染图像和原始图像的 RGB 表征操作，$\Leftrightarrow$ 表示由神经网络学习的配准映射。

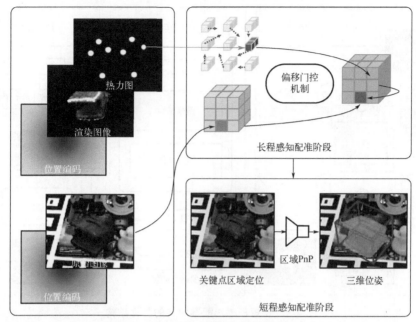

图 4-7　位姿精细估计方法的基本思想

这种对比学习模式压缩了模型学习空间,在一定程度上缓解了位姿估计的困难,但目前仍存在的主要问题是输入输出模态的不一致,即输入神经网络的渲染图像和原始图像位于二维空间,而输出的相对位姿位于三维空间。与二维输入相比,神经网络需要学习的三维平移和旋转处于更高维的空间中。经过透视投影变换,三维空间中较大的位姿变换往往对应于图像空间中的微小差异,而目标的反光低纹理特性和环境的遮挡因素会放大这种效应,造成神经网络的学习困难。

为了保证优化过程的模态一致性,本节提出了一种新颖的长短程感知配准网络,具体架构如图 4-8 所示。该架构将 6D 位姿估计任务转化为二维关键点配准问题,对复杂环境下低纹理目标的先验信息进行编码,利用偏移门控机制对关键点进行长程粗配准,最后基于区域 PnP 模块执行短程感知配准与位姿求解。神经网络的学习空间得到进一步压缩,仅需要关注二维关键点的偏移量 $\Delta \boldsymbol{P} = \boldsymbol{P} - \hat{\boldsymbol{P}}$:

$$\Theta_R(\boldsymbol{X}_{\hat{\boldsymbol{P}}}^{2\mathrm{D}}) \Leftrightarrow \Theta_S(\boldsymbol{X}_{\boldsymbol{P}}^{2\mathrm{D}}) = \Theta_S(\boldsymbol{K}(\boldsymbol{X}_T^{3\mathrm{D}})) \tag{4-14}$$

其中, $\boldsymbol{X}_{\hat{\boldsymbol{P}}}^{2\mathrm{D}}$ 表示包括初始关键点 $\hat{\boldsymbol{P}}$ 的二维目标数据, $\boldsymbol{X}_{\boldsymbol{P}}^{2\mathrm{D}}$ 表示包括真实关键点 $\boldsymbol{P}$ 的二维原始环境数据, Θ_R 表示渲染图像的多表征操作, Θ_S 表示原始图像的多表征操作。

图 4-9 详细展示了所提出方法的工作流程,包括所有算法模块、模块之间的数据流和数据维度。其中,深灰色代表渲染数据流,浅灰色代表原始数据流,阴影代表双流融合后得到的关键点偏移数据流。神经网络捕获的关键点区域信息将被输入区域 PnP 后处理算法以求解位姿。

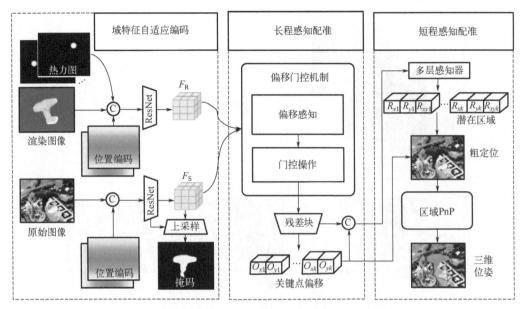

图 4-8　长短程感知配准网络的具体结构

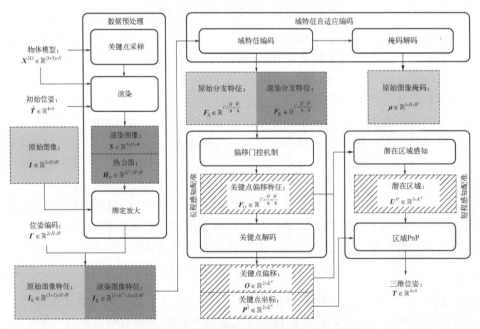

图 4-9　位姿精细估计方法的数据流向示意图

4.2.5　分割引导的域特征自适应编码

原始图像包含遮挡、杂乱背景和复杂光照，而渲染图像仅包含完整物体，两者存在显著的域间隙。为此使用两个带空洞卷积的 ResNet18，f_ρ 和 f_ς 分别编码不同的域特征，将渲染图像分支的多表征 $I_R \in \mathbb{R}^{(3+K^P+2)\times H \times W}$ 和原始图像分支的多表征 $I_S \in \mathbb{R}^{(3+2)\times H \times W}$ 降采样至 $F_R = f_\rho(I_R) \in \mathbb{R}^{C\times\frac{H}{8}\times\frac{W}{8}}$ 和 $F_S = f_\varsigma(I_S) \in \mathbb{R}^{C\times\frac{H}{8}\times\frac{W}{8}}$。为了使两个的特征空间尽可能一致，使用掩码图像 $\mu \in \mathbb{R}^{1\times H \times W}$ 作为监督信息来自适应地消除背景干扰，以获得纯目标特征。表 4-4 自上而下总结了域特征自适应编码模型和掩码解码模型的网络层具体结构和相应的数据维度，其中，$H=480$、$W=640$、$D=8$、$C=256$，"*"表示空洞卷积。

表 4-4　基于 ResNet18 的域特征自适应编码模型和掩码解码模型

卷积层编号	输出维度	卷积层参数	输入来源
Conv1	240×320×64	[7×7, 64]	Initial
Conv2	120×160×64	[3×3, 最大池化], [3×3, 64 | 3×3, 64]×2	Conv1
Conv3	60×80×128	[3×3, 128 | 3×3, 128]×2	Conv2
Conv4	60×80×256	[3×3, 256 | 3×3, 256]×2	Conv3
Conv5	60×80×512	*[3×3, 512 | 3×3, 512]×2	Conv4
Conv6	60×80×256	[3×3, 256]	Conv5
Conv7	120×160×128	[3×3, 128], 上采样	Conv3, Conv6
Conv8	240×320×64	[3×3, 64], 上采样	Conv2, Conv7
Conv9	480×640×32	[3×3, 32], 上采样	Conv1, Conv8
Conv10	480×640×1	[3×3, 32], [1×1, 1]	Initial, Conv9

4.2.6　基于偏移门控机制的域特征长程感知配准

通过独立的局部卷积运算获得的双域特征不包含长程的关键点偏移信息。为了使神经网络具备全局视野，并逐元素地配准双域特征，本节提出偏移门控机制来感知特征间的全局相关性，具体网络结构如图 4-10 所示。偏移门控机制将渲染分支与原始分支的特征空间配准，并获得关键点偏移特征 $F_O \in \mathbb{R}^{C\times\frac{H}{8}\times\frac{W}{8}}$。

具体而言，将通过卷积操作的原始分支特征和渲染分支特征输入空间偏移感知模块与通道偏移感知模块，经由元素级相关性计算获得空间偏移特征 F_P 和通道偏移特征 F_C：

$$F_P = \text{Softmax}\left(\frac{Q_P K_P^T}{\sqrt{d_C}}\right)V_P + \text{Conv}(V_P) \tag{4-15}$$

$$F_C = \text{Softmax}\left(\frac{Q_C K_C^T}{\sqrt{d_P}}\right)V_C + \text{Conv}(V_C) \tag{4-16}$$

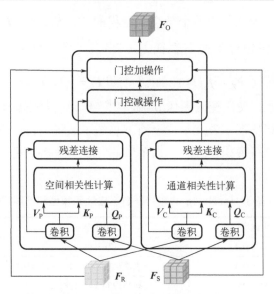

图 4-10　偏移门控机制示意图

$$d_P = \frac{H}{8} \times \frac{W}{8} \tag{4-17}$$

$$d_C = C \tag{4-18}$$

其中，Softmax 表示激活函数，Conv 表示卷积运算，d_P 和 d_C 分别表示空间维度和通道维度，缩放因子 d_C 和 d_P 分别表示通道数和单通道元素数。

　　高维向量的点积结果很大，这会使 Softmax 函数反向传播的梯度过度集中在非常小的区域，导致偏移感知模块难以提供全局视野。引入缩放因子 d_C 和 d_P 可以缓解这种现象，实验中的默认取值 $d_P = 4800$，$d_C = 256$。

　　获取偏移特征后使用两个门控模块来调控融合比例。"门控加"操作从空间和通道相关性中挖掘的偏移特征，将渲染分支关键点特征逐元素地偏移到原始分支特征空间下。在可学习权重参数 α 的调节下，渲染分支的偏移增强特征 $\boldsymbol{F}_R^+$ 计算公式为

$$\boldsymbol{F}_R^+ = \mathrm{Conv}((1 - \mathrm{Sigmoid}(\alpha)) \cdot \boldsymbol{F}_P + \mathrm{Sigmoid}(\alpha) \cdot \boldsymbol{F}_C) \tag{4-19}$$

其中，Sigmoid 表示激活函数。

　　"门控减"操作用于度量渲染分支的特征增强效益，并将其与原始分支特征融合。具体而言，使用可学习的权重参数 β 来评估整体融合效果，并通过对双域特征逐元素的加权相减方法获得关键点偏移特征 $\boldsymbol{F}_O$：

$$\boldsymbol{F}_O = \mathrm{Norm}(\boldsymbol{F}_S - (1 - \mathrm{Sigmoid}(\beta)) \cdot \boldsymbol{F}_R - \mathrm{Sigmoid}(\beta) \cdot \boldsymbol{F}_R^+) \tag{4-20}$$

其中，Norm 表示归一化操作。

在训练过程中，权重参数 α 和 β 的初始值设置为 0，并通过反向传播和梯度下降算法自动优化，无须手动调整。

二维关键点解码器 f_π 由 ResNet18 的最后两个残差块与空洞卷积配合构成，解码器的输出为关键点偏移量 $\boldsymbol{O} = \Delta \boldsymbol{P} = f_\pi(\boldsymbol{F}_\mathrm{O}) \in \mathbb{R}^{2 \times K^\mathrm{P}}$。在测试期间，第 i 个关键点位置 $\hat{\boldsymbol{P}}_i^\mathrm{I}$ 可以通过简单的后处理进行预测：

$$\hat{\boldsymbol{P}}_i^\mathrm{I} = \hat{\boldsymbol{P}}_i + \frac{\hat{\boldsymbol{O}}_i}{z^\mathrm{o}} \tag{4-21}$$

其中，$\hat{\boldsymbol{P}}_i$ 和 $\hat{\boldsymbol{O}}_i$ 分别是第 i 个关键点的初始二维坐标和预测的偏移量。

4.2.7　基于关键点潜在区域短程感知的位姿求解

由于遮挡的存在和反光低纹理区域的相似性，部分关键点的精确偏移量仍然很难估计。为此使用多层感知器来感知每个关键点的短程潜在区域 $\boldsymbol{U}_i^\mathrm{P} = f_{oi}([\boldsymbol{F}_\mathrm{O}; \hat{\boldsymbol{O}}_i]) \in \mathbb{R}^3$，$i = 1, 2, \cdots, K^\mathrm{P}$。如图 4-11 所示，针对 4.3.3 中每个关键点的二维偏移量 $(\hat{\boldsymbol{O}}_x, \hat{\boldsymbol{O}}_y)$，多层感知器输出从预测关键点 $\hat{\boldsymbol{P}}$ 到潜在边界的距离 $(|\boldsymbol{U}_x^\mathrm{P}|, |\boldsymbol{U}_y^\mathrm{P}|, |\boldsymbol{U}_{xy}^\mathrm{P}|)$。

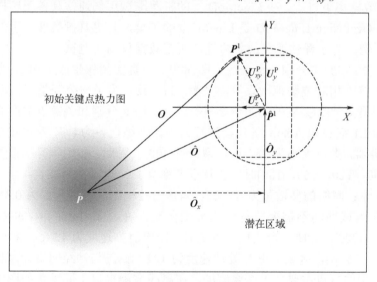

图 4-11　潜在区域示意图

该阶段的目的不在于细化关键点位置，而是迫使网络利用短程感知信息来理解关键点配准的难度，定量地区分困难关键点和容易关键点，为后续 PnP 问题的求解提供点对的可靠性依据。

PnP 算法及其扩展旨在从一组 2D-3D 对应点中求解物体位姿。然而传统方法平均地看待每个关键点对位姿的约束，没有考虑关键点附近的高相似度区域引入的不确定性。区域 PnP 的提出旨在利用预测的潜在区域为每个 2D-3D 关键点对构造置信矩阵 Ω，结合光束约束对关键点和位姿进行联合微调：

$$\underset{R,t}{\text{minimize}}: \sum_{i=1}^{K^{P}} (x_i - \hat{p}_i^{\mathrm{I}})^{\mathrm{T}} \Omega_i (x_i - \hat{p}_i^{\mathrm{I}})$$

$$\text{with}: x_i = K(RX_i^{\mathrm{3D}} + t) \tag{4-22}$$

$$\Omega_i = \begin{bmatrix} \Omega_{xi} & \Omega_{xyi} \\ \Omega_{yxi} & \Omega_{yi} \end{bmatrix} = \begin{bmatrix} |U_{xi}^{\mathrm{P}}| & |U_{xyi}^{\mathrm{P}}| \\ |U_{xyi}^{\mathrm{P}}| & |U_{yi}^{\mathrm{P}}| \end{bmatrix}^{-1}$$

其中，K 为相机内参矩阵。优化过程中先使用 EPnP 和 RANSAC 算法对 R 和 t 进行初始化，然后使用 Levenberg-Marquardt 算法最小化重投影后的二维关键点误差并求解最终位姿。

4.2.8 实验验证

数据集：遮挡低纹理物体的位姿精细估计实验在 LineMoD[4]和 Occlusion LineMoD[5]数据集上进行。在 LineMoD 上的推荐测试用例通常具备无遮挡或轻微遮挡的特性。Occlusion LineMoD 是 LineMoD 的子集，且更具挑战性，引入了严重遮挡的测试用例。为了评估遮挡的鲁棒性，所有数据仅用于测试。

实验设置：实验中分别为每个渲染图像和每个真实图像生成 1 和 10 个随机初始位姿渲染图像。相对位姿范围设置与文献[11]一致。为了与公开基线模型对比，默认情况下使用文献[3]提供的初始位姿进行优化。语义分割和关键点配准的多任务学习使用平滑 L1 损失和 Adam 优化器进行训练。训练设备为具有两个 NVIDIA 3090 GPU 的服务器，批量大小为 28。该模型训练 200 个周期，初始学习率设置为 0.001。当周期为[80，120，160，180]时，执行学习率衰减，衰减率为 0.1。

计算成本：网络的参数量为 69.5M，偏移门控机制的参数量仅为 0.3M。值得注意的是，在测试期间不需要执行语义分割分支。在具备 Intel i9-10900k CPU 和 NVIDIA Titan RTX GPU 的台式机上测试时，图像渲染速度为 12 fps，神经网络正向传播速度为 175 fps，区域 PnP 后处理速度为 1219 fps。与神经网络计算和后处理相比，实时应用的难点主要在于图像渲染。在离线渲染来自不同视角的图像后，本节方法可以实现实时高精度的位姿估计。

实验结果：针对 ADD(-S)指标，表 4-5 对比了本节方法和基于 RGB 输入的先进基线方法，包括稠密对应方法(Pix2Pose[7]和 CDPN[9])、轮廓点配准方法二维最邻近迭代(2D ICP[17])、二维表征方法(PVNet[10]和 HybridPose[3])和整体优化方法(BB8[18]和 DeepIM[11])。结果表明，本节方法在所有对象上都达到了最佳性能，平均位姿估计性能提升达到 4.4 个百分点。在轻微遮挡的情况下，即使对于难以处理的小目标(猩猩和鸭),也可以利用低纹理曲面上的局部关键点偏移信息产生显著的优化效果。

表 4-5　Linemod 数据集上不同方法的位姿估计正确率(ADD(-S))对比　　(单位:%)

方法	BB8 + ref.	Pix2Pose	SSD-6D + 2D ICP	PVNet	DeepIM	CDPN	HybridPose	本节方法
猩猩	40.4	58.1	—	49.3	77.0	64.4	63.1	**79.2**
虎钳	91.8	91.0	—	**100.0**	97.5	97.8	99.9	**100.0**
照相机	55.7	60.9	—	86.8	93.5	91.7	90.4	**97.5**
水壶	64.1	84.4	—	95.5	96.5	95.9	98.5	**99.8**
猫	62.6	65.0	—	78.9	82.1	83.8	89.4	**93.9**
电钻	74.4	76.3	—	96.7	95.0	96.2	98.5	**99.7**
鸭	44.3	43.8	—	57.8	77.7	66.8	65.0	**81.3**
鸡蛋盒	57.8	96.8	—	98.8	97.1	99.7	**100.0**	100.0
胶水	41.2	79.4	—	96.0	99.4	**99.6**	98.8	99.6
打孔机	67.2	74.8	—	82.3	52.8	85.8	89.7	**96.3**
熨斗	84.7	83.4	—	98.8	98.3	97.9	**100.0**	100.0
台灯	76.5	82.0	—	99.4	97.5	97.9	99.5	**99.9**
电话	54.0	45.0	—	92.6	87.7	90.8	94.9	**97.4**
平均值	62.7	72.4	76.3	87.1	88.6	89.9	91.3	**95.7**

表 4-6 所示为本节方法与最佳性能的基线方法 HybridPose[3]的对比。本节方法在几乎所有物体上都达到了最佳性能。结果表明,所提出的基于多初始位姿特征的二维关键点配准方法明显优于直接回归位姿表征的方法。姿态估计和位置估计的相对改进分别为 27.0%和 22.5%。相比于位置优化,姿态优化性能的相对提升更高,表明二维关键点的分布为三维旋转提供了更多的信息约束。其主要原因在于:当物体在相机深度方向上具有较大平移时,二维关键点仅在小范围内缩放,这很容易导致 Z 轴上的平移误差。

表 4-6　Linemod 数据集上不同方法的位姿估计精度对比

方法	平均角度误差/(°)		平均相对平移误差/m	
	HybridPose	本节方法	HybridPose	本节方法
猩猩	1.241	**0.941**	0.079	**0.052**
虎钳	0.858	**0.821**	0.016	**0.015**
照相机	1.133	**0.761**	0.043	**0.027**
水壶	0.951	**0.558**	0.026	**0.019**
猫	1.050	**0.834**	0.041	**0.033**
电钻	0.898	**0.532**	0.029	**0.020**

续表

方法	平均角度误差/(°)		平均相对平移误差/m	
	HybridPose	本节方法	HybridPose	本节方法
鸭	1.598	**0.849**	0.078	**0.050**
鸡蛋盒	1.008	**0.978**	**0.044**	0.049
胶水	1.281	**1.196**	0.051	**0.047**
打孔机	1.124	**0.715**	0.040	**0.029**
熨斗	1.058	**0.817**	0.019	**0.018**
台灯	0.903	**0.623**	0.022	**0.016**
电话	1.220	**0.855**	0.033	**0.026**
平均值	1.104	**0.806**	0.040	**0.031**

表 4-7 针对严重遮挡的环境进行了测试与对比，基线方法包括二维表征方法（Heatmap[13]、PVNet[10]和 HybridPose[3]）、稠密对应方法（Pix2Pose[7]）、整体优化方法（DeepIM[11]和 DPOD[8]）。其中部分方法需要训练额外的 CNN 检测器以提供动态边界框，而本节方法以渲染对象为中心构建边界框。结果表明，本节方法在一半的目标物体上优于基线，位姿估计的优化程度达到 22.3%，平均超越基线方法 2.6%（相对提升为 4.7%），且对于大目标（水壶和电钻）和具有突变结构的小目标（猫和打孔机）产生了显著的性能提升。

表 4-7　Occlusion LineMoD 数据集上不同方法的位姿估计正确率（ADD(-S)）对比　（单位：%）

方法	初始位姿				优化后位姿		
	Heatmap	Pix2Pose	PVNet	HybridPose	DPOD	DeepIM	本节方法
检测器	使用	使用	不使用	不使用	使用	使用	不使用
猩猩	12.1	22.0	15.8	20.9	—	**59.2**	34.1
水壶	39.9	44.7	63.3	75.3		63.5	**81.6**
猫	8.2	22.7	16.7	24.9	—	26.2	**40.5**
电钻	45.2	44.7	65.7	70.2		55.6	**84.9**
鸭	17.2	15.0	25.2	27.9	—	**52.4**	43.5
鸡蛋盒	22.1	25.2	50.2	52.4		**63.0**	60.3
胶水	35.8	32.4	49.6	53.8	—	**71.7**	58.4
打孔机	36.0	49.5	39.7	54.2	—	52.5	**61.3**
平均值	27.0	32.0	40.8	47.5	47.3	55.5	**58.1**

图 4-12 展示了基于弱估计器[12]的位姿精细估计结果示例。在非遮挡（图 4-12(b)、图 4-12(c)和图 4-12(e)）和轻微遮挡（图 4-12(a)和图 4-12(d)）场景中，即使对于具有巨大初始位姿误差的目标，通过二维关键点配准优化后的位姿也非常接近真实值。定性评估结果表明，模型对初始位姿非常鲁棒。

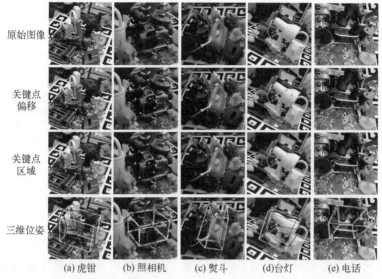

(a) 虎钳　　　(b) 照相机　　　(c) 熨斗　　　(d) 台灯　　　(e) 电话

图 4-12　LineMoD 数据集上位姿精细估计结果示例(红色框为初始位姿)(见彩图)

图 4-13 展示了基于强估计器[3]的位姿精细估计结果示例。结果表明, 所提出方法能够准确地优化不同遮挡水平下的低纹理目标位姿, 如轻微遮挡(图 4-13(a))、中等遮挡(图 4-13(b)和图 4-13(c))和严重遮挡(图 4-13(d)和图 4-13(e))。对于一些小尺寸、大深度的困难目标, 当长短程感知网络捕捉到突变结构(如图 4-13(b)中的耳朵和图 4-13(d)、图 4-13(e)中的角点)时, 仍然能够准确执行二维关键点配准。

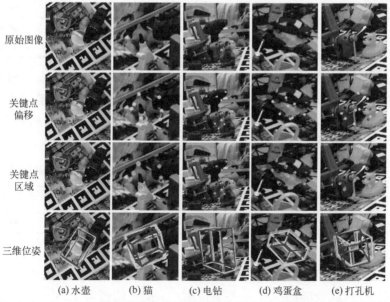

(a) 水壶　　　(b) 猫　　　(c) 电钻　　　(d) 鸡蛋盒　　　(e) 打孔机

图 4-13　Occlusion LineMoD 数据集上的位姿精细估计结果示例(红色框为初始位姿)(见彩图)

表 4-8 定量地评估了优化过程对初始位姿的鲁棒性。基于不同的初始位姿，所提出的位姿精细估计模型输出了小范围波动的最终位姿。结果表明，即使遮挡低纹理目标的初始位姿具有较大误差，仍然可以使用长短程感知信息来鲁棒地优化位姿。

表 4-8　针对不同初始位姿的位姿精细估计鲁棒性测试(位姿正确率 ADD(-S))　(单位：%)

方法	PoseCNN	HybridPose	PoseCNN +本节方法	HybridPose +本节方法
Linemod	62.7	91.3	93.5	**95.7**
Occlusion Linemod	24.9	47.5	55.8	**58.1**

为了验证各个模块的有效性，表 4-9 对多粒度初始位姿特征、偏移门控机制和区域 PnP 进行了消融实验。其中，编号为 1 的基线模型仅使用渲染图像输入和基础的网络结构。编号 1、2、4 的模型使用一种通用的特征融合策略，即逐元素相加操作；编号 1、2、3 的模型使用 EPnP 方法进行后处理。结果表明，缺失多先验特征后，网络很难配准复杂环境中的关键点。原因是局部的关键点信息被淹没在低区分度的全局信息中。当所有模块一起使用时，性能将显著地提升，表明每个模块在基于二维关键点的位姿精细估计中起着关键作用。

表 4-9　Linemod 数据集上针对每个模块的消融实验

实验编号	多粒度初始位姿特征	偏移门控机制	区域 PnP	位姿正确率 ADD(-S)/%
1	×	×	×	91.5
2	✓	×	×	93.3
3	✓	✓	×	94.8
4	✓	×	✓	94.6
5	✓	✓	✓	**95.7**

关键点的数目可能对遮挡鲁棒性造成影响。表 4-10 分别使用 4、8 和 12 个关键点训练网络，随着关键点数量的增加，位姿估计的优化精度增速减缓。"8 个关键点"和 "12 个关键点"之间的差距可以忽略不计。考虑到效率，在其他所有实验中使用了 "8 个关键点"的参数配置。

表 4-10　Occlusion Linemod 数据集上针对不同关键点配置的消融研究

方法	4 个关键点 +EPnP	8 个关键点 +EPnP	12 个关键点 +EPnP	8 个关键点 + 区域性 PnP
位姿正确率/%	31.4	56.8	56.9	**58.1**

此外还对偏移门控机制中的控制参数 α 和 β 进行了详细分析。α 值在一定程度上表示空间和通道偏移信息对特征增强的贡献率。$\alpha<0$ 表示空间增强的收益更高，$\alpha>0$ 表示通道增强的收益更高。训练完成后，α 的平均值为 1.98>0，表明通道偏移

信息在特征增强中起主导作用。β 的值在一定程度上反映了偏移门控机制在特征对齐方面的增益。β 越大，表示远程感知配准所起作用越大。训练完成后，β 的平均值达到 0.43，通过 Sigmoid 函数转换后达到 61%，这表明了偏移门控机制的有效程度。

参 考 文 献

[1]　Jiang J, He Z, Zhao X, et al. MLFNet: Monocular lifting fusion network for 6DoF texture-less object pose estimation[J]. Neurocomputing, 2022, 504: 16-29.

[2]　Jiang J, He Z, Zhao X, et al. REG-Net: Improving 6DoF object pose estimation with 2D keypoint long-short-range-aware registration[J]. IEEE Transactions on Industrial Informatics, 2022, 19(1): 328-338.

[3]　Song C, Song J, Huang Q. HybridPose: 6D object pose estimation under hybrid representations[C]// 2020 IEEE/CVF Conference on Computer Vision and Pattern Recognition, 2020: 428-437.

[4]　Hinterstoisser S, Lepetit V, Ilic S, et al. Technical demonstration on model based training, detection and pose estimation of texture-less 3D objects in heavily cluttered scenes[C]// European Conference on Computer Vision. Berlin: Springer, 2012: 593-596.

[5]　Brachmann E, Krull A, Michel F, et al. Learning 6D object pose estimation using 3D object coordinates[C]// European Conference on Computer Vision. Cham: Springer, 2014: 536-551.

[6]　Tekin B, Sinha S N, Fua P. Real-time seamless single shot 6D object pose prediction[C]// Proceedings of the IEEE conference on computer vision and pattern recognition, 2018: 292-301.

[7]　Park K, Patten T, Vincze M. Pix2Pose: Pixel-wise coordinate regression of objects for 6D pose estimation[C]// 2019 IEEE/CVF International Conference on Computer Vision. IEEE, 2019: 7667-7676.

[8]　Zakharov S, Shugurov I, Ilic S. DPOD: 6D pose object detector and refiner[C]// 2019 IEEE/CVF International Conference on Computer Vision. IEEE, 2019: 1941-1950.

[9]　Li Z, Wang G, Ji X. CDPN: Coordinates-based disentangled pose network for real-time RGB-based 6-DoF object pose estimation[C]// 2019 IEEE/CVF International Conference on Computer Vision. IEEE, 2019: 7677-7686.

[10]　Peng S, Zhou X, Liu Y, et al. PVNet: Pixel-wise voting network for 6-DoF object pose estimation[J]. IEEE Transactions on Pattern Analysis and Machine Intelligence, 2020, 44(6): 3212-3223.

[11]　Li Y, Wang G, Ji X Y, et al. DeepIM: Deep iterative matching for 6D pose estimation[J]. International Journal of Computer Vision, 2020, 128(3): 657-678.

[12]　Xiang Y, Schmidt T, Narayanan V, et al. PoseCNN: A convolutional neural network for 6D object pose estimation in cluttered scenes[C]// 14th Conference on Robotics-Science and Systems, 2018.

[13] Oberweger M, Rad M, Lepetit V. Making deep heatmaps robust to partial occlusions for 3D object pose estimation[C]// European Conference on Computer Vision, 2018: 125-141.

[14] Hu Y, Hugonot J, Fua P, et al. Segmentation-driven 6D object pose estimation[C]//2019 IEEE/CVF Conference on Computer Vision and Pattern Recognition. IEEE, 2019: 3380-3389.

[15] Zappel M, Bultmann S, Behnke S. 6D object pose estimation using keypoints and part affinity fields[C]// International Symposium on Robot World Cup, 2022: 78-90.

[16] Mikolajczyk K, Schmid C. A performance evaluation of local descriptors[J].IEEE Transactions on Pattern Analysis and Machine Intelligence, 2005, 27(10): 1615-1630.

[17] Kehl W, Manhardt F, Tombari F, et al. SSD-6D: Making RGB-based 3D detection and 6D pose estimation great again[C]// 2017 IEEE International Conference on Computer Vision, 2017: 1530-1538.

[18] Rad M, Lepetit V. BB8: A scalable, accurate, robust to partial occlusion method for predicting the 3D poses of challenging objects without using depth[C]// 2017 IEEE International Conference on Computer Vision, 2017: 3848-3856.

第 5 章　基于低层几何特征的反光低纹理物体 6D 位姿估计

近年来，低纹理物体的位姿估计问题已经成为研究的热点，也取得了很大进展，但是这些进展主要是针对低纹理但不反光(或弱反光)的物体。反光低纹理物体的 6D 位姿估计仍然是一个巨大的挑战，且现有研究较少，但工业生产中，机械零件等反光低纹理物体是主要的处理对象，因此这一问题的研究具有非常重要的意义。

反光低纹理物体没有可靠的图像特征，而许多工业目标，如机械零件，通常具有比较有特点的几何特征，挖掘其丰富的几何特征以进行匹配和位姿计算，是一条可行的途径。平面特征在机械零件中非常普遍，如圆形(轴孔类零件、法兰、联轴器等)或任意非对称形状的平面图形(为表达方便，以下简称一般平面特征)，如锻压件、冲压件、线切割件等，因此可以通过对这类特征的位姿估计从而获得目标零件的位姿。本章针对轴孔类零件及一般平面特征零件，提出基于空间圆锥求交与频域相关性分析的两种位姿估计方法,其中 5.1 节为基于空间圆锥求交的椭圆特征 6D 位姿估计方法[1]，5.2 节为基于频域相关性分析的一般平面特征位姿估计方法[2]。为了区别于第 6 章的高层几何特征，我们将平面图形特征这类自然几何特征归类为低层几何特征，因此本章方法又被称为基于低层几何特征的位姿估计方法。

5.1　基于空间圆锥求交的椭圆特征 6D 位姿估计

图像中几何特征的检测是低纹理表面零件位姿估计的基础，基于图像特征点的位姿估计方式对于低纹理表面零件并不适用,而物体的几何特征作为一种整体特征,在低纹理的场景下具有更优的检测特性。圆形(轴孔类零件、法兰、联轴器等)是工业零件中最为普遍的一种特征,因此可以基于椭圆特征(圆在二维平面的投影多为椭圆)分析椭圆在几何空间中的位置关系进行位姿估计求解。

5.1.1　基于轮廓梯度分类的椭圆检测

1. 图像预处理

图像预处理的目的是将待检测图像中的边缘信息从复杂的图像信息中提取出

来，为后续圆弧边缘的分类提供基础特征。预处理过程主要包括以下几方面。

(1) 色彩处理：椭圆特征是一种几何特征，对图像颜色信息不敏感。因此为提高计算效率，通过灰度变换将待检测图像转换为灰度图像，并通过对比度拉伸提升图像中前景与背景之间的对比度。

(2) 边缘检测：复杂场景下的椭圆边缘与其他干扰物体边缘可能产生重合与遮挡，导致常用固定阈值的边缘检测算子检测效果良莠不齐，过高的阈值会导致椭圆边缘的丢失；较低的阈值则会降低识别效率。因此本章采用一种基于边缘连续性的自适应 Canny 检测算子[3]对图像的边缘进行检测，以达到良好的检测效果。

(3) 边缘细化：为了提高后续椭圆拟合的准确率与计算效率，需要将边缘线尽量细化至一个像素的宽度，为此采用边缘细化算法[4]对检测出的边缘进行细化处理。

由于在 Canny 检测算子中包含了高斯滤波算法对图像进行降噪处理，具有良好的降噪效果，因此在图像预处理过程中不再使用额外的图像滤波算法。将边缘细化后得到的二值图像作为椭圆识别的基准图像，进行边缘线的分类及聚类。

2. 基于灰度梯度的边缘分类

将预处理所得二值图像中的像素点用 $P(x, y, \theta)$ 表示，其中，x, y 分别表示边缘点在图像中的横坐标和纵坐标，θ 表示点 P 的整体灰度梯度与 x 方向灰度梯度的夹角，取值范围为 $(-\pi/2, \pi/2)$。θ 的值可以通过图像预处理阶段 Canny 边缘检测算子中采用的一阶差分卷积算子计算的灰度梯度求得。通过分别计算 x, y 方向上的梯度获得整体梯度的幅值及方向：

$$S_x = \begin{bmatrix} -1 & 0 & 1 \\ -2 & 0 & 2 \\ -1 & 0 & 1 \end{bmatrix}, \quad S_y = \begin{bmatrix} 1 & 2 & 1 \\ 0 & 0 & 0 \\ -1 & -2 & -1 \end{bmatrix} \tag{5-1}$$

式中，S_x、S_y 分别为 x, y 方向上的梯度卷积算子。通过图像与梯度卷积算子卷积，可得到像素点在 x, y 方向上的灰度梯度幅值：

$$\varphi_x(m, n) = f(m, n) * S_x \tag{5-2}$$

$$\varphi_y(m, n) = f(m, n) * S_y \tag{5-3}$$

$$\varphi(m, n) = \sqrt{\varphi_x^2(m, n) + \varphi_y^2(m, n)} \tag{5-4}$$

$$\theta = \tan^{-1} \frac{\varphi_y(m, n)}{\varphi_x(m, n)} \tag{5-5}$$

式中，"*"表示卷积运算，$\varphi_x(m, n)$、$\varphi_y(m, n)$ 分别为点 (m, n) 在 x、y 方向上的灰度梯度，$\varphi(m, n)$ 为点 (m, n) 的灰度梯度值，$f(m, n)$ 为图像中像素点 (m, n) 的灰度值。根据式 (5-5) 可知，椭圆边缘点对应的 θ 的符号存在如图 5-1 所示的规律。

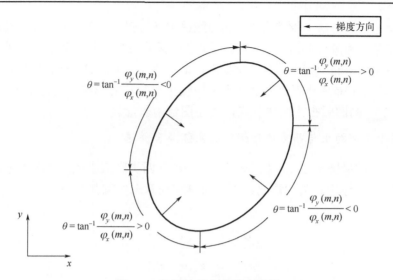

图 5-1　椭圆边缘灰度梯度特性

对于椭圆边缘上的点 P，当 x、y 方向梯度同号时，θ 大于零；当 x、y 方向梯度异号时，θ 小于零；当 x 或 y 方向梯度为零时，θ 等于零或不存在(这些点不计入分类)。根据 θ 的正负，可以将同一椭圆特征上的圆弧粗分为两类。

3. 基于边缘凹凸性的圆弧细分

为了进一步区分边缘线相对于椭圆的位置，引入边缘线的凹凸性判别。通过经过边缘线左右端点的直线与边缘线上像素点的位置关系判别边缘线的凹凸性，判别条件如式(5-6)所示：

$$f(x,y) = \begin{cases} y - y_L - \dfrac{y_L - y_R}{x_L - x_R}(x - x_L), & x_L \neq x_R \\ 0, & x_L = x_R \end{cases} \tag{5-6}$$

式中，下标 L 表示边缘线的左端点，R 表示边缘线的右端点，x、y 分别表示边缘线上某一点的横、纵坐标。$f(x,y)$ 恒大于零时边缘线为凸；$f(x,y)$ 恒小于零时，边缘线为凹；若 $f(x,y)$ 异号，则说明边缘线具有凹凸性变化，不满足椭圆边缘的性质，将此边缘线排除。在确定边缘线的梯度符号与凹凸性后，按照逆时针顺序将边缘线分为 Ⅰ、Ⅱ、Ⅲ、Ⅳ 类边缘线，分别用 α^a、α^b、α^c、α^d 表示。如图 5-2 所示。

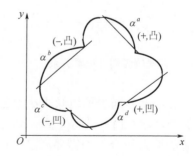

图 5-2　基于灰度梯度与凹凸性的分类判别

根据上述分类方法，将满足条件的边缘线定义为圆弧，即每一条圆弧具有相同的梯度符号，且相邻像素点具有连续性。第 k 条圆弧的集合可表示为 $l^k = \{(P_1^k, \cdots, P_{N^k}^k):$ $\forall i, j, \exists \, \mathrm{sign}\,(\theta_i^k) = \mathrm{sign}\,(\theta_j^k) \wedge P_{i-1}^k, P_i^k \, 相连\}$，$k = 1, 2, 3, \cdots, n$。$P_{N^k}^k$ 表示第 k 条圆弧上的第 N^k 个点。为了提高计算速度及减小图像噪声对算法的影响，设定阈值 ζ_{length}，将长度小于 ζ_{length} 的圆弧视为图像噪声，并在图像中去除。

4. 基于几何约束与凸多边形辨识的圆弧集合筛选

一个完整的椭圆可以由 α^a、α^b、α^c、α^d 共四类圆弧组成，然而由于复杂图像中的椭圆存在着边缘缺失的情况，因此将具有任意三类圆弧的集合作为一个圆弧集合 ψ，表示为

$$\psi^{abc} = \{\alpha^a, \alpha^b, \alpha^c\} \tag{5-7}$$

$$\psi^{acd} = \{\alpha^a, \alpha^c, \alpha^d\} \tag{5-8}$$

$$\psi^{bcd} = \{\alpha^b, \alpha^c, \alpha^d\} \tag{5-9}$$

$$\psi^{abd} = \{\alpha^a, \alpha^b, \alpha^d\} \tag{5-10}$$

通过生成的圆弧集合将图像中离散的圆弧组合成满足单个椭圆拟合条件的圆弧集合，从而将复杂图像的多个椭圆拟合问题转化为多次拟合单个椭圆的问题。

假设在一幅图像中四类边缘线分别有 n_1、n_2、n_3 和 n_4 条，令 n_ψ 表示圆弧集合的数量，则根据排列组合原理可知圆弧集合 $n_\psi = n_1 n_2 n_3 + n_2 n_3 n_4 + n_3 n_4 n_1 + n_4 n_1 n_2$。若对全部集合进行拟合，将消耗大量时间。因此需要通过圆弧之间几何位置约束关系排除错误的圆弧集合。从椭圆的几何特性可知，四类圆弧端点在图像坐标系中具有的位置关系约束如图 5-3 所示。

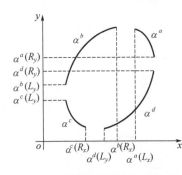

图 5-3 中的圆弧间几何位置约束可以通过公式表示为

$$\begin{cases} \alpha^a(L_x) > \alpha^b(R_x) \\ \alpha^b(L_y) > \alpha^c(L_y) \\ \alpha^c(R_x) < \alpha^d(L_y) \\ \alpha^a(R_y) > \alpha^d(R_y) \end{cases} \tag{5-11}$$

图 5-3　四类圆弧端点位置关系

式中，L、R 分别表示边缘线 α 的左、右端点，下标 x、y 分别表示端点的 x、y 坐标，例如，$\alpha^a(L_x) > \alpha^b(R_x)$ 表示 α^a 左端点的 x 坐标需要大于 α^b 右端点的 x 坐标。对于任意的圆弧集合，均需要满足式(5-11)中的几何约束条件。因此通过圆弧的位置约束可以排除一部分不符合要求的圆弧集合。

在边缘线的位置约束条件下仍有一部分圆弧集合不满足椭圆的拟合条件，如图 5-4(b)所示，因此以椭圆的内包多边形为凸多边形的性质作为判别依据，辨识出满足条件的椭圆集合，如图 5-4(a)所示。凸多边形的判别采用向量乘积的方法，设圆弧集合中三条圆弧的顶点分别为 P_1 至 P_6，按逆时针方向依次连接顶点构成的向量为 V_1 至 V_6，将相邻向量依次叉乘，若存在结果小于零的情况，则多边形为凹多边形，不满足椭圆的性质，将相应的椭圆集合排除。

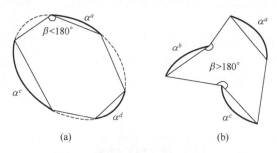

(a)　　　　　　　　　　　(b)

图 5-4　凸多边形判别辨识圆弧集合

以图 5-5 所示为例说明圆弧集合筛选方法对排除多余圆弧集合的效果。对原始图片(图 5-5(a))进行图像预处理后获得边缘图片如图 5-5(b)所示，在图像中可以看到椭圆的边缘特征被完整地提取出来。而后通过设置阈值排除一些较小的像素段。通过边缘点的梯度方向及圆弧的凹凸性将边缘线分为四类，数量分别为 $n_1 = 11$，$n_2 = 14, n_3 = 15, n_4 = 10$，则圆弧集合总数为 $n_\psi = 7600$。通过式(5-11)的几何约束将不满足条件的圆弧集合筛除后剩余圆弧集合数量为 2415，对这些圆弧集合进行凸多边形判别后剩余圆弧集合数量为 463。可见，通过对圆弧集合的筛选，排除了大部分错误配对的圆弧集合。

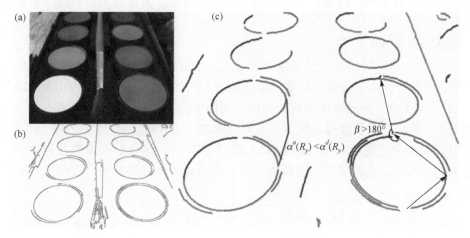

图 5-5　圆弧集合筛选示例图，(a)为原始图片，(b)为边缘图片，(c)为圆弧集合筛选

　　筛选后的椭圆集合中的点均为椭圆特征上的点，因此可以通过最小二乘法对椭圆进行拟合。采用文献[5]提出的一种非迭代几何最小二乘法对最终的椭圆集合 ψ 进行拟合。该方法相比于经典的几何最小二乘法[6]及直接最小二乘法[7]具有更高的拟合精度及计算效率。

　　椭圆函数方程可以表示为

$$G(x,y)=\frac{((x-x_c)\cos\gamma-(y-y_c)\sin\gamma)^2}{a^2}+\frac{((x-x_c)\sin\gamma+(y-y_c)\cos\gamma)^2}{b^2}-1=0 \quad (5\text{-}12)$$

式中，a，b 分别为椭圆的长轴和短轴的长度，x_c，y_c 分别为椭圆中心的横坐标与纵坐标，γ 为椭圆长轴与坐标系 x 轴的夹角。通过拟合可以获得椭圆的参数 $g=\{a,b,x_c,y_c,\gamma\}$。定义有效像素点集合 $w=\{(x_i,y_i):|G(x_i,y_i)|<0.1\}$。通过阈值 η_t 表示椭圆的拟合程度：

$$\eta=\frac{|w|}{|\alpha^a|+|\alpha^b|+|\alpha^c|} \quad (5\text{-}13)$$

式中，|·|表示集合内元素的个数，即像素点的个数。保留 $\eta>\eta_t$ 的拟合结果作为成功拟合的椭圆。导致 η 值减小的原因分为两种：①圆弧集合不是椭圆，这种情况下将存在大量外点（不在椭圆边缘上的点），约束值 η_t 的目的是排除此类情况；②由于干扰（反光、模糊等）导致椭圆边缘产生变形，将椭圆的边缘点误识别为外点，为了避免误识别需要放宽 η_t 的值。因此，η_t 的取值主要取决于噪声对图像的影响。

　　由于在圆弧聚合的过程中同一条圆弧可以分配至不同的椭圆集合中，在拟合过程中会存在对同一条圆弧进行重复拟合的情况；另一方面，由于复杂图像中椭圆的连续性难以保证，在边缘线识别过程中可能被分割成多条边缘线（大于四条），对多条圆弧拟合出的多个椭圆实际上代表的是同一个椭圆。为排除冗余椭圆，需要对椭圆进行去伪。

　　去伪的计算分为两步。

　　(1)局部去伪：局部去伪的对象为包含同一条边缘线的圆弧集合，选择其中 η 值最大的圆弧集合作为该边缘线的唯一拟合椭圆，并去除其他圆弧集合，如图 5-6 所示。

　　(2)全局去伪：全局去伪的对象为经过局部去伪的所有圆弧集合，在如图 5-7 所示情况下，椭圆出现了过拟合现象，为了消除这种过拟合现象，通过对椭圆长短轴、倾角及重心坐标进行判别（式(5-14)～式(5-17)），若这些椭圆参数相差较小，则判定为同一椭圆，选择其中 η 值最大的圆弧集合作为最终的椭圆，并排除其他圆弧集合。

$$\Delta_c=\sqrt{(x_c^{g_m}-x_c^{g_n})^2+(y_c^{g_m}-y_c^{g_n})^2}<0.1 \quad (5\text{-}14)$$

$$\Delta_a=\left|a^{g_m}-a^{g_n}\right|/\max(a^{g_m},a^{g_n})<0.1 \quad (5\text{-}15)$$

$$\Delta_b = \left| b^{g_m} - b^{g_n} \right| / \max(b^{g_m}, b^{g_n}) < 0.1 \tag{5-16}$$

$$\Delta_\gamma = \angle(\gamma^{g_m} - \gamma^{g_n}) / \pi < 0.1 \tag{5-17}$$

式中，Δ_c 表示椭圆中心的误差，Δ_a, Δ_b 分别为长短轴的误差，Δ_γ 为旋转角误差。

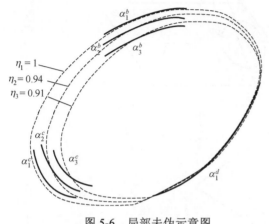
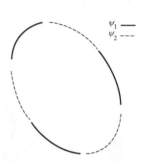

图 5-6　局部去伪示意图　　　　　图 5-7　全局去伪示意图

5.1.2　基于圆锥求交的椭圆位姿估计

为了计算目标物体上圆特征的位姿，首先需要建立摄像机模型和圆特征的解析表达。采用摄像机模型中常用的小孔成像模型，其内参数可以表示为

$$M = \begin{bmatrix} \kappa f_c & 0 & u_0 \\ 0 & f_c & v_0 \\ 0 & 0 & 1 \end{bmatrix} \tag{5-18}$$

其中，f_c 是相机的焦距，κ 是由电荷耦合器件的长宽不等引起的比例差，u_0 和 v_0 是图像中心的像素点。基于该摄像机模型，可以建立圆特征的位姿估计模型如图 5-8 所示。

摄像机的坐标系是由原点在摄像机的中心点 O_c 和平行于焦距 f_c 的 Z 轴建立的。X 轴和 Y 轴分别与图像坐标系中的相应轴平行。圆特征在摄像机成像平面上的投影用椭圆 E 表示。圆锥面方程由顶点 O_c 及准线 E 确定。通过分析可知，识别具有已知半径的圆特征的姿态问题可以等价于如下描述：给定一个顶点为 O_c、准线为 E 的锥面，搜索一个平面，使它们的交线为一个圆。

为了找到相交平面，我们首先在图像平面中建立椭圆 E 的函数：

$$ax^2 + bxy + cy^2 + dx + ey + f = 0 \tag{5-19}$$

其中，a、b、c、d、e 和 f 是椭圆的系数，x 和 y 是以像素表示的变量。由于该椭圆是摄像机框架中的锥面与 $z = f_c$ 的对齐，因此根据定义，摄像机坐标框架中的锥面可以表示为

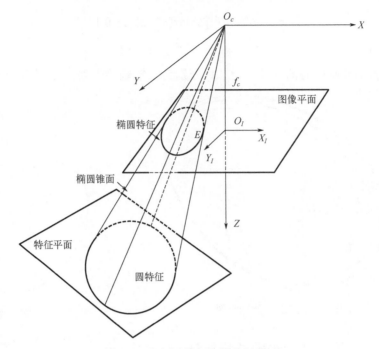

图 5-8　空间圆特征位姿估计模型

$$ax^2 + cy^2 + \frac{f}{f_c^2}z^2 + bxy + \frac{d}{f_c}xz + \frac{e}{f_c}yz = 0 \tag{5-20}$$

或矩阵形式：

$$\boldsymbol{x}^{\mathrm{T}}\boldsymbol{C}\boldsymbol{x} = 0 \tag{5-21}$$

其中，

$$\boldsymbol{C} = \begin{bmatrix} a & \dfrac{b}{2} & \dfrac{d}{2f_c} \\ \dfrac{b}{2} & c & \dfrac{e}{2f_c} \\ \dfrac{d}{2f_c} & \dfrac{e}{2f_c} & \dfrac{f}{f_c^2} \end{bmatrix}, \quad \boldsymbol{x} = [x\ y\ z]^{\mathrm{T}} \tag{5-22}$$

为了简化符号，本节后续内容使用矩阵形式表示圆锥。

1. 空间圆特征的姿态估计

文献[8]通过分析椭圆在几何空间中的位置关系，建立了复杂的模型确定圆特征的空间法向量，但需要通过讨论不同的情况分别确定这两个平面。我们可以建立一种统一表达与求解这两个平面的方法，以圆锥的顶点为圆心做半径为 r 的球面如图 5-9 所示，通过寻找特定的球面半径 r 使得球面与锥面的交线为空间圆。

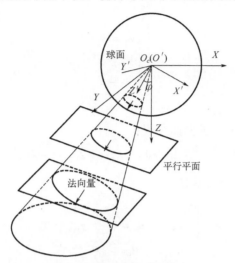

图 5-9　锥面与球面相交

由于圆锥的所有平行平面均为相似图形，并且均位于圆锥曲线上[9]。因此，平面与球面的交线 C 可以定义为 $lx + my + nz = 0$，而圆锥面与球面的交线方程可以记为

$$ax^2 + cy^2 + \frac{f}{f_c^2}z^2 + bxy + \frac{d}{f_c}xz + \frac{e}{f_c}yz - \lambda(x^2 + y^2 + z^2) = 0 \tag{5-23}$$

公式表示一系列二次曲线，而当它退化为两个平面时，则为需要寻找的空间交线圆。当方程(5-23)的行列式等于 0 时，方程(5-23)退化为两个多项式，它们表示两个相交平面。

设空间二次曲面的表达式为

$$a_{11}x^2 + a_{22}y^2 + a_{33}z^2 + 2a_{12}xy + 2a_{13}xz + 2a_{23}yz = 0 \tag{5-24}$$

引理5.1　如果实二次型 $f(x,y,z) = 0$ 可以用两个具有实参的多项式 $\Phi_1(x,y,z) = 0$ 与 $\Phi_2(x,y,z) = 0$ 表示，则它的充分必要条件为 $f(x,y,z)$ 的秩为 2 且符号差等于 0，或者秩等于 1。

证明　如果 $f(x,y,z)$ 的秩为 2 且符号差为 0，则可以将 $f(x,y,z)$ 转化为标准型 $f_n(w_1,w_2,w_3) = w_1^2 - w_2^2$。对 $f_n(w_1,w_2,w_3) = w_1^2 - w_2^2$ 做非线性退化有

$$\begin{cases} w_1 = \dfrac{1}{2}(\Phi_1 + \Phi_2) \\ w_2 = \dfrac{1}{2}(\Phi_1 - \Phi_2) \\ w_3 = z \end{cases} \tag{5-25}$$

则实二次型可以表示为 $f(x,y,z) = \Phi_1(x,y,z)\Phi_2(x,y,z)$。

当 $f(x,y,z)$ 的秩为 1 时，它可以转化为标准型 $f_n''(w_1,w_2,w_3) = kw_1^2$，同样对其做非线性退化：

$$\begin{cases} w_1 = \Phi_1 \\ w_2 = y \\ w_3 = z \end{cases} \tag{5-26}$$

此时，$f(x,y,z) = k\Phi_1^2(x,y,z)$。

引理 5.2 如果一个圆锥曲面方程：

$$a_{11}x^2 + a_{22}y^2 + a_{33}z^2 + 2a_{12}xy + 2a_{13}xz + 2a_{23}yz - \lambda(x^2 + y^2 + z^2) = 0 \tag{5-27}$$

表示两个实平面，则 λ 满足条件：

$$\begin{vmatrix} a_{11} - \lambda & a_{12} & a_{13} \\ a_{12} & a_{22} - \lambda & a_{23} \\ a_{13} & a_{23} & a_{33} - \lambda \end{vmatrix} = 0 \tag{5-28}$$

其中，λ 为式(5-24)的特征根。相反，如果 λ 满足式(5-28)，则式(5-27)表示两个实平面。

证明 若式(5-27)表示两个平面，则

$$a_{11}x^2 + a_{22}y^2 + a_{33}z^2 + 2a_{12}xy + 2a_{13}xz + 2a_{23}yz - \lambda(x^2 + y^2 + z^2)$$

可以分解为两个多项式的乘积。根据引理 5.1 可知，实二次型的秩为 1 或 2，因此实二次型的行列式为 0，即

$$\begin{vmatrix} a_{11} - \lambda & a_{12} & a_{13} \\ a_{12} & a_{22} - \lambda & a_{23} \\ a_{13} & a_{23} & a_{33} - \lambda \end{vmatrix} = 0$$

相反，若 λ 满足式(5-28)，则

$$a_{11}x^2 + a_{22}y^2 + a_{33}z^2 + 2a_{12}xy + 2a_{13}xz + 2a_{23}yz - \lambda(x^2 + y^2 + z^2)$$

的秩为 1 或 2，此时将会退化为两个平面。

命题 5.1 设 $\lambda_1, \lambda_2, \lambda_3$ 为式(5-24)的三个特征根，并且有 $\lambda_1 \geqslant \lambda_2 > \lambda_3$，则与曲面方程(5.24)相交并具有圆形交线的平面方程为

$$[x\ y\ z] \begin{bmatrix} a_{11} - \lambda_2 & a_{12} & a_{13} \\ a_{12} & a_{22} - \lambda_2 & a_{23} \\ a_{13} & a_{23} & a_{33} - \lambda_2 \end{bmatrix} \begin{bmatrix} x \\ y \\ z \end{bmatrix} = 0 \tag{5-29}$$

当 $\lambda_1, \lambda_2, \lambda_3$ 不相等时，式(5-29)表示两个相交的平面，当 $\lambda_1 = \lambda_2$ 时，式(5-29)表

示两个平行平面。

证明　设 $A = \begin{bmatrix} a_{11} & a_{12} & a_{13} \\ a_{12} & a_{22} & a_{23} \\ a_{13} & a_{23} & a_{33} \end{bmatrix}$ 和 $X = \begin{bmatrix} x \\ y \\ z \end{bmatrix}$，则式 (5-24) 可以记作：

$$X'AX = 0 \tag{5-30}$$

将上式转换为标准型有

$$X_n'B'ABX_n = 0 \tag{5-31}$$

其中，$X_n = \begin{bmatrix} x_n \\ y_n \\ z_n \end{bmatrix} = B^{-1}X$，$B$ 为正交阵满足 $B'AB = \text{diag}[\lambda_1\ \lambda_2\ \lambda_3]$。将 B 代入式 (5-29)

中有 $X_n'(B'AB - \lambda_2 E)X_n = 0$。因此，平面的方程可以表示为

$$X_n'(\text{diag}[\lambda_1\ \lambda_2\ \lambda_3] - \text{diag}[\lambda_2\ \lambda_2\ \lambda_2])X_n = 0 \tag{5-32}$$

当 $\lambda_1 > \lambda_2 > \lambda_3$ 时，上式转换为 $(\lambda_1 - \lambda_2)X_n^2 + (\lambda_3 - \lambda_2)Z_n^2 = 0$，表示两个相交平面。当 $\lambda_1 = \lambda_2 > \lambda_3$ 时，上式转换为 $(\lambda_3 - \lambda_2)Z_n^2 = 0$，表示两个平行平面。

证毕。

因此可设 C 的三个特征值为 $\lambda_1 \geqslant \lambda_2 > \lambda_3$，只有当 $\lambda = \lambda_2$ 时可以得到两个实平面：

$$X^T(C - \lambda_2 I)X = 0 \tag{5-33}$$

通过对式 (5-33) 进行因式分解得到两个平面方程：

$$\begin{cases} l_1 x + m_1 y + n_1 z = 0 \\ l_2 x + m_2 y + n_2 z = 0 \end{cases} \tag{5-34}$$

其中，$N_1(l_1, m_1, n_1)$ 与 $N_2(l_2, m_2, n_2)$ 为两个圆锥面相交平面的法向量。

2. 空间圆特征的位置估计

圆特征的空间位置可以由它的中心定义。直接在成像平面计算圆特征的中心位置需要求解式 (5-20) 与 $lx + my + nz + k = 0$ 所组成的非线性方程组，求解过程十分复杂。因此可以通过将摄像机坐标系按照平面方程的法向进行旋转，使圆特征在摄像机下位于一个二维平面。在计算出圆心坐标后，通过逆运动获得它在原始摄像机坐标系下的位置，如图 5-10 所示。

通过式 (5-35) 和式 (5-36) 可以计算 O_c 和旋转轴之间的旋转角和旋转轴：

$$\varphi = \arccos \frac{N \cdot Z_r}{|N||Z_r|} \tag{5-35}$$

$$u = N \times Z_r \tag{5-36}$$

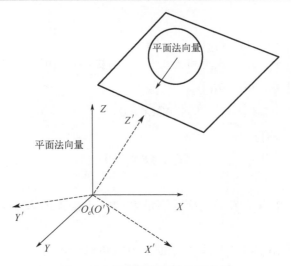

图 5-10　摄像机坐标转换示意图

其中，$Z_r = (0, 0, 1)$ 表示 Z 轴的单位法向量，N 表示 N_1 或 N_2，u 为 Z_r 与 N 之间的旋转轴，φ 为 Z_r 与 N 之间的旋转角。因为法向量有两个方向，因此定义 $N_1 > 0$ 且 $N_2 > 0$；若 N_1 或 N_2 小于 0，则将法向量取反以得到小于 180 度的旋转角。Z_r 与 N 之间的旋转矩阵可以通过罗德里格斯公式计算：

$$\boldsymbol{R} = \begin{bmatrix} \cos\varphi + u_x^2(1-\cos\varphi) & u_xu_y(1-\cos\varphi) - u2\sin\varphi & u_y\sin\varphi + u_xu_z(1-\cos\varphi) \\ u_z\sin\varphi + u_xu_y(1-\cos\varphi) & \cos\varphi + u_y^2(1-\cos\varphi) & -u_x\sin\varphi + u_yu_z(1-\cos\varphi) \\ -u_y\sin\varphi + u_xu_z(1-\cos\varphi) & u_x\sin\varphi + u_yu_z(1-\cos\varphi) & \cos\varphi + u_z^2(1-\cos\varphi) \end{bmatrix}$$

$$(5\text{-}37)$$

此时，锥面函数可以用二次型表示：

$$\boldsymbol{C}' = \boldsymbol{R}^{-\mathrm{T}}\boldsymbol{C}\boldsymbol{R}^{-1} \tag{5-38}$$

为了方便描述，令

$$\boldsymbol{C}' = \begin{bmatrix} c_{11} & c_{12} & c_{13} \\ c_{12} & c_{22} & c_{23} \\ c_{13} & c_{23} & c_{33} \end{bmatrix} \tag{5-39}$$

由于已知圆锥曲面 $\boldsymbol{C}'$ 与平面的交线为圆，因此它具有特定的形式：

$$\boldsymbol{S}' = \begin{bmatrix} 1 & 0 & -x_0' \\ 0 & 1 & -y_0' \\ -x_0' & -y_0' & x_0'^2 + y_0'^2 - r^2 \end{bmatrix} \tag{5-40}$$

其中，x_0' 和 y_0' 分别是圆中心的 X 轴坐标与 Y 轴坐标，r 是圆特征的半径。设相交平

面为 $z_0' = q$，则平面上的交线方程为

$$\boldsymbol{E}' = \begin{bmatrix} c_{11} & c_{12} & c_{13}q \\ c_{12} & c_{22} & c_{23}q \\ c_{13}q & c_{23}q & c_{33}q^2 \end{bmatrix} \tag{5-41}$$

由于 $\boldsymbol{S}'$ 与 $\boldsymbol{E}'$ 表示同一个圆，因此对应的参数相等，即有

$$\begin{cases} x_0' = -\dfrac{c_{13}z_0'}{c_{11}} \\[3mm] y_0' = -\dfrac{c_{23}z_0'}{c_{11}} \\[3mm] z_0' = \dfrac{c_{11}r}{\sqrt{c_{13}^2 + c_{23}^2 - c_{11}c_{33}}} \end{cases} \tag{5-42}$$

最后，将圆特征的中心点从坐标系 O' 中变换回原摄像机坐标系中即可得到在摄像机坐标系下圆形特征的位置：

$$\boldsymbol{p} = \boldsymbol{R}\boldsymbol{p}' \tag{5-43}$$

其中，$\boldsymbol{p}' = [x_0'\ y_0'\ z_0']^{\mathrm{T}}$，$\boldsymbol{p} = [x_0\ y_0\ z_0]^{\mathrm{T}}$。

由于从一个椭圆特征中会计算得到两个法向量 $\boldsymbol{N}_1$、$\boldsymbol{N}_2$ 及两个位置向量 $\boldsymbol{p}_1$、$\boldsymbol{p}_2$，因此我们将分别得到两个范数向量 $\boldsymbol{N}_1$、$\boldsymbol{N}_2$ 和两个位置向量 $\boldsymbol{p}_1$、$\boldsymbol{p}_2$。为了区分正确的法向量，需要从另一个角度拍摄一张图像，正确的法向量为两幅图像中保持不变的法向量[10]。这种方法当圆特征完全沿着摄像机的主轴线平移时会失效，为避免出现这样的问题需要沿 X 轴或 Y 轴移动摄像机。

5.1.3　位姿估计实验

1. 椭圆检测

1）算法时间复杂度分析

算法的时间复杂度分析根据椭圆识别的流程分为三个阶段。

（1）边缘线分类阶段：通过遍历 θ 将边缘点粗分为两类的时间复杂度为 $O(n)$，分别计算每条圆弧凹凸性的复杂度为 $O(n)$，相较而言通过多条直线段表示圆弧的方法的时间复杂度为 $O(n^2)$。

（2）圆弧集合筛选阶段：通过四类边缘线的端点几何位置约束筛选椭圆集合的时间复杂度为 $O(n)$，基于凸多边形判定筛选椭圆集合的时间复杂度为 $O(6n)$；而常用的利用椭圆中心点聚合边缘的方法的时间复杂度为 $O(n^2)$。

（3）椭圆拟合与验证阶段：本节应用的非迭代几何最小二乘法的时间复杂度为 $O(35n)$。

以上分析均基于 n 表示像素个数时算法的最坏情况. 综合三个阶段的分析可知，本节提出方法的总体时间复杂度为 $O(n)$。在实际应用中，通过圆弧集合的筛选将极大地降低 n 的数目，因此本节算法在计算速度上具有一定优势。

2) 虚拟图像检测

实验选取了含 5%椒盐噪声的虚拟合成图像如图 5-11 (a) 所示，其中的椭圆具有重叠、缺失、遮挡、嵌套等特征。图像的预处理如图 5-11 (b) 所示，自适应 Canny 算子完整地检测出了图像的边缘并有较好的抗噪能力。图 5-11 (c) 为对预处理图像中边缘线分类的结果。图 5-11 (d) 中的加粗边缘为拟合与去伪后的椭圆特征。

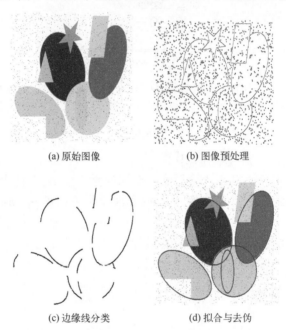

(a) 原始图像　　　　　　　　　(b) 图像预处理

(c) 边缘线分类　　　　　　　　(d) 拟合与去伪

图 5-11　虚拟图像检测过程

3) 真实图像检测

实验采用 MATLAB 编程，计算机配置为 Core i5 2.2GHz 主频，4GB RAM。通过模式识别问题中的经典判别条件精确率 p、召回率 r 和 F 值对本节所提出的方法进行评价。精确率、召回率和 F 值可具体表示为

$$p = \frac{\text{检测出的正确椭圆数量}}{\text{检测出的椭圆数量}} \tag{5-44}$$

$$r = \frac{\text{检测出的正确椭圆数量}}{\text{实际椭圆的数量}} \tag{5-45}$$

$$F = \frac{2pr}{p+r} \tag{5-46}$$

下面从 Caltech-256 图像数据库中选取 400 幅真实图像[5]对算法进行验证，将本节所提出的方法与现有方法包括迭代随机霍夫变换法[11](iterative randomized Hough transform，IRHT)、Prasad 等[12]和 Cheng 等[13]的方法进行了比较。

(1)阈值优化：选取的真实图片为一般场景下的图片，含高噪声或模糊的情况较少，因此拟合程度 Th_η 取值 0.9 以达到良好的检测效果。如 5.1.1 节所述，在边缘线的分组过程中，需要通过设定阈值 ς_{length} 对过短的边缘进行筛除。然而过小的阈值无法起到筛除细小边缘的作用，过大的阈值则会将一部分椭圆边缘筛除。因此通过实验调整阈值的大小，如图 5-12 所示。

当阈值小于 4 个像素时大量的短边缘使得算法的计算时间上升，同时由于一部分短边缘被误检测为椭圆边缘，导致算法精确率下降。当阈值大于 32 个像素时，一部分椭圆边缘被忽略，导致算法召回率下降。因此综合考虑准确率与计算效率，选择 16 个像素点作为边缘线筛除阈值。

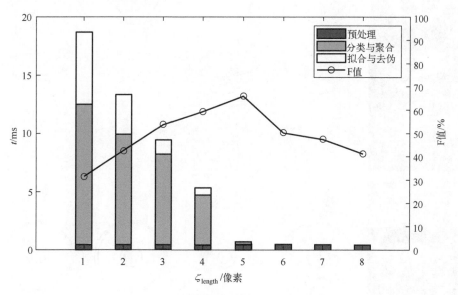

图 5-12　边缘线筛除阈值 ς_{length} 取值分析

(2)实验结果分析：算法的比较结果如图 5-13 所示。从图 5-13 中可以看出，迭代随机霍夫变换法由于以随机像素点为识别基准，当图像内容复杂时，常出现过检测的现象，不适合复杂图像中的椭圆识别；Prasad 提出的基于边缘连续性的方法具有较高的拟合精度，但在边缘线分类阶段需要进行大量计算，由于需要通过几何方法判定椭圆的中心，所以当椭圆相差较大的数个椭圆同时出现在同一幅图片中时，较大的椭圆会由于中心计算时的误差溢出而被排除，从而导致椭圆的欠检测。本节方法通过放宽边缘线聚合时的约束条件以及快速归类算法，在保持较高识别精度的前提下，提高了图像的识别速度。表 5-1 所示为算法对图像识别的平均精度与总体计算时间。从表中可以看出，在图像背景复杂的情况下，迭代随机霍夫变换法的识别精度低、计算时间长；Cheng 提出的算法在 Prasad 算法的基础上通过对不确定区域的二次检测提高了检测精度，但增大了计算量。本节提出方法在保持较高识别精度的同时具有更高的计算效率。

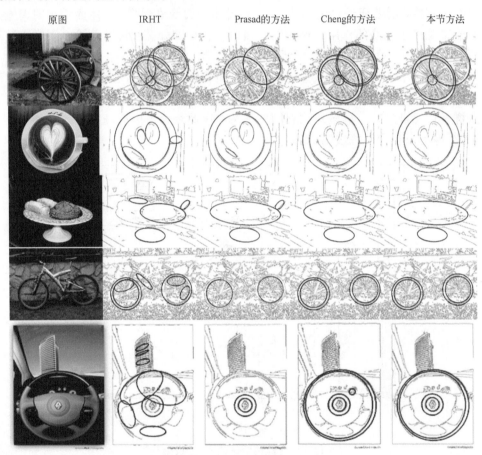

图 5-13　不同算法对比图例

表 5-1　不同算法的识别精度与计算时间对比

方法	精确率/%	召回率/%	F 值/%	计算时间/s
IRHT	35.7	28.1	31.4	241.26
Prasad	42.3	51.6	46.5	24.21
Cheng	72.4	66.7	69.4	27.35
本节方法	69.2	63.1	66.0	13.21

2.　圆特征的位姿估计

实验选用一个铝合金法兰零件上的圆特征。其直径为 45mm，如图 5-14 所示。使用了不同姿态测试圆形特征的测量精度。

使用每个格子尺寸为 25mm×25mm 的 5×6 的棋盘作为测量圆特征位姿的参考标准。通过 PnP 算法计算棋盘格的位姿参数。在校准良好的相机中，棋盘格在距摄像头 400mm 附近的距离具有 0.05mm 的测量精度。圆形法兰固定在棋盘的一侧，其圆特征与棋盘平行。摄像机随机械臂绕铝合金法兰移动，并在特定的角度拍摄图片以计算圆特征的位姿，如图 5-15 所示。

图 5-14　外径为 45mm 的铝合金法兰

(a) 5°相对转角

(b) 45°相对转角

图 5-15　圆特征位姿估计实验

定义相对转角为相机光轴与棋盘平面之间的夹角。位姿估计误差如图 5-16 所示。δx，δy 和 δz 分别表示圆特征位姿沿 x、y 与 z 方向上的平移误差。$\delta \zeta$ 表示圆特征位姿的旋转误差 [1]。由于本节所提出的圆特征位姿估计方法是一种封闭的解析解，其误差主要来自椭圆拟合过程。如图 5-16 所示，以 5°的相对角度提取出清晰的边缘，从而得出精确的姿态测量。在 25°的相对角度，倒角的反射影响椭圆提取，因此在 Z 方向和旋转中测量较差。我们使用的是一个分辨率为 640×480 像素的工业相机，这意味着相机本身在 400mm 的视距附近已具有的测量误差接近 1mm，因此所提出的方法已经达到了亚像素的水平。其原因正如棋盘格的精度同样超出了相机本身的测量精度一样，通过对多个点的测量与拟合，平均了单个点的测量误差，从而达到了更高的测量精度。如果使用更精确的工业相机，本节所述方法可以提供更高的准确性。

---

1) 由于圆位姿的旋转误差仅用轴线的夹角误差一个参数就能表达，因此本节的旋转误差只有一个。

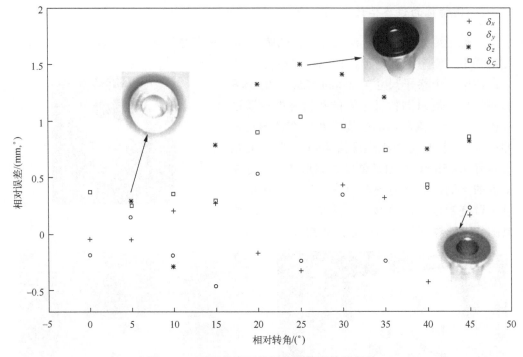

图 5-16　不同角度下的圆特征位姿估计误差

5.2　基于频域相关性分析的一般平面特征位姿估计

对于圆特征，由于可以通过解析几何的形式计算它的空间位姿，因此可以直接获得其空间位姿的解析解，而对于一般平面图形，由于它形状的不规则性，难以直接通过解析方程描述，因此需要用其他方法进行位姿估计。低纹理平面特征的位姿估计方法主要分为两类：基于模板的方法和基于积分的方法。基于模板的方法由于离散的模板分布精度较低。基于积分的方法利用物体形状的积分来建立一组非线性方程，而后通过迭代方法求解方程，如果能够收敛至全局最小值，它们可以提供更精确的位姿估计。对非线性方程组的适当初始化是达到全局最小值的必要条件。

本节主要介绍基于频域相关性分析的位姿估计方法，可以实现实时准确的位姿估计。在一般平面特征的检测基础上，该方法包括两个步骤。第一步，将当前轮廓和期望轮廓之间的转换近似为仿射变换，通过频域相关性分析确定两个轮廓之间的对应关系并计算他们之间的仿射矩阵作为位姿的初始估计值。第二步，基于图像的积分区域建立一组非线性方程组，使用第一步中仿射矩阵作为初始值初始化该非线性方程组，使用 Levenberg-Marquardt（LM）算法迭代求解方程组得到当前轮廓与基准轮廓之间的单应性矩阵，最后通过奇异值分解得到目标的旋转和平移向量。

5.2.1　基于先验水平集的平面图形检测

1. Chan-Vese 模型

活动轮廓模型的本质思想是用连续变化的曲线表达目标的轮廓信息，通过定义一个自变量中包含曲线描述的能量泛函，将实现图像分割的过程转化为求解能量泛函最小值的问题。泛函的最小值问题通过求解泛函对应的欧拉方程实现。根据曲线描述的不同，活动轮廓模型可分为边缘型与区域型，边缘型的曲线演化依赖于图像梯度对噪声及光照敏感，相比之下基于区域型的轮廓描述具有更好的鲁棒性。其中 Mumford-Shah 模型[14]是最具代表性的模型。

Mumford-Shah 模型提出通过最小化如下泛函使得封闭曲线 C 分割输入图像 $f: \Omega \rightarrow \mathbb{R}$：

$$E(u,C) = \frac{1}{2}\int_{\Omega}(f-u)^2 \mathrm{d}\boldsymbol{x} + \lambda\frac{1}{2}\int_{\Omega-C}|\nabla u|^2 \mathrm{d}\boldsymbol{x} + v|C| \tag{5-47}$$

其中，λ 和 v 为大于零的权重系数。$\boldsymbol{x}=(x,y)$ 表示图像上的点。通过假设图像中分为 i 块区域 Ω_i 具有灰度 U_i 且有 $U_i\Omega_i = \Omega$，$\Omega_i \bigcap \Omega_j = \Phi$，则上式可简化为

$$E(u,C) = \frac{1}{2}\sum_i \int_{\Omega_i}(f-u_i)^2 \mathrm{d}\boldsymbol{x} + v|C| \tag{5-48}$$

基于上式 Chan 和 Vese[15]将水平集方法引入到图像分割中，通过使用 Heaviside 函数区分水平集函数前景与背景：

$$E_{CV} = \int_{\Omega}[(f-u_+)^2 H(\phi) + (f-u_-)^2(1-H(\phi)) + v|\nabla H(\phi)|]\mathrm{d}\boldsymbol{x} \tag{5-49}$$

其中，$H(\phi) = \begin{cases} 1, & \phi \geq 0 \\ 0, & \phi < 0 \end{cases}$，水平集函数 $\phi(x,y)$ 为点 (x,y) 到轮廓曲线的最短距离，被称为符号距离函数，其定义如下：

$$\begin{cases} \phi(x,y) > 0, & \text{点}(x,y)\text{在轮廓曲线内} \\ \phi(x,y) = 0, & \text{点}(x,y)\text{在轮廓曲线上} \\ \phi(x,y) < 0, & \text{点}(x,y)\text{在轮廓曲线外} \end{cases} \tag{5-50}$$

其中，符号距离数满足 $|\nabla\phi|=1$。u_+ 与 u_- 分别通过水平集函数 $\phi \geq 0$ 与 $\phi < 0$ 的区域的灰度均值进行更新：

$$u_+ = \frac{\int f(x)H(\phi)\mathrm{d}x}{\int H(\phi)\mathrm{d}x}, \quad u_- = \frac{\int f(x)(1-H(\phi))\mathrm{d}x}{\int(1-H(\phi))\mathrm{d}x} \tag{5-51}$$

此时泛函式(5-48)的积分极限已知，则可以基于欧拉方程对水平集函数做梯度下降更新：

$$\frac{\partial \phi}{\partial t} = \delta(\phi) \left[\nu \mathrm{div}\left(\frac{\nabla \phi}{|\nabla \phi|} \right) - (f - u_+)^2 + (f - u_-)^2 \right] \tag{5-52}$$

由于 Heaviside 函数不连续，因此使用近似的函数代替：

$$H_\varepsilon(\phi) = \frac{1}{2}\left(1 + \frac{2}{\pi} \arctan\left(\frac{\phi}{\varepsilon} \right) \right) \tag{5-53}$$

对 $H_\varepsilon(\phi)$ 求导有

$$\delta_\varepsilon(\phi) = \frac{1}{\pi} \frac{\varepsilon}{\varepsilon^2 + \phi^2} \tag{5-54}$$

2. 基于透视先验不变的轮廓分割

Chan-Vese 模型仅基于图像的平均灰度进行分割，无法区分目标的形状，为了识别特定的轮廓，Cremers 等[16]提出将先验轮廓信息加入能量泛函中：

$$E(\phi, u_+, u_-) = E_{CV}(\phi, u_+, u_-) + \mu E_{\mathrm{shape}}(\phi), \quad \mu \geqslant 0 \tag{5-55}$$

其中，μ 为大于零的权重系数。先验轮廓信息的能量表达形式是分割效果好坏的关键。加入先验轮廓信息的目的是通过能量泛函测量先验轮廓与当前演化轮廓之间的差异，当先验轮廓与当前轮廓无差异时，能量泛函将到达最小值。因此，可以将泛函中的轮廓能量项表示为

$$E_{\mathrm{shape}}(\phi) = \int_\Omega (H(\phi(x,y)) - H(\tilde{\phi}(x,y)))^2 \mathrm{d}x\mathrm{d}y \tag{5-56}$$

其中，$\tilde{\phi}(x,y)$ 表示先验轮廓。Cremers 等[16]通过将 $\phi(x,y)$ 向 $\tilde{\phi}(x,y)$ 演化使得当前轮廓向先验轮廓逼近，然而这种方法使得当前轮廓仅能匹配先验轮廓对应的位置及姿态，这显然无法满足在图像中检测任意位姿的目标特征并进行分割的需求。因此，不同于通过演化 $\phi(x,y)$ 从而匹配 $\tilde{\phi}(x,y)$，我们可以通过改变 $\tilde{\phi}(x,y)$ 的参数向 $\phi(x,y)$ 逼近，这样就将求能量泛函的最小值分为两部分，一是通过演化 $\phi(x,y)$ 向能量最小的方向运动，二是更新 $\tilde{\phi}(x,y)$ 的参数使得它向 $\phi(x,y)$ 逼近。当两者同时达到最小时，能量泛函取得最小值。

最小化能量泛函同样使用梯度下降法实现：

$$\frac{\partial \phi}{\partial t} = \delta(\phi) \left[\nu \mathrm{div}\left(\frac{\nabla \phi}{|\nabla \phi|} \right) - (f - u_+)^2 + (f - u_-)^2 - 2\mu(H(\phi) - H(\tilde{\phi})) \right] \tag{5-57}$$

令 $\tilde{C} = \{x, y \mid \tilde{\phi}(x,y) = 0\}$ 表示先验轮廓，T_p 表示先验轮廓的位姿变换，则有

$$(x', y', T_p(\tilde{\phi}))^{\mathrm{T}} = \boldsymbol{R}(x, y, \tilde{\phi})^{\mathrm{T}} + \boldsymbol{t} \tag{5-58}$$

其中，$\boldsymbol{R}$ 和 $\boldsymbol{t} = (t_x, t_y, t_z)$ 表示先验轮廓在空间中的旋转与平移。在使用式(5-57)迭代计

算能量泛函最小值的每一步中，都将经过位姿变换后的先验轮廓 $\tilde{C}' = \{x', y' | T_p(\tilde{\phi}) = 0\}$ 与当前轮廓 C 进行比较从而更新 $\boldsymbol{R}$ 与 $\boldsymbol{t}$ 的参数，应用位姿变换函数 T_p 后梯度下降方程变为

$$\frac{\partial \phi}{\partial t} = \delta(\phi) \left[\nu \mathrm{div} \left(\frac{\nabla \phi}{|\nabla \phi|} \right) - (f - u_+)^2 + (f - u_-)^2 - 2\mu(H(\phi) - H(T_p(\tilde{\phi}))) \right] \quad (5\text{-}59)$$

为了求解当前轮廓函数 $\phi(x, y)$ 的变化率，需要首先计算当前轮廓与经过位姿变换后的先验轮廓的差异，即计算位姿变换的变化量 ΔT_p。同样使用梯度下降法对 T_p 的参数进行更新，对于平移变量有

$$\frac{\partial t_x}{\partial t} = 2\mu \int_\Omega \delta(\tilde{\phi}(x + t_x, y))(H(\phi) - H(\tilde{\phi}(x + t_x, y))) \mathrm{d}x\mathrm{d}y \quad (5\text{-}60)$$

$$\frac{\partial t_y}{\partial t} = 2\mu \int_\Omega \delta(\tilde{\phi}(x, y + t_y))(H(\phi) - H(\tilde{\phi}(x, y + t_y))) \mathrm{d}x\mathrm{d}y \quad (5\text{-}61)$$

$$\frac{\partial t_z}{\partial t} = 2\mu \int_\Omega \delta(\tilde{\phi} + t_z)(H(\phi) - H(\tilde{\phi} + t_z)) \mathrm{d}x\mathrm{d}y \quad (5\text{-}62)$$

由于任意的旋转变量均可通过空间欧拉角表示的矩阵 $\boldsymbol{R} = \boldsymbol{R}_x(\alpha)\boldsymbol{R}_y(\beta)\boldsymbol{R}_z(\gamma)$ 作用于向量 $(x, y, z)^\mathrm{T}$：

$$\begin{bmatrix} x' \\ y' \\ z' \end{bmatrix} = \begin{bmatrix} 1 & 0 & 0 \\ 0 & c\alpha & s\alpha \\ 0 & -s\alpha & c\alpha \end{bmatrix} \begin{bmatrix} c\beta & 0 & -s\beta \\ 0 & 1 & 0 \\ s\beta & 0 & c\beta \end{bmatrix} \begin{bmatrix} c\gamma & s\gamma & 0 \\ -s\gamma & c\gamma & 0 \\ 0 & 0 & 1 \end{bmatrix} \begin{bmatrix} x \\ y \\ z \end{bmatrix} \quad (5\text{-}63)$$

其中，s 为 sin 的缩写，c 为 cos 的缩写。令 η 表示 α、β 或 γ，则对角度求导的方程可表示为

$$\frac{\partial \eta}{\partial t} = 2\mu \int_\Omega \delta(T_p(\tilde{\phi}))(H(\phi) - H(T_p(\tilde{\phi}))) \left[\frac{\partial z'}{\partial x'} \frac{\partial x'}{\partial \eta} + \frac{\partial z'}{\partial y'} \frac{\partial y'}{\partial \eta} + \frac{\partial z'}{\partial \eta} \right] \mathrm{d}x\mathrm{d}y \quad (5\text{-}64)$$

由式 (5-60)～式 (5-64) 即可完成在迭代过程中位姿参数的梯度下降更新。

通过以上分析，可以得到基于透视不变先验水平集轮廓分割流程如下。

步骤 1：输入先验图像 f 及当前图像 f'，先验图像 f 中的先验轮廓 $\tilde{C}$ 为已知。

步骤 2：在当前图像 f' 初始化水平集函数 ϕ。

步骤 3：初始化位姿参数 $\boldsymbol{R}$ 与 $\boldsymbol{t}$。

步骤 4：通过式 (5-51) 计算前景与背景的平均灰度值 u_+ 与 u_-。

步骤 5：通过式 (5-58) 计算先验轮廓在当前图像中的姿态。

步骤 6：基于式 (5-57) 更新水平集函数 ϕ。

步骤 7：基于式(5-60)～式(5-64)更新位姿参数 $\boldsymbol{R}$ 与 $\boldsymbol{t}$。

步骤 8：重复步骤 4～7 直至能量泛函收敛至最小值。

5.2.2　基于相关性分析的位姿初始估计

摄像机针孔模型又被称为透视变换模型，是设计相机投影最合适的模型之一。然而由于透视变换的非线性，导致建立的位姿估计方程只能通过迭代的方式求解，十分耗时。为了加快计算，可以使用仿射变换代替透视变换。仿射变换是一种线性变换，因此在仿射变换下建立的模型易于直接求解。对于平面特征而言，仿射矩阵可以作为单应性矩阵的初始化。仿射变换可以表示为

$$\begin{bmatrix} x \\ y \end{bmatrix} = \left(\frac{1}{\boldsymbol{Z}_s} \right) \begin{bmatrix} \boldsymbol{X} \\ \boldsymbol{Y} \end{bmatrix} \tag{5-65}$$

在三维空间中，$\boldsymbol{Z}_s$ 表示所有点的深度，它的值为常数。可见仿射变换不同于透视变换的最主要区别是空间中所有点具有相同的深度，因此不存在"近大远小"的情况，这也是模型为线性的根本原因。通常将 $\boldsymbol{Z}_s$ 定义为目标物体重心的深度值。此时，目标平面特征的协方差矩阵可以记为

$$\boldsymbol{C}_o = \begin{bmatrix} u_{20} & u_{11} \\ u_{11} & u_{02} \end{bmatrix} \tag{5-66}$$

其中，u_{20}、u_{11} 和 u_{02} 是目标图像的二阶中心距。设图像轮廓上的点 $\boldsymbol{l}[i] = [u[i]v[i]]^T$ 为中心化后的像素点，则有：

$$\boldsymbol{l}^d[i] = \boldsymbol{A}\boldsymbol{l}^c[i], \quad 0 \leqslant i < N \tag{5-67}$$

其中，$\boldsymbol{A} = \begin{bmatrix} a_{11} & a_{12} \\ a_{21} & a_{22} \end{bmatrix}$ 为仿射变换矩阵。$\boldsymbol{l}^c[i] = [u^c[i]v^c[i]]^T$ 与 $\boldsymbol{l}^d[i] = [u^d[i]v^d[i]]^T$ 分别为当前图像中的目标轮廓与基准位置的目标轮廓。而目标轮廓与基准轮廓的关系可以表示为

$$\boldsymbol{C}_o^d = \boldsymbol{A}\boldsymbol{C}_o^c\boldsymbol{A}^T \tag{5-68}$$

若定义图像的标准型为当其协方差矩阵为单位阵下的图形，则可证明，如果当前轮廓与目标轮廓的标准形可以通过二维旋转匹配，则原图像可以通过仿射变换匹配[17]，如图 5-17 所示。

当前图像　　　当前图像标准型　　　基准图像标准型　　　基准图像

Cholesky分解　　　二维旋转　　　Cholesky分解

图 5-17　平面图形的标准型匹配

通过采用 Cholesky 因子分解，协方差矩阵可以表示为

$$\boldsymbol{C}_o = \boldsymbol{F}\boldsymbol{F}^{\mathrm{T}} \tag{5-69}$$

其中，$\boldsymbol{F} = \begin{bmatrix} \sqrt{u_{20}} & 0 \\ \dfrac{u_{11}}{\sqrt{u_{20}}} & \sqrt{u_{02} - \dfrac{u_{11}^2}{u_{20}}} \end{bmatrix}$。通过分解的因子可将轮廓转换为标准形式：

$$\boldsymbol{l}_n[i] = \boldsymbol{F}^{-1}\boldsymbol{l}[i], \quad 0 \leqslant i < N \tag{5-70}$$

其中，$\boldsymbol{l}_n$ 是化为标准型后的轮廓。将式 (5-70) 代入式 (5-69) 可得：

$$\boldsymbol{F}^d(\boldsymbol{F}^d)^{\mathrm{T}} = \boldsymbol{A}\boldsymbol{F}^c(\boldsymbol{F}^c)^{\mathrm{T}}\boldsymbol{A}^{\mathrm{T}} \tag{5-71}$$

由于方程 $\boldsymbol{T}\boldsymbol{T}^{\mathrm{T}} = \boldsymbol{S}\boldsymbol{S}^{\mathrm{T}}$ 具有解 $\boldsymbol{T} = \boldsymbol{S}\boldsymbol{R}_o$，其中，$\boldsymbol{R}_o$ 是正交矩阵。因此，式 (5-71) 可记作：

$$\boldsymbol{A} = \boldsymbol{F}^d\boldsymbol{R}_o(\boldsymbol{F}^c)^{-1} \tag{5-72}$$

其中，$\boldsymbol{F}^d$ 与 $\boldsymbol{F}^c$ 是由 Cholesky 因子分解所得的已知量，只要求出 $\boldsymbol{R}_o$，即可得到仿射变换矩阵 $\boldsymbol{A}$ 的值，由于 $\boldsymbol{R}_o$ 是正交阵，它表示的是一个在二维平面上的旋转量。因此在未知目标轮廓与基准轮廓对应关系的情况下，它们之间的对应关系可表示为

$$\boldsymbol{l}_n^d[i] = \boldsymbol{R}_o\boldsymbol{l}_n^c[i+\delta] \tag{5-73}$$

其中，δ 表示目标轮廓与基准轮廓相差的像素偏移量。由于在图像空间中获取偏移量的值十分困难，因此可将轮廓点的序列看作是时序序列并通过傅里叶变换将其转换至频域从而分析目标轮廓与基准轮廓的偏移量。

令 $d_n[i] = \| \boldsymbol{l}_n[i] \| = \sqrt{u_n^2[i] + v_n^2[i]}$ 表示轮廓上的点到轮廓中心的距离，则通过傅里叶变换可将其表示为

$$D_n[k] = \sum_{i=0}^{N-1} d_n[i]\exp\left(-j\frac{2\pi}{N}ik\right), \quad 0 \leqslant k < N \tag{5-74}$$

偏移量 δ 在频域中仅是一个相位角的差异，具体可表示为

$$D_n^d[k] = D_n^c[k]\exp\left(\frac{j2\pi\delta k}{N}\right), \quad 0 \leqslant k < N \tag{5-75}$$

通过频域相关性分析，可以得到：

$$G_{dc} = D_n^{d*}D_n^c \tag{5-76}$$

其中，D_n^{d*} 表示 D_n^d 的共轭。偏移量 δ 则可以表示为相关函数 G_{dc} 的离散傅里叶反变换的极大值对应的点：

$$\hat{\delta} = \mathrm{argmax}\left(\frac{1}{N}\sum_{k=0}^{N-1}G_{dc}[k]\exp(j\frac{2\pi}{N}ik)\right), \quad 0 \leqslant i < N \tag{5-77}$$

当获得 $\hat{\delta}$ 后，$\boldsymbol{R}_o$ 可以通过两段归一化的轮廓求出：

$$\hat{\boldsymbol{R}}_o = \boldsymbol{l}_n^d \boldsymbol{ls}_n^{c+} \tag{5-78}$$

其中，$\boldsymbol{ls}_n^c$ 是轮廓 $\boldsymbol{l}_n^c$ 轮廓偏移 $\hat{\delta}$ 了后的新轮廓，$\boldsymbol{ls}_n^{c+}$ 是轮廓 $\boldsymbol{ls}_n^c$ 的伪逆，求出 $\boldsymbol{R}_o$ 后，对应的仿射变换矩阵可以通过式 (5-72) 求得。

5.2.3　基于 LM 算法的位姿迭代求解

5.2.2 节通过频域相关性分析求出了目标轮廓与基准轮廓间的仿射变换矩阵，虽然计算简单可以快速估计目标物体的相对位姿，但对于视觉伺服控制而言不够精确，因此，需要将所求的仿射变换矩阵作为初始值代入射影变换模型迭代求解，优化位姿估计结果。

对于射影变换模型下的平面物体而言，两个位姿之间的转换关系可以由单应性矩阵表示：

$$\boldsymbol{p}_t = \boldsymbol{H}\boldsymbol{p}_o \Leftrightarrow \boldsymbol{p}_o = \boldsymbol{H}^{-1}\boldsymbol{p}_t \tag{5-79}$$

其中，$\boldsymbol{p}_t = [x_t \; y_t \; 1]^{\mathrm{T}} \in \mathbb{R}^2$ 和 $\boldsymbol{p}_o = [x_o \; y_o \; 1]^{\mathrm{T}} \in \mathbb{R}^2$ 分别表示目标物体像素点和基准物体像素点坐标。$\boldsymbol{H} = \{H_{ij}\}$ 是待求的 3×3 单应性矩阵。如果已知目标物体上的点和基准物体上点的对应关系，则可以直接构建线性方程组求单应性矩阵 $\boldsymbol{H}$，这也是基于特征点求取位姿的基本方法。然而，对于低纹理的零件而言，特征点是不稳定且难以利用的。

虽然无法使用特征点，但可以利用像素点的积分一致性。令 $F_t = \{\boldsymbol{p}_t \in R^2 \,|\, c(\boldsymbol{p}_t) = 1\}$ 和 $F_o = \{\boldsymbol{p}_o \in R^2 \,|\, c(\boldsymbol{p}_o) = 1\}$ 分别表示基准物体与目标物体所覆盖的区域，则积分一致性可表述为

$$\int_{F_t} \boldsymbol{p}_t \mathrm{d}\boldsymbol{p}_t = \int_{F_o} \boldsymbol{H}\boldsymbol{p}_o \left| J_H(\boldsymbol{p}_o) \right| \mathrm{d}\boldsymbol{p}_o \tag{5-80}$$

其中，$\left| J_H(\boldsymbol{p}_o) \right| = |\boldsymbol{H}| / (H_{31}x_o + H_{32}y_o + 1)^3$ 是雅可比矩阵的行列式，描述了每个像素点从基准物体到目标物体的透视变换。虽然单应性矩阵具有九个未知量，但它仅有八个自由度，因此将 H_{33} 设为 1 从而固定一个自由度。为了求解单应性矩阵中的八个未知数，需要构建至少八个方程，因此，可以将式 (5-79) 的映射做非线性变换：

$$\omega(\boldsymbol{p}_t) = \omega(\boldsymbol{H}\boldsymbol{p}_o) \Leftrightarrow \omega(\boldsymbol{p}_o) = \omega(\boldsymbol{H}^{-1}\boldsymbol{p}_t) \tag{5-81}$$

其中，ω 表示非线性变换，可由指数、三角函数、幂函数等替换，此时式 (5-80) 则变为

$$\int_{F_t} \omega(\boldsymbol{p}_t) \mathrm{d}\boldsymbol{p}_t = \int_{F_o} \omega(\boldsymbol{H}\boldsymbol{p}_o) \left| J_H(\boldsymbol{p}_o) \right| \mathrm{d}\boldsymbol{p}_o \tag{5-82}$$

选择合适的函数后，通过对 LM 算法的迭代求解，可以得到 $\boldsymbol{H}$ 的未知参数。为

了保持该方法的实时性，LM 算法的迭代次数需要被限制在较小的迭代次数内，这将导致运动控制过程中的估计误差。但是，这并不是一个关键问题，因为闭环视觉伺服方法对于这样的建模误差[18]具有鲁棒性，这意味着当目标轮廓接近基准轮廓时，估计误差接近于零。得到 $\boldsymbol{H}$ 后，旋转矢量可以由 $\boldsymbol{H}$ 分解。

由于 LM 算法是一种迭代求解方法，虽然通过仿射变换矩阵已经估计出位姿的近似值，但仍需数次迭代才能收敛。因此为了达到实时计算的目的，必须尽可能降低每次迭代的计算时间，若根据式(5-82)对图像区域内每个像素点进行累加计算，显然不能达到要求。因此，为了加速计算，非线性变换函数 $\omega(\cdot)$ 选择指数形函数以便于进行泰勒展开，从而将方程组为近似线性方程组以达到加速计算的目的：

$$\omega_i = x^{m_i} y^{n_i} \tag{5-83}$$

其中，$(m_i, n_i) \in \{(0,0),(1,0),(0,1),(1,1),(2,0),(0,2),(2,1),(1,2)\}$，$i=1,2,3,\cdots,8$。根据选定的 ω 函数，式(5-82)可以具体表示为

$$\int_{F_t} x_t^{m_i} y_t^{n_i} \mathrm{d}x_t \mathrm{d}y_t = \int_{F_o} \frac{(H_{11}x_t + H_{12}y_t + H_{13})^{m_i}(H_{21}x_t + H_{22}y_t + H_{23})^{n_i}}{(H_{31}x_t + H_{32}y_t + 1)^{3+m_i+n_i}} \mathrm{d}x_t \mathrm{d}y_t \tag{5-84}$$

$\boldsymbol{H}$ 表示的是单应性矩阵，其中，元素 H_{31} 与 H_{32} 表示的是射影变换模型中的透视变形，也即是"近大远小"的具体体现，对于一般工业相机以及一般目标物体而言，透视变形的程度较小，H_{31}、H_{32} 的值均趋近于零。通过将式(5-84)积分内的分母在 0 处进行泰勒展开，可得到：

$$\begin{aligned} T_\kappa &= 1 - (4+m_i+n_i)(H_{31}x_t + H_{32}y_t) \\ &+ \frac{1}{2}(4+m_i+n_i)(5+m_i+n_i)(H_{31}^2 x_t^2 + H_{32}^2 y_t^2 + H_{31}H_{32}x_t y_t) + \cdots \end{aligned} \tag{5-85}$$

从而将 $\boldsymbol{H}$ 中的参数从被积函数中分离出来，用一组 F_o 的图像矩进行乘法运算。通过实验分析，四阶泰勒展开已然可以得到与累加方法近似的结果。因此，我们使用它作为计算时间和准确性之间的折中。需要注意的是，虽然在泰勒展开式中计算的图像矩高达 7 阶，但它们与直接使用高阶图像矩不同，泰勒公式中展开得到的高阶图像矩是对前一阶图像矩的补充，是一种弥补或近似残差的概念，因此对机器人控制的影响不大。而传统的基于图像矩的视觉伺服方法直接使用高阶矩作为图像控制特征，其值十分容易受到噪声的干扰从而导致运动控制的振动。

为了进一步节省计算时间，通过使用格林公式沿图像轮廓计算图像的矩取代对所有图像像素进行累加：

$$\oint_{C_t} \boldsymbol{M}\mathrm{d}x_t + \boldsymbol{N}\mathrm{d}y_t = \int_{F_t} \boldsymbol{p}\mathrm{d}\boldsymbol{p}_t \tag{5-86}$$

其中，C_t 表示区域 F_t 的轮廓。利用上述计算框架，可将计算复杂度从 $O(kn^2)$ 降至 $O(n)$，其中，k 为 LM 算法中的迭代，n 为目标对象的宽或高。同样，基于频域相

关性分析的位姿初始化方法的计算复杂度也为 $O(n)$，保证了 LM 算法一开始具有良好的估计，且收敛次数较少(实验平均迭代 10 次)。结合上述快速计算方法，保证了一般平面特征位姿的快速且准确的计算。

5.2.4　位姿估计实验

1. 一般平面图形检测

本节对所提出的基于透视不变先验水平集的平面几何特征检测方法的效果进行实验验证，对比的方法包括传统的水平集方法即 Chan-Vese 模型和先验水平集方法。实验对比结果如图 5-18 所示。

(a)先验轮廓

(b)位姿 P1 下本节方法分割结果

(c)位姿 P2 下本节方法分割结果

(d)位姿 P2 下传统水平集分割结果 1

(e)位姿 P2 下传统水平集分割结果 2

(f)先验水平集方法分割结果

图 5-18　本节方法与传统水平集方法实验对比结果(见彩图)

从图 5-18(b)与 5-18(c)中可以看出，基于透视不变的先验水平集方法可以在目标具有较大位姿变化情况下分割出目标的轮廓,而基于传统水平集的方法(图 5-18(d)和图 5-18(e))在不同的初始化条件下会得到不同的分割结果,同时由于没有先验轮廓的约束,传统水平集方法仅针对图像梯度的变化进行分割,难以处理目标轮廓被遮挡的情况。而基于先验水平集的方法(图 5-18(f))仅能分割固定姿态下的目标轮廓,对于目标轮廓发生位姿变化后图像的分割效果较差。

2. 一般平面特征的位姿估计

采用不同目标位姿的位姿估计,表明了本节方法在计算效率和精度方面的性能。实验环境为 CPU i5-8400 2.8GHz 的处理器,内存为 4GB。利用本节提出的方法对不同的姿态进行估计,并与真值进行比较,如表 5-2 所示,不同姿态的图像如图 5-19 所示。

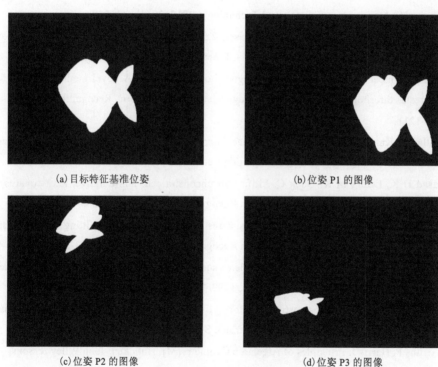

(a) 目标特征基准位姿　　　　　　　　　　　(b) 位姿 P1 的图像

(c) 位姿 P2 的图像　　　　　　　　　　　(d) 位姿 P3 的图像

图 5-19　不同位姿下的一般平面特征位姿估计结果

在表 5-2 中,估计的最大旋转误差为 0.62°,平均旋转误差为 0.36°。初始化的最大时间平均为 14ms,LM 算法迭代求解位姿的最大时间为 32ms。这保证了该方法在一般视觉伺服控制中应用的实时性要求。

表 5-2　一般平面特征位姿估计结果及计算时间

	P1	P2	P3
位姿真值/(mm,°)	(192,−163,178；0,45,0)	(137,143,254；10,30,−70)	(64,122,293；75,0,−10)
位姿估计值/(mm,°)	(190.3,−162.5, 176.4；0.42, 44.96, 0.22)	(134.4,140.7,248.3；39.47, 29.38,−70.06)	(62.1,119.3,297.5； 4.39,0.2,−10.4)
初始化时间/s	0.014	0.012	0.009
迭代计算时间/s	0.022	0.032	0.017

参 考 文 献

[1] Wu C, He Z, Zhang S, et al. A circular feature-based pose measurement method for metal part grasping[J]. Measurement Science and Technology, 2017, 28(2): 115009.

[2] He Z, Wu C, Zhang S, et al. Moment-based 2.5-D visual servoing for textureless planar part grasping[J]. IEEE Transactions on Industrial Electronics, 2019, 66(10): 7821-7830.

[3] Medina-carnicer R, Munoz-salinas R, Yeguas-bolivar E, et al. A novel method to look for the hysteresis thresholds for the Canny edge detector[J]. Pattern Recognition, 2011, 44(6): 1201-1211.

[4] Chatbri H, Kameyama K. Using scale space filtering to make thinning algorithms robust against noise in sketch images[J]. Pattern Recognition Letters, 2014, 42(2): 1-10.

[5] Prasad D K, Leung M K, Quek C. Ellifit: An unconstrained, non-iterative, least squares based geometric ellipse fitting method[J]. Pattern Recognition, 2013, 46(5): 1449-1465.

[6] Ahn S J, Rauh W, Warnecke H. Least-squares orthogonal distances fitting of circle, sphere, ellipse, hyperbola, and parabola[J]. Pattern Recognition, 2001, 34(12): 2283-2303.

[7] Fitzgibbon A, Pilu M, Fisher R B. Direct least square fitting of ellipses[J]. IEEE Transactions on Pattern Analysis and Machine Intelligence, 1999, 21(5): 476-480.

[8] Liu C, Hu W. Relative pose estimation for cylinder-shaped spacecrafts using single image[J]. IEEE Transactions on Aerospace and Electronic Systems, 2014, 50(4): 3036-3056.

[9] Griffiths P, Harris J. Principles of Algebraic Geometry[M]. Hoboken: John Wiley & Sons, 2014.

[10] He D, Benhabib B. Solving the orientation-duality problem for a circular feature in motion[J]. IEEE Transactions on Systems, Man, and Cybernetics-Part A: Systems and Humans, 1998, 28(4): 506-515.

[11] Lu W, Tan J. Detection of incomplete ellipse in images with strong noise by iterative randomized Hough transform(IRHT)[J]. Pattern Recognition, 2008, 41(4): 1268-1279.

[12] Prasad D K, Leung M K, Cho S. Edge curvature and convexity based ellipse detection method[J]. Pattern Recognition, 2012, 45(9): 3204-3221.

[13] Cheng Z, Liu Y. Efficient technique for ellipse detection using restricted randomized Hough transform[C]//International Conference on Information Technology: Coding and Computing. IEEE, 2004: 714-718.

[14] Mumford D, Shah J. Optimal approximations by piecewise smooth functions and associated variational problems[J]. Communications on Pure and Applied Mathematics, 1989, 42(5): 577-685.

[15] Chan T F, Vese L A. Active contours without edges[J]. IEEE Transactions on Image Processing, 2001, 10(2): 266-277.

[16] Cremers D, Sochen N, Schnörr C. Towards recognition-based variational segmentation using shape priors and dynamic labeling[C]//International Conference on Scale-Space Theories in Computer Vision, Berlin: Springer, 2003: 388-400.

[17] Hagege R, Francos J M. Parametric estimation of affine transformations: An exact linear solution[J]. Journal of Mathematical Imaging and Vision, 2010, 37(1): 1-16.

[18] Tahri O, Chaumette F. Point-based and region-based image moments for visual servoing of planar objects[J]. IEEE Transactions on Robotics, 2005, 21(6): 1116-1127.

第 6 章　基于高层几何特征的反光低纹理物体 6D 位姿估计

在第 5 章中，我们利用机械零件中常见的圆孔、平面等特征，提取对应的圆、一般平面图形等平面几何特征，实现了反光低纹理物体的位姿估计。这类平面几何特征有一个共同特点：它们可以直接从图像的边缘中提取出来加以利用，因此我们把这类特征归类为低层几何特征。在本章中，我们提出新的基于高层几何特征的方法，首先提取出图像中物体的边缘，然后从边缘中拟合出几何特征，并且对低层的几何特征进行特征描述，提取出几何特征上的关键几何点，利用几何点和模型间的 2D-3D 对应点对，通过求解 PnP 问题计算出物体的精确位姿。这种通过几何特征来求取几何点的思路，解决了传统的图像特征点在反光低纹理物体上难以提取的问题，从而实现了鲁棒的位姿估计。

6.1 节主要提出了一种直线族特征的 6D 位姿估计方法[1]，通过直线族特征以匹配图像和模型中的直线，并以直线(这里指线段)的端点为基础建立 2D-3D 对应点对以计算物体的位姿。6.2 节的方法[2]相对于 6.1 节有两个方面的改进，首先是在直线族匹配后，利用直线的交点取代线段端点进行 2D-3D 点匹配，直线的交点并不一定存在于实体物体上，因此可以称之为一种虚拟几何点。线段的端点很容易受到直线检测算法效果的影响，而直线交点并不受影响，因此更加鲁棒稳定。其次，引入椭圆特征以利用零件中常见的圆孔特征，在椭圆检测的基础上，利用椭圆中心点(也是一种虚拟几何点)和模型中对应的三维点建立 2D-3D 点对。利用这两类虚拟几何点的 2D-3D 点对，可以求解 PnP 问题，计算出物体的精确位姿。

6.1　基于直线族特征的 6D 位姿估计

6.1.1　基于规整化直线检测子的无纹理零件特征提取

由于无纹理零件的大部分信息都包含在边缘中，而机械零件上直线段较多，本节方法选择从边缘中提取长直线轮廓作为基本特征。因此，需要一种能检测出零件边缘上完整直线的检测子，为后续的步骤做好准备。目前最广为人知的直线检测方法是霍夫变换直线检测[3]，然而霍夫变换直线检测是将像素点变换至霍夫空间内进行统计，因此当原图像内多条直线段共线时，霍夫变换直线检测无法将其区分。并且因为霍夫变换直线检测不包括错误检测控制过程，所以这里不选择霍夫变换直线检测方法。

　　直线检测算法(line segment detector, LSD)是 Von Gioi 等提出的快速线段检测子[4]。它可以在线性时间内检测图像中的线段。LSD 使用增长算法，因此不会发生图像内多条直线段共线而仅仅检测出一条直线的问题。由于短线段可能是由零件上的孔或弧的影响而生成的，而孔或弧在本章的方法中属于无效特征，因此首先需要将短线段从图像中滤除。规整化直线检测子(complete LSD, CLSD)是基于 LSD 所改进的方法，更适合于无纹理金属零件。

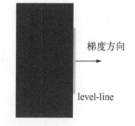

图 6-1　level-line 的方向

　　LSD 的目标是检测图像上的局部直线。局部直线是图像中像素灰度从暗到亮或从亮到暗变化得足够快的区域。LSD 算法是在图像的水平线(level-line)场中进行计算的。图像中某点的水平线方向与该点的梯度方向垂直，如图 6-1 所示。

　　由于模板图像为 RGB 图像，所以图像中某点的梯度向量 **norm** 为

$$\textbf{norm} = \sqrt{\frac{g_{xx} + g_{yy} + \sqrt{(g_{xx} - g_{yy})^2 + 4g_{xy}{}^2}}{2}} \cdot \frac{\textbf{a}}{\|\textbf{a}\|} \tag{6-1}$$

其中，

$$\textbf{a} = \left(\frac{g_{xx} + g_{yy} + \sqrt{(g_{xx} - g_{yy})^2 + 4g_{xy}{}^2}}{2} - g_{xx}, g_{xy} \right) \tag{6-2}$$

　　该算法首先计算每个像素处的 level-line 角度以产生 level-line 场。然后，选择场中梯度幅值最大的像素，将其加入连通域。之后若该像素点的邻域像素点 level-line 角度与该连通域的总体 level-line 角度小于某一阈值 τ，则将其加入该连通域，并重新计算连通域的总体 level-line 角度：

$$\text{level - line - angle}_{\text{region}} = \arctan\left(\frac{\sum_j \sin(\text{level - line - angle}_j)}{\sum_j \cos(\text{level - line - angle}_j)} \right) \tag{6-3}$$

其中，level-line-angle$_{\text{region}}$ 是该连通域整体的 level-line 角度，level-line-angle$_j$ 是该连通域中第 j 个像素处的 level-line 角度，j 遍历连通域中所有的像素点。当某个连通域无法再增长时，从图像中未访问过的像素点中选择梯度幅值最大的像素点，重复上述过程，直至图像中所有像素点都被访问完毕。

下一步，对之前检测出的所有连通域使用矩形进行拟合，矩形中心的坐标可由式 (6-4) 得到：

$$\begin{cases} c_x = \dfrac{\sum_j G(j) \cdot x(j)}{\sum_j G(j)} \\[4mm] c_y = \dfrac{\sum_j G(j) \cdot y(j)}{\sum_j G(j)} \end{cases} \tag{6-4}$$

其中，c_x 与 c_y 是该连通域所拟合的矩形中心的 x 坐标与 y 坐标，$G(j)$ 是第 j 个像素处的梯度幅值，$x(j)$ 与 $y(j)$ 分别是第 j 个像素的 x 坐标与 y 坐标。

矩形的方向由矩阵 $\boldsymbol{M}$ 的最小特征值所对应的特征向量的方向所决定：

$$\boldsymbol{M} = \begin{pmatrix} m^{xx} & m^{xy} \\ m^{xy} & m^{yy} \end{pmatrix} \tag{6-5}$$

$$m^{xx} = \frac{\sum_j G(j) \cdot (x(j) - c_x)^2}{\sum_j G(j)} \tag{6-6}$$

$$m^{yy} = \frac{\sum_j G(j) \cdot (y(j) - c_y)^2}{\sum_j G(j)} \tag{6-7}$$

$$m^{xy} = \frac{\sum_j G(j) \cdot (x(j) - c_x)(y(j) - c_y)}{\sum_j G(j)} \tag{6-8}$$

在所有的连通域全部拟合完毕之后，即可输出所有的直线段，如图 6-2 所示。

虽然 LSD 通过使用生长算法能够在线性时间内完成检测，并且能够避免图像内多条直线段共线而仅仅检测出一条直线的问题。但是，直线段会由于图像中存在的阴影以及局部模糊导致梯度方向变化而使得最终输出的直线会存在断裂的情况，并且也会把一些圆弧错误地检测为短直线段 (图 6-2)。由于后续的匹配过程对直线的完整性比较敏感，因此 LSD 不适合位姿估计应用，需要进行相应的优化。

由于短线段可能是由零件上的孔或弧的影响而生成的，而孔或弧在本节的方法中属于无效特征，因此首先需要将短线段从图像中滤除。对于一个特定的零件，其上的孔径与边长是固定的。令 $r_{\max}$ 为该零件上最大孔的直径的像素距离，$l_{\min}$ 为该零件上最短的直线边缘长度 (倒角除外) 的像素距离，则阈值 t_d 可定义为

$$t_d = \max\{r_{\max}, l_{\min}\} \tag{6-9}$$

这样即可滤去所有不满足条件的短直线段。但是，式 (6-9) 中变量的单位是像素，

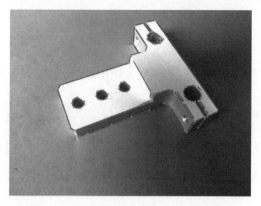

图 6-2　LSD 的检测效果示例（见彩图）

因此对于同一零件，该阈值 t_d 会随着相机与零件之间的距离变化，无法确定一个准确的值。考虑到在工业环境下，相机与零件之间的距离是在一定范围内的，在镜头焦距固定的前提下，根据小孔模型，距离越小，图像中的特征越大，因此为了保证不让短线段进入后续步骤，我们尽量使相机与零件之间的距离变化范围较小，并且阈值 t_d 按照距离最近的情况取值。在短线段均被滤除之后，下一步需要解决的是长线段不连续的问题。如图 6-3 所示，$A'A$ 和 BB' 是两条线段，向量 $\overrightarrow{AB}$ 与向量 $\boldsymbol{t}$ 的夹角 θ 由式(6-10)计算得到：

$$\theta = \arccos\left(\frac{\overrightarrow{AB} \cdot \boldsymbol{t}}{\left\|\overrightarrow{AA}\right\| \cdot \|\boldsymbol{t}\|}\right) \tag{6-10}$$

其中，

$$\boldsymbol{t} = \frac{\overrightarrow{A'A}}{\left\|\overrightarrow{A'A}\right\|} + \frac{\overrightarrow{BB'}}{\left\|\overrightarrow{BB'}\right\|} \tag{6-11}$$

$$\theta \in [0, \pi) \tag{6-12}$$

两两访问上一步检测出的直线段，确定这对直线段是否被判定为断裂的直线段。若两条直线段被判定为断裂的直线段，则首先它们的斜率必须接近，并且距离 $\left\|\overrightarrow{AB}\right\|$ 也必须小于阈值，即满足下式：

$$\begin{cases} \arccos \dfrac{\overrightarrow{A'A} \cdot \overrightarrow{BB'}}{\left\|\overrightarrow{A'A}\right\| \cdot \left\|\overrightarrow{BB'}\right\|} < t_\theta \\ \left\|\overrightarrow{AB}\right\| < t_d \end{cases} \tag{6-13}$$

其中，t_θ 是角度阈值，定义为 $2\arctan(t_d/w)$，w 是图像中边缘的像素宽度。同时考虑 $\left\|\overrightarrow{AB}\right\|$ 和 θ，需要满足式(6-14)：

$$\theta < \theta_{\max} - \left\|\overrightarrow{AB}\right\| \cdot \frac{\theta_{\max}}{t_d}$$

$$(6\text{-}14)$$

其中，$\theta_{\max}$ 和 t_d 分别是直线 $\theta = \theta_{\max} - \dfrac{\theta_{\max}}{t_d} \cdot \left\|\overrightarrow{AB}\right\|$ 在 θ 坐标轴和 $\left\|\overrightarrow{AB}\right\|$ 坐标轴上的截距。

满足式 (6-14)，即为点 $\left(\left\|\overrightarrow{AB}\right\|, \theta\right)$ 落在直线 $\theta = \theta_{\max} - \dfrac{\theta_{\max}}{t_d} \cdot \left\|\overrightarrow{AB}\right\|$ 与两根坐标轴围成的区域中。当 $\left\|\overrightarrow{AB}\right\|$ 为 2 时，设此时 θ 的极限值为 45°，$\theta_{\max}$ 即可由直线方程解出。当两条直线段满足式 (6-14) 时，以点 A' 和点 B' 为端点建立新直线段，并删除直线段 $A'A$ 与直线段 BB'。

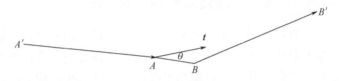

图 6-3　线段连接

算法的整体流程如下：

①计算输入图像的梯度图像；

②选择梯度幅值最大且未被访问的像素点，以此点作为种子点开始生长；如果所有像素点都被访问完毕，跳转至⑤；

③计算连通域的 level-line 角；

④确定该区域的邻接像素是否可以包含在该区域中；若可以，跳转至③；如果不能，跳转至②；

⑤使用矩形拟合连通域，输出直线；

⑥删除长度小于 t_d 的短直线段；

⑦选择一对未访问过的直线段，如果所有直线段对都已经被访问完毕，跳转至⑪；

⑧如果 $\arccos \dfrac{\overrightarrow{A'A} \cdot \overrightarrow{BB'}}{\left\|\overrightarrow{A'A}\right\| \cdot \left\|\overrightarrow{BB'}\right\|} \geq t_\theta$，跳转至⑦；

⑨如果 $\left\|\overrightarrow{AB}\right\| \geq t_d$，跳转至⑦；

⑩如果 $\theta < \theta_{\max} - \left\|\overrightarrow{AB}\right\| \cdot \dfrac{\theta_{\max}}{t_d}$，以这两条直线段中距离相距最远的两个端点建立新直线段，同时删除原先的两条直线段，之后跳转至⑦；否则，直接跳转至⑦；

⑪输出完整直线轮廓。

算法流程图如图 6-4 所示，检测结果如图 6-5 所示。

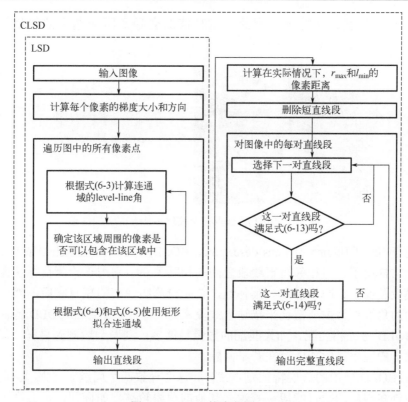

图 6-4　CLSD 的流程图

图 6-5　CLSD 的检测效果示例（见彩图）

6.1.2　基于对比度不变线束描述子的无纹理零件边缘轮廓匹配

基于 SIFT 之类特征点[4-7]的方法可以在纹理对象上实现非常好的匹配结果。但是，它们不适用于无纹理对象。由于特征点方法是基于像素点周围的区域来描述该点的，对于无纹理对象，对象上的大部分像素点的附近区域都非常相似，很难将一个点与另一个点进行区分。因此，这种情况会导致匹配结果的错误，如图 6-6 所示。

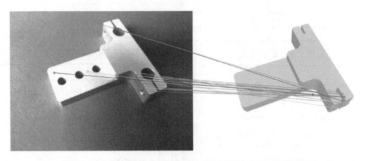

图 6-6　SIFT 特征点在无纹理零件上的匹配结果

线束描述子(bunch of lines descriptor，BOLD)[5]是在目标检测领域中使用的高级特征，它描述了一组相邻短直线段之间的相互关系。它用于检测目标图像中是否存在与模板图像中相同的对象。具体地，首先检测图像中的短直线段，然后使用直线段之间的角度作为主要特征来描述直线段本身。将目标图像的 BOLD 特征与模板图像的 BOLD 特征相匹配，如果匹配的数量足够多，则表示检测到目标。然而，对于位姿估计的应用，BOLD 存在若干问题。

(1)BOLD 使用的低层特征是直线段，这会导致两个问题。首先，长直线轮廓会分裂成许多破碎的短直线段。其次，其他的曲线轮廓，如椭圆，也会产生许多破碎的短直线段。这两个问题在 BOLD 的物体检测应用中不会产生严重后果，因为它要求对象在目标图像和模板图像中的位姿几乎相同，并且这两张图像都是在相同的环境下获得的。因此，线或椭圆将在两个图像中的几乎相同位置处分裂成短直线段。然而，这种方法在基于 CAD 模板的位姿估计中将出现严重的问题。首先，CAD 模板图像的直线检测非常准确，而实际图像中的相同线条会分裂成许多短直线段。其次，短直线段会随环境或视点的变化而变化，特征无法完成匹配。此外，短直线段之间的相互关系不能描述该零件的整体形状。

(2)当零件放置在深色背景和浅色背景上时，BOLD 中定义的线段方向是不同的，这导致了提取的 BOLD 特征完全不同。如果光照环境不同或位姿不同，则零件的 BOLD 特征也可能会发生变化。

(3)CAD 模板图像中的直线段能够被方便地完整检测出，而实际图像中的一些直线段会在检测时发生遗漏。在两个图像中检测到的不同数量的直线段将导致匹配困难。

(4)BOLD 特征的匹配只是一个粗略的匹配。短直线段的端点不是轮廓上的特殊位置点，因此不能通过这样的点对来估计对象的位姿。

前面已经通过 CLSD 方法提取完整的直线轮廓解决了第(1)个问题。本节专注

于解决第 (2) 个和第 (3) 个问题。

在 BOLD 中，首先通过 LSD 算法检测线段，并且定义每条线段的方向。在此之后，该算法计算一条线段与 k 条最近邻线段之间的相对角度。然后使用由这 k 组角度组成的向量作为描述子描述这条线段。最后使用此描述子匹配模板图像中的另一个描述子。

由于 CAD 模板图像和实际图像中的光照通常是不同的，如果我们直接使用 BOLD 中的定义，则两张图像中相同线段的方向将完全不同，如图 6-7 所示。

(a) 实际图像(使用BOLD法和
本节方法结果相同)

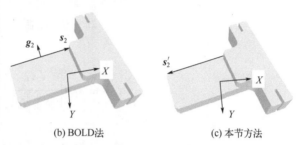

(b) BOLD法　　　　　　　　　　(c) 本节方法

图 6-7　线段方向重定义

s_1、s_2 和 s_2' 分别是表示三条边缘及其方向的向量；g_1 和 g_2 分别是 s_1 和 s_2 的梯度向量。s_1 和 s_2 的方向由 g_1 和 g_2 通过 BOLD 方法确定。s_1 和 s_2 的方向不同会产生不同的描述子，这可能导致后续过程中的不匹配。如图 6-7(a) 与图 6-7(b) 所示，使用 BOLD 中的线段方向定义方法会造成 s_1 和 s_2 的方向相反，但实际上 s_1 和 s_2 是零件上的同一条边缘，它们的方向理应是相同的。造成这一现象的原因是图 6-7(a) 的背景灰度较零件低，而图 6-7(b) 正相反，这使得 g_1 和 g_2 的方向相反，进而导致 s_1 和 s_2 的方向相反。

在本节的方法中构建对比度不变线束描述子 (grayscale-invert-invariance BOLD, GIIBOLD) 来解决上述问题。线段的方向角即为将 x 正半轴顺时针旋转直至第一次与该线段平行(或重合)时转过的角度，因此线段的方向角在 $[0,\pi)$ 的范围内。用于定义线段方向的坐标系由图像的协方差矩阵的两个特征向量定义。当图像改变时此坐标系也将改变。本方法提取图像的前景并计算前景图像的协方差矩阵，求得该矩阵的特征值及特征向量。将较大特征值所对应的特征向量方向作为 x 轴，这是前景图像中像素点方差最大的方向，另一特征向量的方向作为 y 轴[8]。这两根轴(矢量)已在图 6-7 中画出，可以看到，在应用本方法时，s_1 与 s_2' 的方向已经相同，不会影响后续的步骤。

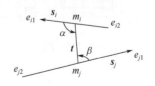

图 6-8　描述子构造

如图 6-8 所示，使用角度 α 和 β 描述 s_i 和 s_j 的相对位

置。这些角度的值由式(6-15)与式(6-16)计算，n 是垂直于纸面指向观察者的单位向量，$\|a\|$ 表示向量 a 的模长，t_{ij} 表示从 m_i 指向 m_j 的向量。

$$\alpha = \begin{cases} \alpha^*, & \dfrac{s_i \times t_{ij}}{\|s_i \times t_{ij}\|} \cdot n = 1 \\ 2\pi - \alpha^*, & \text{其他} \end{cases} \tag{6-15}$$

$$\beta = \begin{cases} \beta^*, & \dfrac{s_j \times t_{ji}}{\|s_j \times t_{ji}\|} \cdot n = 1 \\ 2\pi - \beta^*, & \text{其他} \end{cases} \tag{6-16}$$

其中，

$$\alpha^* = \arccos\left(\frac{s_i \cdot t_{ij}}{\|s_i\| \cdot \|t_{ij}\|}\right) \tag{6-17}$$

$$\beta^* = \arccos\left(\frac{s_j \cdot t_{ji}}{\|s_j\| \cdot \|t_{ji}\|}\right) \tag{6-18}$$

$$\begin{cases} t_{ij} = m_j - m_i \\ t_{ji} = m_i - m_j \end{cases} \tag{6-19}$$

　　每条线段的 GIIBOLD 是由 k 对 α 和 β 所构成的，而这 k 对 α 和 β 值是由与该线段最近邻的 k 条线段计算得到的。线段之间的距离定义为线段中点之间的距离。将每对 α 和 β 离散后累加到二维直方图中，同时进行双线性插值，本节采用的离散间隔为 $\pi/12$，此二维直方图即为该线段的描述子，如图 6-9 所示。

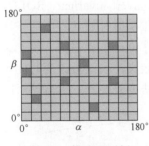

图 6-9　描述子示例

　　在不考虑复杂背景的情况下，由于局部模糊或光照，在实际图像中检测到的线段数量相比于 CAD 模板图像一定会更少。在原始 BOLD 中，因为其模板的局部模糊或光照的情况与检测场景中类似，所以 k 在两张图像中取相同的值。更重要的原因是两张图像都是实际拍摄的，所以物体的特征是相似的。因此，两张图像的描述子之间的距离可以通过式(6-22)直接计算。为了在 CAD 模板图像中包括实际图像的相同线段，我们必须在 CAD 图像中选择比在实际图像中更大的 k 值。距离计算也需要进行改变以适应两张图像中 k 不同的情况。由于本节中的应用场景相对简单，所以在实际图像中将 k 取为 5，在 CAD 模板图像中 k 取为 10。

如图 6-10 所示，设 D_1 是一个描述实际图像中某条线段的描述子，D_2 是一个描述 CAD 模板图像中某条线段的描述子，k 值在实际图像与 CAD 模板图像中分别取为 k_1 和 $k_2(k_1<k_2)$，那么 GIIBOLD 中描述子之间距离可以按照以下步骤计算得到：

①计算输入图像的协方差矩阵，并定义决定线段方向的坐标系；

②根据上一步的坐标系定义线段的方向；

③生成这条线段的二维直方图即为该线段的描述子，如图 6-9 所示；

④如果所有线段都被访问过了，跳转到⑤；否则跳转到②；

⑤对于描述子中的每一项元素，如果 d_i^1 为 0，则将 d_i^2 赋值为 0（式(6-20)）；

⑥归一化 D_1 和 D_2（式(6-21)）；

⑦计算距离 d（式(6-22)）；

$$d_i^2 = \begin{cases} 0, & d_i^1=0 \\ d_i^2, & \text{其他} \end{cases}, \quad i=1,2\cdots n \tag{6-20}$$

$$d_i^m = \frac{d_i^m}{\sqrt{\sum_{i=1}^{n}(d_i^m)^2}}, \quad m=1,2 \tag{6-21}$$

$$d = \sqrt{\sum_{i=1}^{n}(d_i^1 - d_i^2)^2} \tag{6-22}$$

其中，d_i^m 代表描述子的第 i 个位置上的元素，当图像为实际图像时 $m=1$，当图像为 CAD 模板图像时 $m=2$。

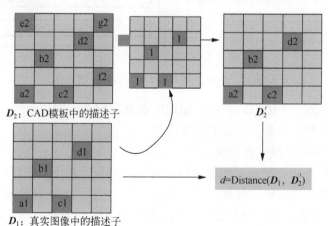

图 6-10　描述子之间距离定义

　　在计算完两张图像中的描述子之后，对两幅图像中的描述子使用暴力匹配方法进行匹配，同时考虑最近邻距离和最近邻距离与次近邻距离的比值，对匹配结果进行筛选。因为点对是下一步计算所需的匹配，所以线段匹配完成后，将这些线段的端点直接进行匹配。由于实际相机和虚拟相机的内参数之间的差异，最后使用 RANSAC 算法[9]基于基本矩阵消除误匹配，得到最终匹配点对。上述步骤对模板库中的每一张模板全部计算一次，统计每次最终匹配成功的点对数量，将匹配成功点对数量最多的模板作为最终模板，进行后续步骤。

　　BOLD 与 GIIBOLD 的流程图如图 6-11 所示。

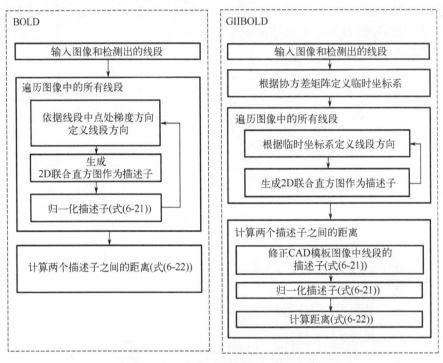

图 6-11　BOLD 与 GIIBOLD 的算法流程图

　　本节所提出的 GIIBOLD 继承了 BOLD 的基本概念，它使用线段之间的角度来描述一组线段的相互关系，并做了如下改进。

　　(1)提升了描述子的描述范围。

　　在 BOLD 特征中，它底层的低层特征是短直线段。对于每个直线段，BOLD 特征描述 k 条相邻直线段与其自身之间的角度。因此，它是描述对象局部形状的特征。对于 GIIBOLD 特征，我们将其底层的低层特征改为直线轮廓。对于每个直线轮廓，它描述了最近的 k 条相邻直线轮廓与其自身之间的角度。因此，GIIBOLD 能够描述物体整个形状的特征。

(2)提升了描述子的鲁棒性。

BOLD 会受到光照、视点和环境的极大影响。首先，在不同光照或视点变化的情况下，直线轮廓将会分裂成不同的碎直线段。对于相同的直线段，它的 k 条相邻直线段将变得不同，这使得相同的直线段的 BOLD 特征会有很大不同。其次，由于 BOLD 中线段方向的定义，当对象放置在深色背景和浅色背景上，或者视点不同时，相同零件提取的 BOLD 特征是不同的。相比之下，GIIBOLD 对这些因素的鲁棒性更好。GIIBOLD 使用完整的直线轮廓作为基础特征，定义可靠的线段方向，并在 CAD 模板图像和实际图像中提取不等数量的线段以形成高级特征。因此，可以实现更高的鲁棒性。

(3)增加了描述子的适用范围。

BOLD 原本是用于目标检测的特征描述子。BOLD 特征的匹配结果是目标检测的最终结果。但是在 CAD 模板图像与实际图像之间使用 GIIBOLD 特征进行匹配不是最终目标。本节最终目标是利用 GIIBOLD 特征的匹配结果，使用匹配完毕的低级特征直线段对的相应端点对计算零件位姿。BOLD 匹配结果的端点不是轮廓上的重要点，不能用于计算对象的位姿。而 GIIBOLD 匹配的是完整的直线轮廓，其直线段端点能够用于后续位姿估计的计算。因此 GIIBOLD 不仅能够适用于目标检测，也适用于位姿估计。

图 6-12 显示了两个例子，其中检测结果图 6-12(a)和图 6-12(b)的输入是同一张图像，检测结果图 6-12(c)和图 6-12(d)的输入是另一张图像。两张图像在两个位姿下拍摄，视点变化 10°。图 6-12(a)和图 6-12(c)显示出了 BOLD 特征中的蓝色线段的 5 条相邻线段(黄色)。图 6-12(b)和图 6-12(d)显示了 GIIBOLD 特征中相同蓝色线段的 5 条相邻线段。我们可以观察到，BOLD 特征由相邻的短直线段组成，描述了零件的局部形状，GIIBOLD 特征由相邻的直线轮廓组成，描述了零件的整体形状。此外，两幅图像中 BOLD 特征的短直线段组合完全不同，而 GIIBOLD 特征的直线段组合保持不变。

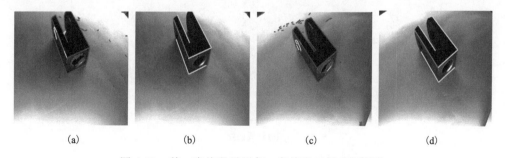

(a)　　　　　　(b)　　　　　　(c)　　　　　　(d)

图 6-12　某一直线段最近邻 5 条线段示例(见彩图)

　　进一步，选择具有黑色背景的实际图像和具有白色背景的 CAD 模板图像作为示例。由于背景的变化，边缘直线段的方向会受到影响。如图 6-13 和图 6-14 所示，在两张图像中使用不同颜色的背景。显然，当背景灰度与前景灰度发生反转时，GIIBOLD 比 BOLD 更稳定。图中的方框框出了匹配正确的线段，圆圈圈出了匹配正确的点。

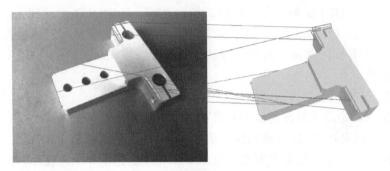

(a) 线段匹配

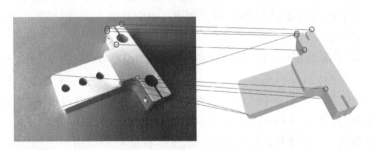

(b) 点匹配

图 6-13　BOLD 方法

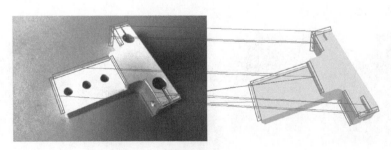

(a) 线段匹配

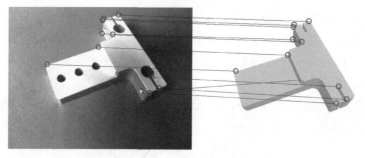

(b) 点匹配

图 6-14　GIIBOLD 方法

6.1.3　基于直线族特征的零件位姿估计

如图 6-15 所示，点 B 是模型上某个顶点在 CAD 模板图像上的投影点，点 A 与点 B' 分别是实际图像与 CAD 模板图像中已经匹配的一对点。若点 B 是距离点 B' 最近的顶点投影，那么就将点 A 的二维图像坐标与点 B 的三维坐标进行关联。对所有匹配点均进行上述操作，即完成了 2D-3D 点对的匹配。

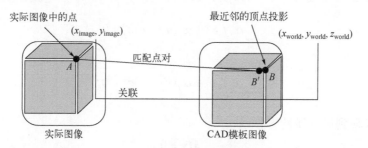

图 6-15　2D-3D 点对匹配

空间中任何点的 3D 坐标都可以通过 4 个非共面 3D 点坐标的加权和来表示：

$$\boldsymbol{p}_i^l = \sum_{j=1}^{4} \alpha_{ij} \boldsymbol{c}_j^l \tag{6-23}$$

其中，$\boldsymbol{p}_i^l$ 是某个 3D 坐标已知的点在零件局部坐标系中的坐标，$\boldsymbol{c}_j^l$ 是点 $\boldsymbol{p}_i^l$ 在零件局部坐标系下的第 j 个控制点，α_{ij} 是权重系数，满足 $\sum\limits_{j=1}^{4} \alpha_{ij} = 1$。$\boldsymbol{p}_i^l (i=1 \cdots n)$ 称为参考点。

在相机坐标系下也有相同的关系：

$$\boldsymbol{p}_i^c = \sum_{j=1}^{4} \alpha_{ij} \boldsymbol{c}_j^c \tag{6-24}$$

其中，p_i^c 是某个 3D 坐标已知的点在相机坐标系中的坐标，c_j^c 是点 p_i^c 在相机坐标系下的第 j 个控制点。理论上控制点可以任意选择，现实中为了提高算法的稳定性，将参考点的质心作为第一个控制点，剩余三个控制点选择在将参考点进行 PCA 之后得到的主轴上单位长度处。

设 A 为相机的内参矩阵，$u_i (i=1\cdots n)$ 是参考点 $p_i^c (i=1\cdots n)$ 所对应的二维图像上的点，那么有：

$$\forall i, \quad w_i \begin{bmatrix} u_i \\ 1 \end{bmatrix} = A p_i^c = A \sum_{j=1}^{4} \alpha_{ij} c_j^c \tag{6-25}$$

其中，w_i 是投影尺度参数。对于特定的某一个参考点 $[x_i^c \ y_i^c \ z_i^c]^T$，以及与其对应的二维图像点 $[u_j \ v_j]^T$，可以将上式展开：

$$\forall i, \quad w_i \begin{bmatrix} u_i \\ v_i \\ 1 \end{bmatrix} = \begin{bmatrix} f_x & 0 & u_c \\ 0 & f_y & v_c \\ 0 & 0 & 1 \end{bmatrix} \sum_{j=1}^{4} \alpha_{ij} \begin{bmatrix} x_j^c \\ y_j^c \\ z_j^c \end{bmatrix} \tag{6-26}$$

其中，f_x 和 f_y 是相机在两个方向上的焦距，u_c 和 v_c 分别是主点坐标的两个分量。将上式第三行分别代入第一、二行，得到：

$$\sum_{j=1}^{4} \alpha_{ij} f_u x_j^c + \alpha_{ij}(u_c - u_i) z_j^c = 0 \tag{6-27}$$

$$\sum_{j=1}^{4} \alpha_{ij} f_v y_j^c + \alpha_{ij}(v_c - v_i) z_j^c = 0 \tag{6-28}$$

因此，可以得到以下线性方程组：

$$Mx = 0 \tag{6-29}$$

其中，$x = [c_1^{c\,T} \ \ c_2^{c\,T} \ \ c_3^{c\,T} \ \ c_4^{c\,T}]^T$ 是一个由 12 个未知数组成的向量，M 是一个将所有参考点代入式 (5-21) 与式 (5-22) 所得到的 $2n \times 12$ 的系数矩阵。因此解 x 属于 M 的零空间，x 能够表示为

$$x = \sum_{i=1}^{N} \beta_i v_i \tag{6-30}$$

其中，v_i 为矩阵 M 的右奇异向量，对应于 M 的 n 个零空间奇异值，v_i 可以通过求解 $M^T M$ 的零空间特征值得到。求解 $M^T M$ 的零空间特征值的时间复杂度为 $O(n)$，而求解 M 的零空间特征值的时间复杂度为 $O(n^3)$，因此此处选择求解等价的 $M^T M$ 的零空间特征值。

然后通过高斯-牛顿法优化变量 β，目标是最小化下式中定义的误差 (error)：

$$\text{error} = \sum_{(i,j)\,\text{s.t.}\,i<j} \left(\left\| \boldsymbol{c}_i^c - \boldsymbol{c}_j^c \right\|^2 - \left\| \boldsymbol{c}_i^l - \boldsymbol{c}_j^l \right\|^2 \right) \tag{6-31}$$

得到对应的 $\boldsymbol{x}$，恢复出控制点在相机坐标系中的坐标并根据质心坐标得到参考点在相机坐标系的坐标。之后即可计算零件局部坐标系与相机坐标系之间的旋转矩阵 $\boldsymbol{R}$ 和平移向量 $\boldsymbol{t}$。位姿的三个位置分量即是平移向量 $\boldsymbol{t}$ 的三个分量，设位姿的三个欧拉旋转角分别是 α，β 和 γ。通过解以下方程，可得 α，β 和 γ：

$$\begin{bmatrix} \cos\gamma & -\sin\gamma & 0 \\ \sin\gamma & \cos\gamma & 0 \\ 0 & 0 & 1 \end{bmatrix} \begin{bmatrix} \cos\beta & 0 & \sin\beta \\ 0 & 1 & 0 \\ -\sin\beta & 0 & \cos\beta \end{bmatrix} \begin{bmatrix} 1 & 0 & 0 \\ 0 & \cos\alpha & -\sin\alpha \\ 0 & \sin\alpha & \cos\alpha \end{bmatrix} = \boldsymbol{R}_{3\times3} \tag{6-32}$$

6.1.4　位姿估计实验

在本节中，主要侧重验证本节方法在位姿估计方面的精度与鲁棒性。相机的内参数和畸变系数使用张正友标定法进行标定。实验中使用了四个不同的零件(连接块、滑块，叉架和舌片)，这四个零件都是反光和低纹理的，每个零件有 6 个不同位姿。

为了抓取零件，需要计算零件相对于相机的位姿。实际上，考虑到实验的方便性，计算相机相对于零件的位姿(与零件相对于相机的位姿等价)。在位姿估计实验之前，首先需要获得基准值用于计算误差。本节通过如图 6-16 所示的棋盘格设置棋盘格坐标系。通过拍摄棋盘格的图像，使用标定算法能够准确地计算出相机的位姿(相对于棋盘格坐标系)作为基准值。为了保证后续计算得到的位姿估计误差的准确性，我们需要使零件局部坐标系与棋盘格坐标系重合。因此在得到基准值之后，保持相机和棋盘格的相对位置不变。然后将零件放置在棋盘格上，确保两个坐标系统重合。值得注意的是，由于我们在评估方法的准确性时需要消除棋盘格的干扰，所以在位姿估计实验中，棋盘格上放了一张白纸。在实际使用中不需要使用棋盘格。

图 6-16　棋盘格坐标系

定义 $x_{\text{camera,truth}}$、$y_{\text{camera,truth}}$、$z_{\text{camera,truth}}$、$Rx_{\text{camera,truth}}$、$Ry_{\text{camera,truth}}$ 和 $Rz_{\text{camera,truth}}$

6 个值为由标定算法计算出的相机相对于棋盘格坐标系的位姿参数。定义 x_{camera}、y_{camera}、z_{camera}、Rx_{camera}、Ry_{camera} 和 Rz_{camera} 6 个值为由本方法计算出的相机相对于零件局部坐标系的位姿参数。为了评估本方法的有效性，定义 $\Delta_{\text{pos}}(\text{mm})$、$\delta_{\text{pos}}(\%)$ 和 $\Delta_{\text{rot}}(°)$ 评估精度。$\Delta_{\text{pos}}(\text{mm})$、$\delta_{\text{pos}}(\%)$ 和 $\Delta_{\text{rot}}(°)$ 分别表示某一方向上的平均绝对位置误差、某一方向上的平均相对位置误差和复合后的旋转角误差（由欧拉角转化为四元数），这些量由下式定义：

$$\Delta_{\text{pos}} = \frac{|\Delta_{\text{pos},x}| + |\Delta_{\text{pos},y}| + |\Delta_{\text{pos},z}|}{3} \tag{6-33}$$

$$\delta_{\text{pos}} = \frac{\Delta_{\text{pos}}}{\sqrt{x_{\text{camera,truth}}^2 + y_{\text{camera,truth}}^2 + z_{\text{camera,truth}}^2}} \tag{6-34}$$

$$\Delta_{\text{rot}} = \left| 2\arccos\left(\cos\frac{\Delta_{\text{rot},x}}{2} \cdot \cos\frac{\Delta_{\text{rot},y}}{2} \cdot \cos\frac{\Delta_{\text{rot},z}}{2} + \sin\frac{\Delta_{\text{rot},x}}{2} \cdot \sin\frac{\Delta_{\text{rot},y}}{2} \cdot \sin\frac{\Delta_{\text{rot},z}}{2} \right) \right| \tag{6-35}$$

其中，

$$\Delta_{\text{pos},x} = |x_{\text{camera}} - x_{\text{camera,truth}}| \tag{6-36}$$

$$\Delta_{\text{pos},z} = |z_{\text{camera}} - z_{\text{camera,truth}}| \tag{6-37}$$

$$\Delta_{\text{pos},y} = |y_{\text{camera}} - y_{\text{camera,truth}}| \tag{6-38}$$

$$\Delta_{\text{rot},x} = |Rx_{\text{camera}} - Rx_{\text{camera,truth}}| \tag{6-39}$$

$$\Delta_{\text{rot},y} = |Ry_{\text{camera}} - Ry_{\text{camera,truth}}| \tag{6-40}$$

$$\Delta_{\text{rot},z} = |Rz_{\text{camera}} - Rz_{\text{camera,truth}}| \tag{6-41}$$

特征匹配结果如图 6-17～图 6-20 所示。在图 6-21～图 6-24 中将计算出的位姿利用 CAD 模型渲染出图像，再与实际的图像重叠显示。计算的位姿参数包括 x、y、z（距离）和 a、b、c（分别是绕 z 轴、y 轴、x 轴旋转的欧拉角），显示在图像的左上角。可以看出，实际图像和计算出的图像之间的误差较小。表 6-1 中给出了位姿估计结果比较，结果表明，平均位置误差 Δ_{pos} 约为 2mm，平均旋转误差 Δ_{rot} 约为 2°。这对于抓取任务已经满足了精度要求。

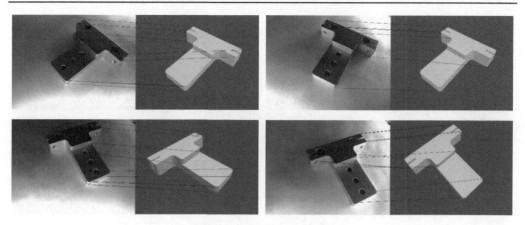

图 6-17　连接块匹配结果

图 6-18　滑块匹配结果

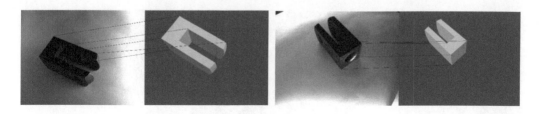

图 6-19　叉架匹配结果

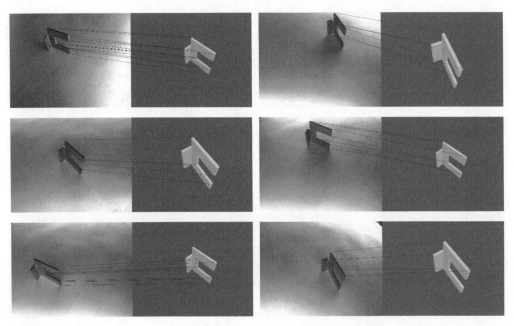

图 6-20　舌片匹配结果

图 6-21　连接块位姿估计结果(见彩图)

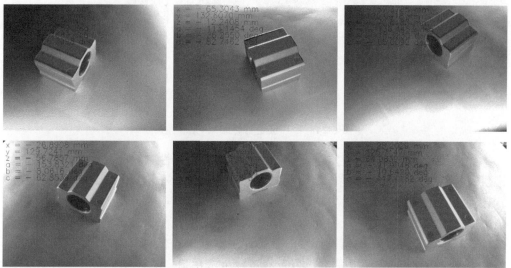

图 6-22　滑块位姿估计结果(见彩图)

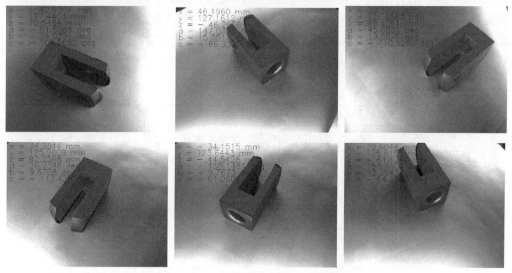

图 6-23　叉架位姿估计结果(见彩图)

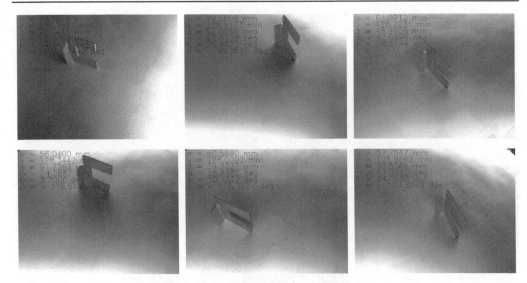

图 6-24　舌片位姿估计结果（见彩图）

我们使用两个指标用于定量评估提出的方法：鲁棒性和精度。鲁棒性指标评估错误计算结果（偏离了基准值）的数量。如果 Δ_{pos} 超过 15 mm 或 Δ_{rot} 超过 15°，我们就认为计算结果是错误的。鲁棒性表征的是无论外界环境如何变化、有何种干扰，仍然能够正确进行位姿估计的能力。精度则描述了位姿估计的误差大小，因此精度指标表征的是位姿估计的精确程度。为了评估本方法的有效性，本节选择与 Zhang 等[10]、Ren 等[11]、Ye 等[12]的方法以及在工业上应用最广泛且被集成进入 HALCON 的 Ulrich 等[13]的方法进行比较。本方法、Zhang 的方法与 Ye 的方法的模板数量均设置在同一数量级（100 左右）。Ren 的方法不需要模板。Ulrich 的方法分别在稀疏模板（100 左右）和稠密模板（6000 左右）情况下各进行一次实验。位姿估计结果比较如表 6-1 所示，鲁棒性比较结果如表 6-2 所示。

表 6-1　位姿估计结果比较

零件	位姿编号	本节方法（稀疏模板）			Ulrich[13]（稀疏模板）			Ulrich[13]（稠密模板）		
		Δ_{pos} /mm	δ_{pos} /%	Δ_{rot} /(°)	Δ_{pos} /mm	δ_{pos} /%	Δ_{rot} /(°)	Δ_{pos} /mm	δ_{pos} /%	Δ_{rot} /(°)
1	1	1.623	1.053	0.864	2.959	1.920	0.110	1.998	1.296	2.032
	2	1.300	0.908	1.187	/	/	/	/	/	/
	3	0.270	0.182	0.441	2.271	1.528	2.148	1.439	0.968	0.998
	4	1.999	1.335	1.215	/	/	/	1.569	1.048	1.410
	5	2.153	1.396	1.764	/	/	/	3.961	2.568	2.159
	6	2.835	1.967	2.722	1.660	1.151	1.901	2.519	1.747	2.665
	平均值	1.697	1.140	1.366	2.297	1.533	1.386	2.297	1.525	1.853

续表

零件	位姿编号	本节方法(稀疏模板)			Ulrich[13](稀疏模板)			Ulrich[13](稠密模板)		
		Δ_{pos}/mm	δ_{pos}/%	Δ_{rot}/(°)	Δ_{pos}/mm	δ_{pos}/%	Δ_{rot}/(°)	Δ_{pos}/mm	δ_{pos}/%	Δ_{rot}/(°)
2	1	2.289	1.470	1.956	2.360	1.516	2.583	3.349	2.15	2.303
	2	2.536	1.768	1.749	3.675	2.562	2.914	4.198	2.927	4.477
	3	3.218	2.113	3.958	4.923	3.232	3.044	2.530	1.661	1.810
	4	3.231	2.309	2.102	2.720	1.944	2.727	/	/	/
	5	4.439	2.571	3.356	/	/	/	/	/	/
	6	3.794	2.637	4.075	/	/	/	/	/	/
	平均值	3.251	2.145	2.866	3.420	2.314	2.807	3.359	2.246	2.863
3	1	0.449	0.296	0.780	/	/	/	/	/	/
	2	1.074	0.746	1.444	/	/	/	1.408	0.990	1.398
	3	1.171	0.712	1.105	2.241	1.361	2.277	/	/	/
	4	0.852	0.538	1.202	/	/	/	/	/	/
	5	1.808	1.330	1.962	1.024	0.753	1.015	0.865	0.636	0.738
	6	0.542	0.374	0.485	1.222	0.843	1.199	/	/	/
	平均值	0.983	0.666	1.163	1.469	0.986	1.497	1.137	0.813	1.068
4	1	1.993	1.241	1.339	4.831	3.008	4.201	1.275	0.794	2.256
	2	2.246	1.316	3.965	/	/	/	4.835	2.832	4.017
	3	0.921	0.620	3.923	/	/	/	/	/	/
	4	2.371	1.433	2.002	/	/	/	3.162	1.910	2.093
	5	1.928	1.336	0.814	/	/	/	/	/	/
	6	2.055	1.418	2.002	/	/	/	/	/	/
	平均值	1.919	1.227	2.341	4.831	3.008	4.201	3.091	1.845	2.789
平均值		1.963	1.295	1.934	3.011	1.960	2.473	2.471	1.607	2.143

零件	位姿编号	Zhang[10]			Ren[11]			Ye[12]		
		Δ_{pos}/mm	δ_{pos}/%	Δ_{rot}/(°)	Δ_{pos}/mm	δ_{pos}/%	Δ_{rot}/(°)	Δ_{pos}/mm	δ_{pos}/%	Δ_{rot}/(°)
1	1	/	/	/			4.596	7.972	5.172	6.033
	2	5.219	3.642	4.329			3.105	5.922	4.133	5.105
	3	/	/	/			3.060	11.993	8.071	8.062
	4	/	/	/			1.641	/	/	/
	5	/	/	/			2.320	/	/	/
	6	/	/	/			1.588	9.130	6.332	6.459
	平均值	5.219	3.642	4.329			2.719	8.754	5.927	6.415

零件	位姿编号	Zhang[10]			Ren[11]			Ye[12]		
		Δ_{pos} /mm	δ_{pos} /%	Δ_{rot} /(°)	Δ_{pos} /mm	δ_{pos} /%	Δ_{rot} /(°)	Δ_{pos} /mm	δ_{pos} /%	Δ_{rot} /(°)
2	1	/	/	/			9.881	9.045	5.808	6.120
	2	/	/	/			5.944	11.378	7.934	10.820
	3	/	/	/			5.936	9.474	6.220	6.277
	4	/	/	/			5.555	8.914	6.371	6.333
	5	/	/	/			/	13.073	7.570	6.017
	6	/	/	/				10.170	7.070	9.230
	平均值	/	/	/			6.829	10.342	6.829	7.467
3	1	2.410	1.589	1.902			2.427	5.945	3.919	4.084
	2	/	/	/			2.014	4.689	3.296	1.739
	3	/	/	/			1.520	8.676	5.269	3.118
	4	/	/	/			2.434	6.509	4.111	3.350
	5	4.164	3.062	3.534			1.300	7.429	5.463	2.777
	6	/	/	/			1.680	3.394	2.342	1.333
	平均值	3.287	2.326	2.718			1.900	6.107	4.067	2.734
4	1	/	/	/			1.073	2.958	1.842	1.018
	2	/	/	/			3.381	14.322	8.389	10.368
	3	2.480	1.669	2.442			2.594	6.991	4.705	3.685
	4	/	/	/			1.098	12.847	7.761	8.424
	5	0.322	0.223	2.650			1.695	11.192	7.754	9.174
	6	1.988	1.372	0.888			0.484	7.062	4.873	2.562
	平均值	1.597	1.088	1.993			1.721	9.229	5.888	5.872
平均值		3.367	2.352	3.013			3.291	8.608	5.678	5.622

注：零件号 1,2,3 和 4 分别表示连接块、滑块、叉架和舌片，符号"/"表示错误估计，空白表示无数据。

表 6-2　鲁棒性结果比较

错误估计数量	本节方法	Ulrich[13] (稀疏)	Ulrich[13] (稠密)	Zhang[10]	Ren[11]	Ye[12]
无噪声	0	13	11	18	2	2
有噪声	5	15	12	20	7	6

注：空白表示无数据。

　　从表 6-2 中可以看出本方法的错误结果数量是 0，而 Ulrich 的方法的错误结果数量是 13 和 11。这是因为在原始图像中总是存在一些由于自然噪声（如光照和阴影）而无法检测到的边缘，本方法在这种情况下仍然可以正常工作，然而 Ulrich 的方法是基于图像所有边缘计算而得的相似度，因此它将受到严重影响，这会导致错误的

位姿估计结果。Zhang 的方法因为轮廓提取的不准确，计算出了 18 个错误结果。由
于在 Ren 的方法中加入了人工辅助以定位四边形，错误结果的数量是 2。在 Ye 的方
法中，错误结果的数量也是 2。由于模板量很少，这个鲁棒性的结果是以对图像进
行降采样并降低相似度阈值为代价得到的，这会造成精度随之降低。

　　进一步地，我们在相机获取的原始图像上和手动添加噪声的图像上分别测试了
各方法的鲁棒性。我们根据式(6-42)将高斯噪声添加到原始图像上：

$$g(x,y) = \begin{cases} 0 & \text{如果} f(x,y) + k \cdot n(\mu, \sigma^2) < 0 \\ 255 & \text{如果} f(x,y) + k \cdot n(\mu, \sigma^2) > 255 \\ f(x,y) + k \cdot n(\mu, \sigma^2) & \text{如果} 0 \leqslant f(x,y) + k \cdot n(\mu, \sigma^2) \leqslant 255 \end{cases} \qquad (6\text{-}42)$$

其中，$g(x,y)$ 表示带噪声的图像在 (x,y) 位置的像素的灰度；$f(x,y)$ 表示原始图像在 (x,y)
位置的像素的灰度；$n(\mu, \sigma^2)$ 服从均值为 μ、方差为 σ^2 的高斯分布；k 是表示噪声幅
度的系数；x 和 y 是像素的坐标。在实验中设 $\mu=2$，$\sigma^2=0.8$，$k=16$。图 6-25 分别显示零
件的原图、加噪声后图像以及位姿计算的结果图。

　　(a)原图　　　　　　　　　　　(b)加噪声后　　　　　　　　　　(c)位姿计算结果图

图 6-25　本方法在有噪声情况下的位姿估计结果（见彩图）

　　从表 6-2 中可以看出当高斯噪声被添加到图像中时，本方法的错误结果数量是
5，而 Ulrich 的方法的错误结果数量是 15 和 12，Zhang 的方法的错误数量为 20，
Ren 的方法和 Ye 的方法的错误数量为 7 和 6。这显示出本方法仍然比对比方法表现
得更好。但其造成的错误数量的增加大于 Ulrich 的方法、Ren 的方法和 Ye 的方法造
成的错误数量的增加。这是因为手动添加噪声后，无法检测到更大尺度的线条，从
而导致更多错误。根据鲁棒性实验结果，在正常环境下本方法位姿估计的成功率远
高于对比方法。虽然其成功率在某些特殊情况下会降低（如环境非常苛刻导致图像中
的噪声很大时），但仍然高于对比方法。

　　位姿精度结果比较如表 6-3 所示。本节所提出的方法仅需要 100 张模板，并且
可以达到较小的误差（1.963mm 和 1.934°），平均可以在 0.15 分钟内生成一个模型。
Ulrich 的方法（稀疏模板）的平均误差约为 3.011mm 和 2.473°。当 Ulrich 的方法中模
板的数量增加到 6477 时，Ulrich 的方法（稠密模板）的平均误差约为 2.471 mm 和
2.143°。因为模板需要在四个方向上均匀分布（沿 x，y 和 z 方向的平移以及围绕光

轴的旋转），因此该误差的减小程度是合理的。但是此时的精度仍然低于方法的精度，而 Ulrich 的方法（稠密模板）使用 4 核 CPU 需要 2.37 分钟才能完成模型的构建，并且需要 382.04 MB 空间来保存模型。如果需要达到与本方法类似的准确度，Ulrich 的方法将需要更多的模板（更高的时间和空间成本）。当 Zhang 的方法和 Ye 的方法的模板数量设置为与我们的方法接近的数量时，精度约为 3.367 mm、3.013° 和 8.608 mm、5.622°。虽然 Ren 的方法理论上不需要模板，精度约为 3.291°，但它只能计算 3 个旋转值。在综合考虑精度和鲁棒性的情况下，这些方法的表现均不如本方法。

表 6-3　位姿精度结果比较

	本节方法	Ulrich[13]（稀疏）	Ulrich[13]（稠密）	Zhang[10]	Ren[11]	Ye[12]
Δ_{pos} /mm	1.963	3.011	2.471	3.367	/	8.608
δ_{pos}/%	1.295	1.960	1.607	2.352	/	5.678
Δ_{rot}/ (°)	1.934	2.473	2.143	3.013	3.291	5.622
模板数量/张	100	154	6477	100	/	126
平均训练时间/分	0.15	0.16	2.37	0.15	/	0.19
平均存储空间/MB	1.88	10.87	382.04	1.88	/	2.37

在实验中，本方法的精度高于 Ulrich 的方法，是因为本方法与他们的方法在本质上有所区别。在 Ulrich 的方法中，所有的相似性计算和位姿调整计算都在 2D 图像空间中完成，这导致所有深度信息都丢失了。在本方法中，应用 GIIBOLD 特征来匹配线段，然后匹配顶点，由于顶点的深度信息在生成模板时已经保存在了模板中，因此就可以在 3D 欧氏空间中计算位姿结果。此外，GIIBOLD 的特点使本方法的模板能够具有稀疏性，这使得本方法的训练时间和存储空间小于 Ulrich 的方法的训练时间和存储空间。Zhang 的方法因为零件轮廓不能被准确地提取，继而大多数 ORB 特征点就会匹配错误，因此无法在大多数场景中计算出正确的位姿。Zhang 的方法中的位姿估计的对象是人造卫星，背景为单一的纯黑色（宇宙背景），提取前景对象比较方便。而在我们的场景中，背景无法被简单地分割出来，因此零件轮廓可能不准确，最终会导致计算的位姿错误。Ren 的方法可以根据先验信息（实际为矩形的图像中的四边形）计算 3 个旋转值，虽然这种方法在理论上不需要模板，但很难识别图像中的特定四边形，因此在我们的实验中加入了人工的辅助，其结果的准确性与四边形检测的准确性密切相关。零件 2 的结果比其他零件差，这是因为零件 2 的圆角影响了四边形的精确定位。Ye 的方法是在 Line-2D[14] 的基础上优化了搜索的改进方法，提升了模板的搜索速度，在同等时间内能够通过增加模板数量提升精度。当模板稠密时，显然其位姿估计方法可以达到很好的精度[7]，但是在必须使用稀疏模板的条件下（如嵌入式环境中），该方法的位姿估计结果误差较大。

6.2　基于虚拟几何点匹配的 6D 位姿估计

虚拟几何点是一类由高层几何特征计算而来，不直接存在于物体表面、边缘的特征点(图 6-26)。相比于存在于物体边缘上的真实几何点，它具有位置更加稳定准确、不受低层几何特征提取完整度影响的优点.位姿估计的基础是一定数量的 2D-3D 匹配点对，点对越准确，位姿估计的结果就越准确。所以相比于真实几何特征点，根据虚拟几何点计算 6D 位姿精度更高、鲁棒性更强。为了让几何特征能够更完整地在图像中体现出来，首先改进了采图的光源方案以增强几何特征。

虚拟几何点

图 6-26　虚拟几何点示意图

6.2.1　基于区域融合的多光源几何特征增强

PnP 算法中输入点对的数量与质量对于位姿估计结果的准确程度有较大的影响。在点对准确度相同的条件下，点对数量越少，位姿估计结果的精度就越低。而点对是由几何特征计算而来的，所以在本节提出的位姿估计方法中，提高几何特征的完整度与检出率十分重要。通过在不同光源条件下拍摄两张位姿相同但光照条件不同的真实图像，并分别对其进行特征提取，然后对两组特征中重复的特征进行区域融合以实现特征增强。

1. 光源布置设计

好的光源布置方案可以提高零件边缘清晰度，降低杂波对于边缘提取的干扰，最终提高几何特征提取数量与质量。在进行图片的拍摄时，光照可分为两部分：实验光照与环境光照。实验光照指的是为了提高光照条件，为实验而特殊设置的光源所产生的光照；环境光照指的是在自然条件下周围环境所产生的光照。本节中讨论的光源布置指的是产生实验光照的光源布置方案。

单个光源的光照条件下拍摄的照片通常情况下边缘较为清晰，但容易出现以下两种情况。

(1) 误检：在环境光照较弱时，产生的影子比较明显，容易被识别为物体边缘。

(2) 漏检：物体某条边缘相邻的两个面亮度及颜色接近，可能会导致该条边缘不清晰而无法被检出。

本节方法的光源布置方案如图 6-27 所示。

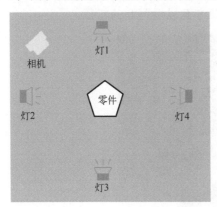

图 6-27　光源布置方案

本方案中共设置四个光源，两两相对，光源与物体之间的连线各成 90°。相机位于其中两个光源中间。对于同一个物体位姿，在灯 1、3 开以及灯 2、4 开两种光照条件下各拍摄一张图片。位置相向的两个光源同时开启，两个光源产生的影子都会被另外一个光源的光所弱化，可以在一定程度上减小影子对于特征识别过程中的干扰。对于同一位姿在不同光照条件下各拍摄一张图片，在特征提取时对于两张图片分别提取再融合，可以在一定程度上避免某些边缘在单张图片中不清晰的情况从而提高特征检出率。

2. 几何特征有效区域构建

在获取到同一位姿在不同光照条件下的两张照片后，需要对这两张照片分别进行特征提取，并将从两张照片中提取出来的两组特征作为真实图像的特征提取结果。但在两组特征中可能存在某些特征表征的是同一个边缘但是这两个特征并不完全重合。如果对这些特征不加处理直接与模板图像中的特征进行匹配，会产生许多重复匹配，在求取特征点时会得到许多冗余且误差较大的特征点，从而降低实验结果的精度。为了去除多余重复的特征，这里需要对从两张真实图像中提取到的特征进行融合，因此，我们提出了几何特征有效区域（feature valid area，FVA）的概念。

几何特征有效区域表示的是该特征所表征的边缘在图像中所处的区域。当两个 FVA 相叠时，说明这两个特征可能表示的是同一条边缘，则需要对这两个特征是否真正表示同一边缘以及是否需要融合进行进一步的判断。直线和椭圆的 FVA 的定义如下。

直线的 FVA 是一个长为该直线的长度、宽为 $2w$ 的矩形，该直线为矩形的中线，如图 6-28 所示。w 为真实图像中物体边缘的最大像素宽度。

图 6-28 直线 FVA 示意图（见彩图）

椭圆的 FVA 是一个椭圆环，椭圆环的外长轴为 $a+w$，内长轴为 $a-w$，外短轴为 $b+w$，内短轴为 $b-w$，角度与原椭圆角度相同，如图 6-29 所示。a 和 b 分别为椭圆的长短轴长度。

图 6-29 椭圆 FVA 示意图（见彩图）

3. 几何特征区域融合

1）直线特征区域融合

步骤 1：计算所有直线的特征有效区域。

步骤 2：两两遍历所有直线并判断两条直线是否满足式(6-43)和式(6-44)。如果满足，则认为这两条直线提取于同一条边缘。如果不满足，则跳过，继续遍历其他直线。

$$FVA_1 \bigcap FVA_2 \neq \varnothing \tag{6-43}$$

$$<l_1, l_2> < \theta \tag{6-44}$$

式中，FVA_i 代表第 i 条直线的 FVA ($i=1,2$)，$<l_1, l_2>$ 代表的是两条直线之间的夹角，θ 代表角度的阈值，定义如下：

$$\theta = \arctan \frac{w}{\max(l_1, l_2)} \qquad (6\text{-}45)$$

式中，$\max(l_1, l_2)$ 代表的是两条直线长度的最大值，w 是真实图像中所有边缘的最大像素宽度。

对于步骤 2 中找到的提取于同一边缘的两条直线，计算其两组端点的距离，如果满足下式，则保留长度较长的一条直线，删除长度较短的直线：

$$|A_1 A_2| > 2w \text{ 或 } |B_1 B_2| > 2w \qquad (6\text{-}46)$$

否则按照下式计算两条直线的融合直线，并删除原直线：

$$\begin{cases} x_A = \dfrac{x_{A_1} + x_{A_2}}{2} \\[2mm] y_A = \dfrac{y_{A_1} + y_{A_2}}{2} \\[2mm] x_B = \dfrac{x_{B_1} + x_{B_2}}{2} \\[2mm] y_B = \dfrac{y_{B_1} + y_{B_2}}{2} \end{cases} \qquad (6\text{-}47)$$

直线特征区域融合的流程图如图 6-30 所示，融合效果如图 6-31 所示。

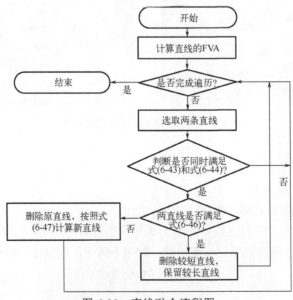

图 6-30　直线融合流程图

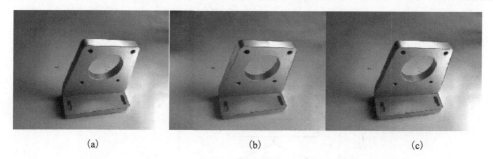

$$\text{(a)}\qquad\qquad\qquad\text{(b)}\qquad\qquad\qquad\text{(c)}$$

图 6-31　直线特征增强效果图，图(c)为将图(a)、图(b)融合增强后的效果(见彩图)

2)椭圆特征区域融合

步骤 1：计算所有椭圆的 FVA。

步骤 2：两两遍历所有椭圆并判断两个椭圆是否满足式(6-48)和式(6-49)，若满足则认为两个椭圆提取于同一条边缘。

$$\text{FVA}_1 \bigcap \text{FVA}_2 \neq \varnothing \tag{6-48}$$

$$|a_1 - a_2| < w, \quad |b_1 - b_2| < w \tag{6-49}$$

式中，FVA_i 代表第 i 条直线的 FVA $(i=1,2)$，a_i 和 b_i 代表第 i 条直线的长轴和短轴的长度。

对于第 2 步中找到的提取于同一边缘的两个椭圆，计算其距离 O_1O_2，若

$$O_1O_2 < 2w \tag{6-50}$$

则按照下式生成一个融合椭圆并删除两个原椭圆：

$$\begin{cases} (x,y) = \left(\dfrac{x_1 + x_2}{2}, \dfrac{y_1 + y_2}{2} \right) \\[2mm] a = \dfrac{a_1 + a_2}{2} \\[2mm] b = \dfrac{b_1 + b_2}{2} \end{cases} \tag{6-51}$$

式中，(x_i, y_i) 是原椭圆的圆心，a_i, b_i 是原椭圆长短轴的长度，a, b 是新椭圆长短轴的长度。

若

$$O_1O_2 \geqslant 2w \tag{6-52}$$

则认为椭圆的提取出现错误，删除这两个椭圆。

椭圆特征区域融合的流程图如图 6-32 所示，融合效果如图 6-33 所示。

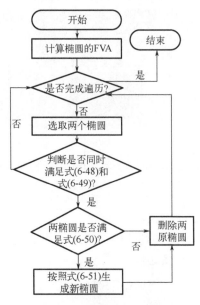

图 6-32　椭圆融合流程图

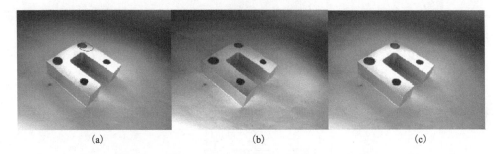

图 6-33　椭圆特征增强效果图，图 (c) 为将图 (a)、图 (b) 融合增强后的效果（见彩图）

6.2.2　基于虚拟几何点匹配的位姿估计

1. 相似距离映射描述子的构建

由于匹配后的真实图像与模板图像之间的视点角度相似，所以真实图像和模板图像中对应的椭圆到对应的直线的比例也是相近的。因此，可以构建基于相似距离映射描述子(similar distance mapping，SDM) 的椭圆特征匹配算法，利用椭圆与周围直线的距离关系建立描述子，通过计算真实图像与模板图像中椭圆描述子之间的差异进行匹配。

从宏观角度来说，SDM 描述子是由椭圆圆心到共面直线的距离与直线本身组成的一组映射关系。模板图像中存储了三维图像，所以在匹配之前就可以计算出每个椭圆到其共面直线的距离所构成的 SDM 描述子，但由于真实图像中没有三维信息，无法判断哪些直线与椭圆共面，所以需要借助真实图像与模板图像之间直线的匹配关系辅助真实图像中的椭圆构建描述子。

为了便于讨论，我们假设 E_1 和 E_2 分别是模板图像和真实图像中的椭圆，现在分别生成这两个椭圆的 SDM 描述子。由于真实图像中椭圆的 SDM 描述子的生成依赖于模板图像中椭圆的 SDM 描述子，因此这里首先阐述模板图像中椭圆 E_1 的 SDM 描述子的生成方式。

步骤 1：遍历所有提取到的线段 AB_i，若不满足下式，则重复步骤 1，直至完成遍历为止。若满足，则进入步骤 2：

$$\boldsymbol{n} \cdot \overrightarrow{OA_i} = 0 \bigcap \boldsymbol{n} \cdot \overrightarrow{OB_i} = 0 \tag{6-53}$$

其中，$\boldsymbol{n}$ 为椭圆的法向量，A_i，B_i 为线段 AB 的端点。

步骤 2：生成直线的哈希值 hash_1 作为键值对的 key，根据下式计算椭圆中心到直线的二维距离 d_1 作为键值对的 value，并将此键值对放入映射 map_1 中；

$$d = \frac{|Ax_0 + By_0 + C|}{\sqrt{A^2 + B^2}} \tag{6-54}$$

其中，(x_0, y_0) 为椭圆圆心的坐标，$Ax + By + C = 0$ 为直线的表达式。

步骤 3：返回步骤 1。

由以上步骤生成的映射 map_1 即为模板图像中椭圆的 SDM 描述子。

下面阐述真实图像中椭圆的 SDM 描述子的生成方式。

步骤 1：遍历所有 map_1 中的 key 所对应的直线并判断该直线在真实图像中是否有匹配直线，若没有，则重复步骤 1，直至遍历完成；若有，则进入步骤 2；

步骤 2：生成真实图像中的匹配直线的哈希值 hash_2 作为键值对的 key，根据式 (6-54) 计算椭圆中心到直线的二维距离 d_2 作为键值对的 value，并将此键值对放入映射 map_2 中；

步骤 3：返回步骤 1。

由以上步骤生成的映射 map_2 即为真实图像中椭圆的 SDM 描述子。

真实图像与模板图像之间的椭圆特征匹配包括两部分：同一化和归一化。由上节对 SDM 描述子生成过程的阐述可知，真实图像与模板图像中相互匹配的直线的哈希值相同。本方法中计算 SDM 描述子之间距离的方式是计算每个 key 相同的两个 value 之间的差值，再对所有差值求和，但这个过程中存在两个问题。

(1) 由于可能出现某些边缘在模板图像中提取到，但在真实图像中并未识别出来，所以某些在模板图像 SDM 中存在的 key 可能不存在于真实图像的 SDM 中。

(2) 虽然真实图像与模板图像之间的视点方向大致相同，但视点距离并不完全相同。根据透视原理，视点较近的被摄物体较大，视点较远的被摄物体较小。因此真实图像与模板图像上椭圆到对应直线的距离可能不具有可比性。

为了解决第(1)个问题，我们使用对真实图像和模板图像中的 SDM 同一化的方法。根据上一节中阐述的构建 SDM 的方式，真实图像与模板图像中的 SDM 存在以下关系：

$$K_{\text{temp}} \supset K_{\text{real}}$$

K_{temp} 是模板图像 SDM 的键的集合，K_{real} 是真实图像 SDM 的键的集合。所以为了保证 SDM 间距离计算的可执行，要删除只存在于模板图像 SDM 中的键，以确保真实图像和模板图像 SDM 中的键值对的数量相同。

经过同一化之后，SDM_{real} 和 SDM_{temp} 中包含的键值对数量相同且 key 相同。但 value 仍然无法直接进行比较，这里使用归一化的方式解决这个问题：虽然真实图像和模板图像的视点距离不同导致了椭圆圆心到直线的距离无法进行比较的问题，但是由于真实图像和模板图像的视点角度是相似的，所以同一幅图像上直线之间长度的比例也是相似的。因此只要将 SDM_{real} 和 SDM_{temp} 缩放到同一个尺度上即可进行比较。这里选择将 SDM_{real} 和 SDM_{temp} 按照下式缩放到所有 value 加和为 1。在同一化与归一化之后，SDM_{real} 和 SDM_{temp} 之间即可按照下式进行距离计算：

$$v_i^m = \frac{v_i^m}{\sum v_i^m}, \quad m = 1,2 \tag{6-55}$$

$$d = \sqrt{\sum_{i=1}^n (v_i^1 - v_i^2)^2}, \quad \text{如果} k_i^1 = k_i^2 \tag{6-56}$$

v_i^m 为 SDM_{real} 和 SDM_{temp} 中 value 集合的第 i 个元素，k_i^m 为 SDM_{real} 和 SDM_{temp} 中 key 集合的第 i 个元素,当图像为真实图像时 m 为 1，当图像为模板图像时 m 为 2。

在计算出真实图像与模板图像中的描述了以及之间的距离之后，使用暴力匹配算法，同时考虑最近距离以及最近距离与次近距离之间的比值对其进行匹配。SDM 描述子构建与距离计算的过程如图 6-34 所示。

2. 基于虚拟几何特征点匹配的位姿估计

真实图像和模板图像中的直线匹配已经完成，如果只需要 2D-2D 的匹配点对，分别计算两幅图像中直线的交点，再根据直线的匹配关系即可获得交点的匹配关系。但位姿估计需要输入的是 2D-3D 的匹配点对，二维图像中的直线对应到三维空间中可能并不相交。所以在计算二维交点前，首先需要对交点在三维空间中是否存在进行判断。在模板图像中随机选取两条已经匹配的直线 L_i 和 L_j，$P_1(x_i^b, y_i^b, z_i^b)$，$P_2(x_i^e, y_i^e, z_i^e)$ 分别是 L_i 的两个端点，$P_3(x_j^b, y_j^b, z_j^b)$，$P_4(x_j^e, y_j^e, z_j^e)$ 分别是 L_j 的两个端点，接下来我们通过下式进行两直线三维交点的计算：

$$\begin{cases} x = x_i^b t + (1-t)x_i^e = (x_j^b - x_j^e)s + x_j^e \\ y = y_i^b t + (1-t)y_i^e = (y_j^b - y_j^e)s + y_j^e \\ z = z_i^b t + (1-t)z_i^e = (z_j^b - z_j^e)s + z_j^e \end{cases} \tag{6-57}$$

式中，s 和 t 是待求参数，上标 b 代表直线的起点，e 代表直线的终点。如果该方程无解，说明这两条直线在三维空间中无解。若方程有解，则接下来在真实图像中求取直线的二维交点。

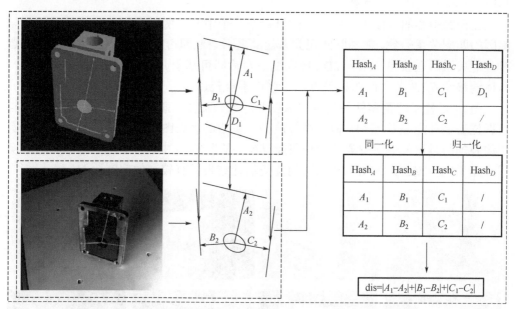

图 6-34　　SDM 描述子构建与距离计算

真实图像中的二维交点计算完成后，一组 2D-3D 点对就计算完毕。2D-3D 点对的准确度直接影响到位姿估计结果的准确度，3D 点是由 CAD 中的坐标信息计算得到，所以不存在误差，而 2D 点由真实图像中通过特征提取获得到的特征计算而来，所以需要尽量减小误差。在特征提取过程中提取到的直线存在着不可避免的像素误差，在求取二维交点的过程随着直线的延长，误差会被放大，且延长得越长，误差越大。因此对于在真实图像中相距较远的直线，即使它们存在三维交点，也不应该对其进行二维求交运算。假设模板图像中 L_i 和 L_j 在真实图像中的匹配直线分别为 L_k 和 L_g，$P_5(x_k^b, y_k^b)$ 和 $P_6(x_k^e, y_k^e)$ 分别为 L_k 的起点和终点，$P_7(x_g^b, y_g^b)$ 和 $P_8(x_g^e, y_g^e)$ 分别为 L_g 的起点和终点。为了保证 2D 点的准确性，这里舍弃不满足下式的直线对，不进行二维求交运算：

$$\sqrt{(x_k^b - x_k^e)^2 + (y_k^b - y_k^e)^2} + \sqrt{(x_g^b - x_g^e)^2 + (y_g^b - y_g^e)^2} > \\ \sqrt{[(x_k^b + x_k^e) + (x_g^b + x_g^e)]^2 + [(y_k^b + y_k^e) - (y_g^b + y_g^e)]^2}$$

$$(6\text{-}58)$$

对于满足上式的直线，根据下式进行 2D 交点的计算：

$$\begin{cases} x = x_k^b + \tau(x_k^e - x_k^b) = x_g^b + \mu(x_g^e - x_g^b) \\ y = y_k^b + \tau(y_k^e - y_k^b) = y_g^b + \mu(y_g^e - y_g^b) \end{cases} \tag{6-59}$$

其中，τ 和 μ 是待求的参数。

　　在椭圆中心的匹配上，由于椭圆只存在一个中心，所以椭圆中心的匹配关系与椭圆的匹配关系一致，在椭圆匹配关系建立之后自然即可获得椭圆中心的 2D-3D 点对匹配关系。在获得一系列 2D-3D 匹配点对后即可基于 EPnP 算法进行位姿估计，具体请参考 6.1.3 节里面的相关内容，这里不再赘述。

　　图 6-35 显示的是零件的真实图像以及渲染叠加图，渲染叠加图是由真实图像与根据位姿估计结果对 CAD 模型进行渲染而生成的渲染图叠加而成，渲染图与真实图像叠加得越严密说明位姿估计结果越准确，从图 6-35 中可以看出，渲染图与真实图像几乎完全重合，说明本节方法的位姿估计结果具有较高的精度。

图 6-35　位姿估计结果示例（见彩图）

6.2.3　位姿估计实验

　　低纹理反光零件位姿估计实验的两个主要指标是精度和鲁棒性。实验所用 CMOS 相机分辨率为 640×480。在进行实验前，已经使用张正友标定法对相机参数进行了标定。本节使用与上一节相同的四个不同的具有无纹理反光特性的金属零件（连接片、电机座、定位块、滑块）作为实验对象，并对每个零件在 6 种不同位姿下拍摄了共 24 组照片。

　　为了评估方法的精度与鲁棒性，需要对测量结果的误差进行计算，因此首先需要获得零件位姿的基准值。本节中基准值的获取采用人工标记点的方式。首先在被测位姿的二维图像中选取出图像上可见的全部二维特征点，记录其二维坐标；然后在该零件的 CAD 模型中找到特征点对应的三维坐标，组成一系列特征点的 2D-3D 点对；最后，利用 EPnP 算法以及选取的 2D-3D 点对进行零件的位姿求解。

位姿可以使用 6 个物理量 (x,y,z,a,b,c) 进行表达，其中，x,y,z 表示的是物体坐标系和相机坐标系之间的位置关系，a,b,c 采用欧拉角的方式(a,b,c 分别对应绕 z 轴、y 轴、x 轴旋转的欧拉角)表示物体坐标系与相机坐标系之间的角度关系。本节具体的评价指标与 6.1.4 节相同，这里不再赘述。

我们将 CAD 模型按照计算得到的位姿进行渲染，再与原真实图像进行叠加，生成图 6-36～图 6-39。渲染模型与真实物体重叠越严密，说明位姿估计越准确。

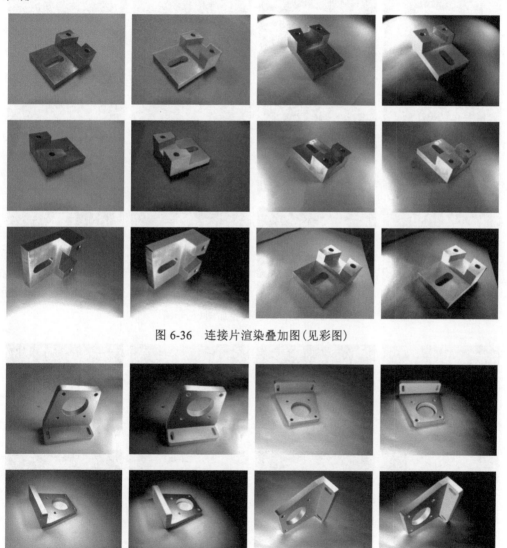

图 6-36　连接片渲染叠加图(见彩图)

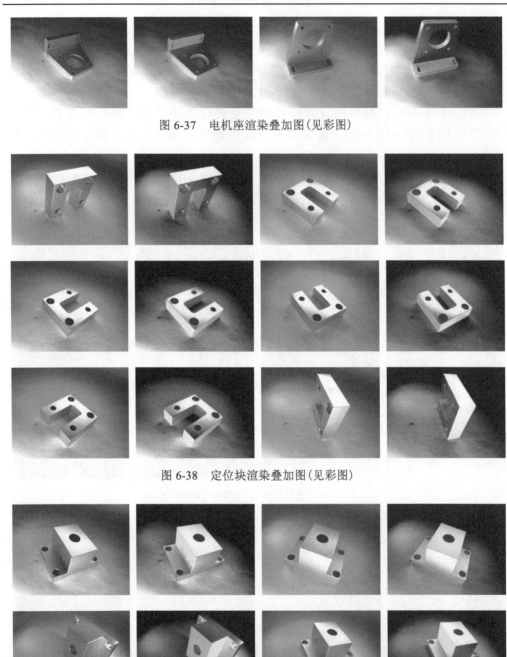

图 6-37　电机座渲染叠加图（见彩图）

图 6-38　定位块渲染叠加图（见彩图）

图 6-39　滑块渲染叠加图(见彩图)

　　为了对本节方法进行有效的评估，本节选择了 He 等[1](6.1 节的方法)、Zhang 等[10]、Sundermeyer 等[15]的三种算法进行了相同的实验，并将实验结果与本节方法的实验结果进行了比较，结果如下。表 6-4 中显示的是针对 4 个零件共 24 组实验的结果，实验中对测量结果的有效与否设定了阈值，当 Δ_{pos} 超过 15mm 或者 Δ_{rot} 超过 10° 时，该结果在工业上已经不具备实用价值，这种情况下，认为该结果属于无效结果，在表格中用"/"表示。

表 6-4　位姿估计结果对比

零件编号	位姿编号	本节方法		He[1]		Zhang[10]		Sundermeyer[15]	
		Δ_{pos} /mm	Δ_{rot} /(°)	Δ_{pos} /mm	Δ_{rot} /(°)	Δ_{pos} /mm	Δ_{rot} /(°)	Δ_{pos} /mm	Δ_{rot} /(°)
1	1	1.35	0.55	/	/	/	/	/	/
	2	2.16	0.76	3.19	1.00	/	/	/	/
	3	1.33	0.33	3.74	1.39	7.37	2.72	/	8.85
	4	1.38	0.39	2.15	0.57	/	/	/	/
	5	1.44	0.27	2.23	0.53	/	/	/	/
	6	0.88	0.42	1.66	0.47	2.30	0.63	/	/
2	1	1.02	0.48	2.63	0.82	/	/	/	6.19
	2	1.70	0.19	2.96	0.62	/	/	/	/
	3	1.08	0.22	/	/	/	/	/	9.24
	4	2.65	1.01	5.27	1.05	/	/	11.81	5.10
	5	1.48	0.41	4.66	0.46	/	/	/	/
	6	3.00	0.78	/	/	/	/	/	6.74
3	1	1.07	0.31	3.62	1.04	5.08	1.29	/	/
	2	1.31	0.44	5.23	1.74	/	/	/	/
	3	3.60	1.76	8.15	2.66	/	/	6.52	4.79
	4	2.19	0.80	/	/	/	/	/	/
	5	0.33	0.17	/	/	/	/	8.09	1.84
	6	0.92	0.34	1.95	0.55	5.34	0.77	/	/

续表

零件编号	位姿编号	本节方法		He[1]		Zhang[10]		Sundermeyer[15]	
		Δ_{pos} /mm	Δ_{rot} /(°)	Δ_{pos} /mm	Δ_{rot} /(°)	Δ_{pos} /mm	Δ_{rot} /(°)	Δ_{pos} /mm	Δ_{rot} /(°)
4	1	0.88	0.26	1.71	0.31	4.86	0.60	11.49	3.20
	2	1.94	0.29	4.33	1.10	/	/	12.05	2.72
	3	0.88	0.30	2.74	0.73	/	/	/	6.09
	4	1.87	0.40	2.31	1.18	/	/	/	/
	5	1.27	0.31	2.42	0.47	/	/	13.52	3.43
	6	0.30	0.05	2.39	0.57	/	/	3.96	0.84

　　表 6-5 中显示的是每种方法对每个零件的 6 个位姿的平均值。表 6-6 中显示的是 24 组实验中错误结果的数量。

表 6-5　位姿估计平均误差对比

零件编号	本节方法		He[1]		Zhang[10]		Sundermeyer[15]	
	Δ_{pos}/mm	Δ_{rot}/(°)	Δ_{pos}/mm	Δ_{rot}/(°)	Δ_{pos}/mm	Δ_{rot}/(°)	Δ_{pos}/mm	Δ_{rot}/(°)
1	1.42	0.46	2.31	0.79	4.84	1.67	/	8.85
2	1.82	0.46	3.88	0.74	/	/	11.81	6.82
3	1.57	0.64	4.74	1.50	5.21	1.03	7.31	3.32
4	1.19	0.27	2.65	0.73	4.86	0.60	10.26	3.26
平均值	1.50	0.46	3.40	0.94	4.97	1.10	9.79	5.56

表 6-6　位姿估计错误结果数量统计

	本节方法	He[1]	Zhang[10]	Sundermeyer[15]
错误结果数量	0	5	19	17

　　除了数据的对比之外，为了更加直观地显示位姿估计的结果，还根据对比算法的结果制作了渲染叠加图，图 6-40 显示了 8 组实验（每个零件 2 组）的渲染叠加图。

　　我们基于精度和鲁棒性两个指标来评估提出的方法。从表 6-4、表 6-5 和图 6-40 中可以看出，本节方法的精度明显高于其他三种对比方法。本节方法的平均位移误差为 1.50mm，平均角度误差为 0.46°。90% 以上的测量结果位移误差在 2mm 以内，角度误差在 1° 以内。He[1]（6.1 节方法）的方法结果稍差，这是由于其方法中使用的是真实几何特征点——物体直线边缘上的端点，而直线提取可能会被光照、物体形状等因素所影响，当直线没有被提取完整时，其端点的位置就会出现偏差，从而导致测量结果产生误差。在实验结果中可以发现，He[1] 的方法在第 2、3 个零件上的测量结果相比于零件 1、4 要较差一些，这是因为零件 2、零件 3 上存在圆角，圆角对于直线提取的完整性产生的不利影响，从而导致 2D 点的提取出现了误差，最终导

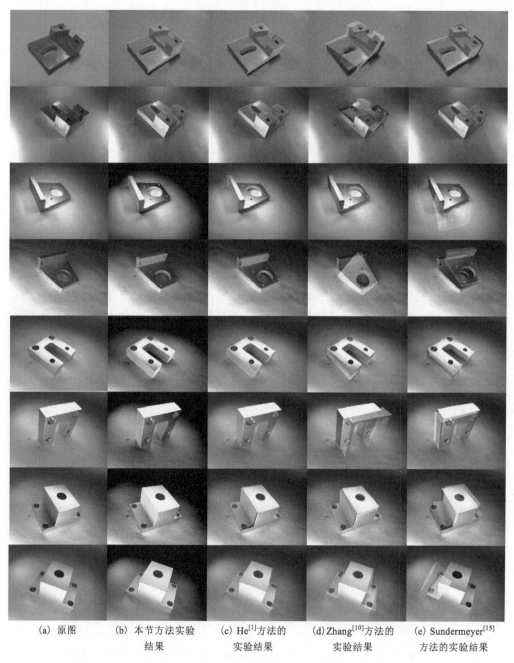

| (a) 原图 | (b) 本节方法实验
结果 | (c) He[1]方法的
实验结果 | (d)Zhang[10]方法的
实验结果 | (e) Sundermeyer[15]
方法的实验结果 |

图 6-40　对比实验渲染叠加图(见彩图)

致了测量结果的误差。Zhang 和 Sundermeyer 的实验结果相对较差。Zhang 提出的方法中，需要先对物体的轮廓进行提取，再提取轮廓的 ORB 特征点并与模板图像中轮廓的 ORB 特征点进行匹配。但是由于在某些角度下物体位姿的微小变化可能导致轮廓的较大变化，因此在真实图像与模板图像的位姿有较大差异时，可能会导致轮廓 ORB 特征差距很大无法进行匹配。而且在 Zhang 的论文中的实验图像为卫星，背景为接近纯黑色的宇宙背景，这种情况下轮廓的提取是较为准确的。但本节实验图片中，前景物体较难分割，这会导致物体轮廓提取，ORB 特征点计算出现较大误差从而导致位姿估计出现较大误差。Sundermeyer 提出的方法是一种基于自编码器的深度学习的方法，在训练过程中需要将真实图像通过自编码器编码至隐空间，而真实图像中物体位姿较小的变化在隐空间中可能会产生比较大的变化，所以在位姿估计过程中可能会出现测量结果错误的情况。而且，在模板覆盖率有限的情况下，如果真实图像的位姿没有出现在模板库中，同样可能会导致误差的产生。

表 6-6 中展示了四种方法在本次实验中有效结果的数量，可以看出本节方法的无效结果数量为 0，而 Zhang 的方法无效结果为 19，Sundermeyer 的方法无效结果为 17，这是由于真实图像中总会包含许多由于光照、阴影等带来的干扰，这些方法在处理这些干扰时有效性会受到比较严重的影响。Zhang 的方法是基于物体轮廓进行的位姿估计，但是对于金属零件，既可能产生表面反光，又会出现阴影，所以轮廓的提取很有可能出现错误而导致结果出错。对于 Sundermeyer 方法，由于其是基于深度学习的方法，需要大量标定数据进行训练，而对于物体位姿的标定较为烦琐，标定足够进行训练的数据集需要很长时间。由于 CAD 模板图像生成速度快，且不需要标定，所以有很多深度学习的方法在实现中都采用 CAD 模板图像进行训练，本节对于 Sundermeyer 的复现也是如此。但对于无纹理零件来说，物体的低层特征特别少，只有点、线、面，而真实图像和 CAD 模板图像的高层特征又完全不一样。所以对于无纹理物体且只能用 CAD 模板数据集进行训练的场景（如被测物体需要经常更换，需要对新物体在短时间内给出测量结果，时间、人力成本不足等情况），使用真实图像进行位姿估计测量结果是比较差的。

参 考 文 献

[1]　He Z X, Jiang Z W, Zhao X Y, et al. Sparse template-based 6D pose estimation of metal parts using a monocular camera[J]. IEEE Transactions on Industrial Electronics, 2020, 67(1): 390-401.

[2]　He Z X, Feng W X, Zhao X Y, et al. 6D pose measurement of metal parts based on virtual geometric feature point matching[J]. Measurement Science and Technology, 2021, 32(12): 125210.

[3]　Duda R O, Hart P E. Use of the Hough transformation to detect lines and curves in pictures[J]. Communications of the ACM, 1972, 15(1): 11-15.

[4]　Von Gioi R G, Jakubowicz J, Morel J M, et al. LSD: A line segment detector[J]. Image Processing On Line, 2012, 2: 35-55.

[5]　Tombari F, Franchi A, Di Stefano L. BOLD features to detect texture-less objects[C]// Proceedings of the IEEE International Conference on Computer Vision, 2013: 1265-1272.

[6]　Leutenegger S, Chli M, Siegwart R Y. BRISK: Binary robust invariant scalable keypoints[C]// 2011 IEEE International Conference on Computer Vision. IEEE, 2011: 2548-2555.

[7]　Rublee E, Rabaud V, Konolige K, et al. ORB: An efficient alternative to SIFT or SURF[C]// 2011 IEEE International Conference on Computer Vision. IEEE, 2011: 2564-2571.

[8]　Gonzalez R C, Woods R E. 数字图像处理[M]. 阮秋琦译. 第三版. 北京: 电子工业出版社, 2011.

[9]　Fischler M A, Bolles R C. Random sample consensus: A paradigm for model fitting with applications to image analysis and automated cartography[J]. Communications of the ACM, 1981, 24(6): 381-395.

[10]　Zhang X, Jiang Z, Zhang H, et al. Vision-based pose estimation for textureless space objects by contour points matching[J]. IEEE Transactions on Aerospace and Electronic Systems, 2018.

[11]　Ren X, Jiang L, Tang X, et al. Single-image 3D pose estimation for texture-less object via symmetric prior[J]. IEICE Transactions on Information and Systems, 2018, 101(7): 1972-1975.

[12]　Ye C, Li K, Jia L, et al. Fast hierarchical template matching strategy for real-time pose estimation of texture-less objects[C]//International Conference on Intelligent Robotics and Applications. Cham: Springer, 2016: 225-236.

[13]　Ulrich M, Wiedemann C, Steger C. Combining scale-space and similarity-based aspect graphs for fast 3D object recognition[J]. IEEE Transactions On Pattern Analysis And Machine Intelligence, 2012, 34(10): 1902-1914.

[14]　Hinterstoisser S, Cagniart C, Ilic S, et al. Gradient response maps for real-time detection of textureless objects[J]. IEEE Transactions on Pattern Analysis and Machine Intelligence, 2012, 34(5): 876-888.

[15]　Sundermeyer M, Marton Z-C, Durner M, et al. Implicit 3D orientation learning for 6D object detection from RGB images[C]//European Conference on Computer Vision, 2018: 712-729.

第7章　基于生成式观察空间的
反光低纹理物体 6D 位姿估计

近年来，深度学习已经成为位姿估计的主流方法之一，但现有深度学习方法具有两大特点：一是多为判别式方法，即将位姿估计问题作为一个判别式机器学习问题；二是采用一般的图像处理或机器视觉流程，即从图像中提取特征，再用特征进行位姿计算的流程。对于普通物体，现有深度学习方法已经取得了较好的位姿估计效果，如第 4 章中的两种深度学习方法，已经可以实现较高鲁棒性与精度的低纹理目标位姿估计，但仍难以处理低纹理且反光物体的位姿估计问题。这是由于低维纹理、表面粗糙不反光的物体不存在显性纹理，很难从其表面的图像中提取可靠的图像特征点，但实质上仍然存在隐性纹理，这种隐性纹理可以被深度学习所利用从而实现鲁棒与精确的位姿估计。而对于反光表面，这种隐性纹理不复存在，或者说容易被表面的反光所掩盖，因此现有的深度学习位姿估计方法也很难处理这种物体。

针对这一现状，本章提出了与现有深度学习方法不同的生成式"特征-图像"位姿估计方法[1]。本章首先提出了生成式观察空间的概念，生成式观察空间是一种深度生成网络模型，实现了从特征到图像的观察空间泛化性，以及从图像到特征的反向传播可微性。"特征-图像"方法基于生成式观察空间的可微性，利用面向输入参数的反向传播算法，规避了贝叶斯估计中"遍历特征空间"的穷举操作，将模式识别问题转化为基于优化过程的回归问题，在有限迭代步骤内实现了对特征的优化检索。基于该框架的 6D 位姿估计方法[1]突破了生成模型在模式识别领域的技术限制，实现了面向反光低纹理目标全局几何特征的精确回归。但是由于该方法在训练时将目标放置在图像的中心，而在实际应用场景中，尤其是多目标场景中，目标物体可能并不处于物体的中心，算法将目标分割出来后仍然当作其在中心进行位姿估计，这就存在透视投影引起的位姿估计误差。当然，这一做法是所有现有方法的处理方式，因此这一误差同样存在于其他方法中。针对这一问题，7.4 节在"特征-图像"的生成式位姿估计框架下，提出了新的方法[2]，以解决这一问题。在文献[2]中，不但解决了透视误差的问题，还解决了离散替代误差，即由离散字典带来的量化误差的问题，关于这一方面的内容以及更加全面的实验结果，请参考文献[2]。在 7.4 节中，仅介绍透视误差问题及相应的解决方法。

7.1　观察空间——机器人视觉系统的构型空间

机械系统和视觉系统是智能机器人的两大重要组成部分，通过机械系统和视觉系统的协同操作，机器人能够处理和解决复杂的任务[3]。传统的机器人学的三大空间概念[4,5]，是为了解决机械系统运动学的相关问题，探究机器人的"运动范围"。与机械系统相对应的视觉系统，负责机器人的对外感知。然而对于视觉系统的"观察范围"，却成为相关研究的缺失一环。

本节借鉴传统机器人学的三大空间概念，提出了作为补充的"观察空间"概念。观察空间通过构建观察对象的有效位姿构型空间，为描述机器人视觉系统的"观察范围"提供了相关的数学定义及方法，是本章后续方法的理论基础之一。

7.1.1　观察空间的定义

1. 刚体的自由度

传统工业机器人（臂）普遍采用链式机器人的结构，由连杆（link）和关节（joint）的基础机械单元组成：连杆连接关节，关节再连接其他连杆，形成关节-连杆-关节-…末端执行器（end effector）的串联链式结构[6]。由于连杆是空间刚体，如果已知刚体的形状，就可以通过刚体与世界坐标系的位姿变换关系，描述刚体每一个点的位置，从而描述机器人总体的空间姿态。这是机器人运动学描述机器人位姿及运动过程的理论基础。

如图 7-1 (a) 所示，刚体中任意不共线的三点 A、B、C 可以唯一确定刚体的空间位姿。假设这三点可置于空间中的任意位置，它们的坐标就拥有了三个自由度 (x_A, y_A, z_A)、(x_B, y_B, z_B)、(x_C, y_C, z_C)。但是作为刚体中的三个点，它们必须满足相互之间的空间关系：

$$\begin{aligned}
d(A,B) &= \sqrt{(x_A - x_B)^2 + (y_A - y_B)^2 + (z_A - z_B)^2} \\
d(B,C) &= \sqrt{(x_B - x_C)^2 + (y_B - y_C)^2 + (z_B - z_C)^2} \\
d(A,C) &= \sqrt{(x_A - x_C)^2 + (y_A - y_C)^2 + (z_A - z_C)^2}
\end{aligned} \tag{7-1}$$

式 (7-1) 即任意两点之间的距离约束。如图 7-1 (b) 所示，假设 A 点的坐标是自由的，那么 B 点只能选择出现在以 A 点为球心，半径为 $d(A,B)$ 的球面上，因此 B 点只有两个自由度 α, β（球坐标系的仰角和方位角）。同理，C 点只能选择出现在以 A 点为球心、$d(A,C)$ 为半径的球体，与 B 点为球心、$d(B,C)$ 为半径的球体相交的圆形上，因此 C 点只有一个自由度 γ（极坐标系的极角），$d(A,B)$、$d(A,C)$、$d(B,C)$ 可简记为 d_{AB}、d_{AC}、d_{BC}。

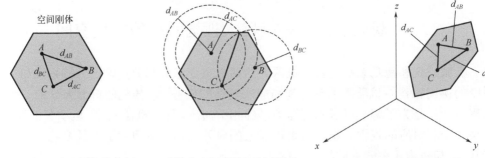

(a) 任意不共线三点确定的刚体位姿　　(b) 刚体上三点之间的相对空间关系　　(c) 刚体的位姿变换不改变刚体
上任意两点的相对空间关系

图 7-1　刚体空间自由度示意图

由此可见，确定一个刚体的空间位姿只需要六个变量。如图 7-1(c) 所示，刚体的位姿变化不改变刚体上任意两点的相对空间关系。由此引申出刚体自由度(DoF)的概念——描述刚体的空间位置所需要的最少的变量个数，其计算公式如下：

$$\text{DoF} = N_v - N_e \tag{7-2}$$

式中，N_v 表示描述系统的变量个数(在三维空间中 N_v=9)，N_e 表示约束变量的独立方程个数(在三维空间中 N_e=3)。三维空间中可以任意摆放位姿的刚体都具有 6 个自由度。这一类刚体统称为空间自由刚体(spatial free rigid body)。在工业场景中，机械臂的操作对象一般就属于这一类刚体。

2. 传统机器人学的三大空间

在机器人学中，刚体的自由度引申出以下概念。

构型(configuration)：对机器人实体上的每一个点的位置的完备描述。

机器人自由度(robotic degree of freedom)：描述机器人构型的必要最少实数域坐标系数量。

C 空间(configuration space，C-Space)：n 维(机器人自由度)空间中包含了机器人所有可能构型的集合。

机器人的任何位姿都可描述为 C 空间中的一个点。C 空间的表示方法可以由多个低维空间集合的笛卡尔积表示。例如，自由刚体的 C 空间可以由空间位置 $x,y,z \in \mathbb{R}^3$ 及三维转向 α，β，$\gamma \in \mathbb{R}^3$ 来描述。因此自由刚体的 C 空间($\mathbb{R}^3 \times \mathbb{R}^3$)拥有 6 个维度。机器人是由连接关节但失去部分自由度的连杆所组成的刚体系统。通过 Grübler's formula 公式[7]可以计算机器人的总体自由度：

$$\text{DoF} = m(N-1-J) + \sum_{i=1}^{J} f_i \tag{7-3}$$

m 代表连杆的数量，N 代表连杆的自由度，J 代表连接连杆的关节，f_i 代表每种关节的约束类型。

工业中常见的机械臂机器人往往拥有 6 个自由度，是为了使机械臂可以应对操作对象（同样也拥有 6 自由度）的各种位姿。由此引申出三大空间中的另外两大空间的概念。

任务空间（task space）：应对操作对象的末端执行器的所有可能构型的集合。

操作空间（work space）：末端执行器的所有可能执行的构型的集合。

需要注意的是，任务空间是由操作对象和任务的内容决定的，与机械臂无关。如图 7-2(a)所示，在机械臂抓取零件的任务场景中，任务空间不一定与操作空间完全重合。

C 空间、任务空间和操作空间统称为传统机器人学三大空间。

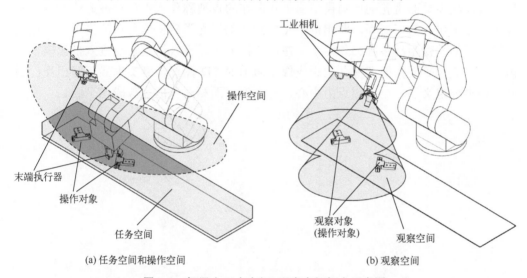

(a) 任务空间和操作空间　　　　　　　　　　(b) 观察空间

图 7-2　机器人三大空间+观察空间概念示意图

3. 第四种空间——"观察空间"

传统机器人的三大空间研究的是如何描述机械系统的"运动范围"。为了顺利地完成任务，机器人需要其机械系统与视觉系统的协同配合。在参考了传统机器人学的相关概念后，本章提出了机器人的"观察空间"概念，描述了视觉系统的"观察范围"。

"观察"是机器人视觉系统的基本操作。机器人在执行自身以外操作对象的相关任务之前，需要预先通过视觉系统获取操作对象的实时状态，以及自身与操作对象之间的相对空间关系。区别于机械系统的操作，观察操作往往是被动的，仅接收信息而不改变自身或操作对象的状态。基于观察结果，机器人才能继续通过智能系统控制机械操作。这便是机器人普遍遵循的"观察-规划-操作"的三步循环工作流程。

如图 7-2(b)所示,在确定工业相机参数的情况下,视觉系统能否检测到操作对象,完全取决于相机的位姿以及操作对象的位姿。因此,参照任务空间和操作空间的概念,本章提出"观察空间"的定义。

观察空间(observation space):观察对象能被视觉系统检测到的所有可能构型的集合。

7.1.2　观察空间的界定与估计方法

1. 透视投影模型的成像原理

透视投影模型是视觉系统的成像原理模型,如图 7-3 所示。在透视投影模型中,相机被简化为单面带孔的黑箱模型。小孔所在的点被称作焦点(principe points)。成像平面处于焦点的正对面,即相机中 CCD/CMOS 光学感应器所在的位置。焦点到成像平面的垂直距离被称为焦距 f。在现实世界中,光线通过焦点进入投影模型的内部,向成像平面投射图像。由于成像平面上的 2D 图像与真实世界正好相反,因此在模型外定义了一个以焦点为中心、与成像平面相对称的虚拟成像平面。

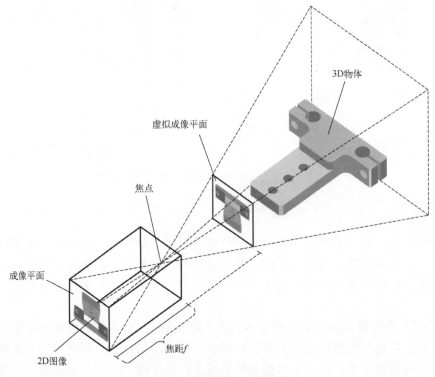

图 7-3　透视投影成像模型

透视投影模型的成像原理，是将三维空间中的任意一点 (U,V,W) 通过以下透视投影变换公式转换为虚拟成像平面上的二维点 (u,v)：

$$s\begin{bmatrix} u \\ v \\ 1 \end{bmatrix} = \underbrace{\begin{bmatrix} f_x & 0 & c_x \\ 0 & f_y & c_y \\ 0 & 0 & 1 \end{bmatrix}}_{\text{相机内参}} \underbrace{[\boldsymbol{R}_{3\times3} \mid \boldsymbol{t}_{3\times1}]}_{\text{相机外参}} \begin{bmatrix} U \\ V \\ W \\ 1 \end{bmatrix} \tag{7-4}$$

其中，相机内参是固定的机械参数，相机外参描述了观察物体与相机之间的相对空间关系。目标物体的 2D 投影是观察物体表面的每一个 3D 点通过式(7-4)转化的 2D 点的集合。但是在实际的观察场景中，并不是所有的投影都是"有效"的。如图 7-4 所示，有两个物理因素限制了相机的"观察"能力。

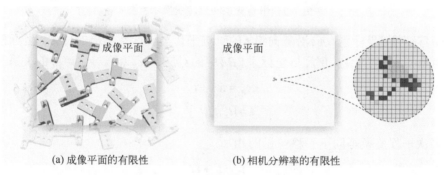

(a) 成像平面的有限性　　　　　　　(b) 相机分辨率的有限性

图 7-4　相机观察能力的局限性

(1)成像平面的有限性：在真实的相机中，成像平面是 CCD/CMOS 所在的有限平面，只有当投影落在 CCD/CMOS 所在的区域（像素平面）内，才有可能捕捉其信号。因此必然会出现投影部分或全部落在像素平面之外的情况，如图 7-4(a) 所示。

(2)相机分辨率的有限性：在真实的相机中，图像是光学信号被 CCD/CMOS 中的感光元件转化成的二维矩阵。无论相机的分辨率如何精密，当物体距离相机太远的时候，必然会出现成像因像素过少而无法分辨的情况，如图 7-4(b) 所示。

任何视觉系统都存在上述观察局限性。因此，观察空间等价于无效投影在所有投影集合中的补集。

2. "极小包围膜"——观察边界的判断工具

在机器人运动学中，相对坐标系描述了刚体与世界之间的相对位置变换，包括平移变换 $\boldsymbol{t}_{3\times1}$ 和旋转变换 $\boldsymbol{R}_{3\times3}$。$[\boldsymbol{R}_{3\times3} \mid \boldsymbol{t}_{3\times1}]$ 即透视投影变换公式中的相机外参。如

图 7-5 所示，它们描述了任意坐标系 $\{B\}$ 如何从另一坐标系 $\{A\}$ 通过相对运动变换而来。

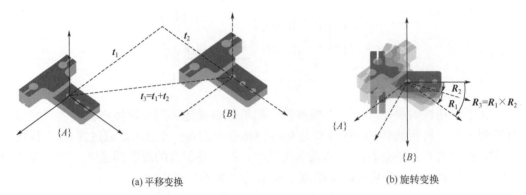

(a) 平移变换　　　　　　　　　　　　　　　　(b) 旋转变换

图 7-5　平移变换和旋转变换示意图

平移变换：坐标系 $\{A\}$ 沿着向量 t 的轨迹平移至坐标系 $\{B\}$ 的位置。坐标系 $\{A\}$ 的任意一点 $x_A (U_A,V_A,W_A)$ 与坐标系 $\{B\}$ 中的对应点 $x_B (U_B,V_B,W_B)$ 的关系为

$$x_B = x_A + t$$
$$t = [t_x,t_y,t_z]^{\mathrm{T}} \tag{7-5}$$

多次平移变换等同于平移向量的相加：

$$t_3 = t_1 + t_2 \tag{7-6}$$

旋转变换：坐标系 $\{A\}$ 围绕自身 XYZ 轴旋转至坐标系 $\{B\}$。围绕 XYZ 轴旋转的角度被定义为 a,b,g。坐标系 $\{A\}$ 的任意一点 x_A 与坐标系 $\{B\}$ 中的对应点 x_B 的关系为

$$x_B = R(a,b,g)x_A \tag{7-7}$$

$$R(a,b,g)$$
$$= \begin{bmatrix} \cos a\cos g - \cos b\cos a\sin g & -\cos b\cos g\sin a - \cos a\sin g & \sin a\sin b \\ \cos g\sin a + \cos a\cos b\sin g & \cos a\cos b\cos g - \sin a\sin g & -\cos a\sin b \\ \sin b\sin g & \cos g\sin b & \cos b \end{bmatrix} \tag{7-8}$$

$R(a,b,g)$ 即旋转矩阵，多次旋转变换等同于旋转矩阵的相乘：

$$R_3 = R_1 \times R_2 \tag{7-9}$$

平移 t 和旋转 R 的共同作用等价于齐次变换矩阵：

$$\begin{bmatrix} x_B \\ 1 \end{bmatrix} = \begin{bmatrix} R_{3\times3} & t_{3\times1} \\ 0 & 1 \end{bmatrix} \begin{bmatrix} x_A \\ 1 \end{bmatrix} \tag{7-10}$$

根据透视投影变换公式，定义某一投影属于"有效投影"的充分必要条件：物体 O 的任意一点 (U,V,W)，其二维投影 (u,v) 都必须满足式(7-11)：

$$x_1 \leqslant u \leqslant x_2, \quad y_1 \leqslant v \leqslant y_2, \quad \forall(U,V,W) \in O \tag{7-11}$$

x_1, x_2, y_1, y_2 代表成像平面的尺寸边界(左右上下)。对于任何连续的物体，无法实现遍历属于该物体的所有点并验证式(7-11)。因此，本章提出了一种具有计算可行性的判定方法——"极小包围膜"。

物体 O 的任意一点 A，如果存在经过它的另外两点 B 和 C 组成的直线 BC，并且 BC 上的任意点也都属于物体 O，那么 A 点就被认为是"判断冗余点"：

$$A \in O, \ \exists B, C \in O(A \neq B \neq C), \ A \in BC \land \forall P \in BC, \ P \in O \tag{7-12}$$

"极小包围膜"即所有符合上述条件的点在物体 O 中的补集。在验证投影有效性的过程中，仅需要验证极小包围膜中所有点的有效性就可以判断整个物体的投影有效性。

如图 7-6 所示，三维空间中的任意直线 BC，经过透视投影变换，在成像平面上的二维投影中依然是直线。这是由于透视投影变换(式(7-4))是一种射影变换，保证了直线的"平直性"。如果直线的两端(B, C 本身也可能是判断冗余点)都符合观察空间的有效性，那么整条直线都是有效的，因此直线中间的点也是有效的。故在判定投影整体有效性时，可排除对冗余点 A 的验证。

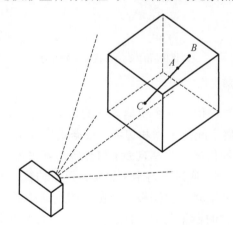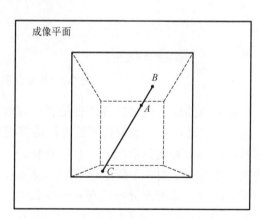

图 7-6　透视投影模型中直线的"平直性"特征

我们发现，当目标物体是类似 CAD 模型的网格模型时，极小包围膜必然是一个离散的点的集合。这是因为在一个网格定义的模型中，物体内部的任意点必然存在经过它的直线。因此，判断整体有效性只需要考虑其表面的点。在网格模型中，所有的表面都由三角面片组成。在"凸包问题"中，三角形是它的三个极点(extreme point)的凸组合(convex combination)[8]。这样，只需要验证三个顶点，就可以判断三角形的投影有效性。

3. 极小包围膜的优化及观察空间的边界估计

极小包围膜的意义在于通过具有计算可行性的离散点验证来判断整体观察有效性。对于 CAD 模型，还可以通过三维凸包的方式进一步减少需要验证的点：对于极小包围膜 P，通过凸包问题的经典算法(礼物包裹算法[9]、增量算法[10]、快速凸包算法[11]、分而治之法[12]等)可获得包围它们的最小凸多面体 P' ($P' \subseteq P$)。验证属于 P' 的点，等价于对极小包围膜 P 的验证。该方案的原理在于，极小包围膜中不属于该凸面体的其他点(C_pP')是凸多面体的内部点，属于可排除验证其有效性的冗余点。最后，对于凸多面体 P' 还可以进行一次共线/面的检查,剔除其中的非极点。图 7-7 所示为一个极小包围膜优化实例。

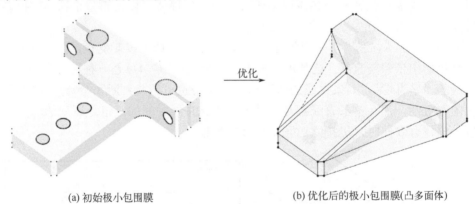

(a) 初始极小包围膜　　　　　　　　(b) 优化后的极小包围膜(凸多面体)

图 7-7　极小包围膜优化实例

极小包围膜为判定任意位姿是否"有效"提供了一个快速计算的方法。基于该工具，可以通过蒙特卡罗模拟的方法估算观察空间的范围和边界。根据式(7-4)，在相机内部参数确定的情况下，目标物体的二维投影由平移向量 t 和旋转矩阵 R 唯一确定。此两项受到 6 个变量(t_x, t_y, t_z, a, b, g)控制。通过蒙特卡罗模拟，可以估算这 6 个变量的取值范围及分布：在 6 个变量中随机采样，根据极小包围膜的判断结果，将有效的投影标记为 $X = \{ x_1, x_2, \cdots, x_n \}$，无效的标记为 $\bar{X} = \{ \bar{x}_1, \bar{x}_2, \cdots, \bar{x}_n \}$。如图 7-8 所示，假设位姿变量是均匀分布的，通过极大似然估计便可推测观察空间中位姿的构型空间范围。

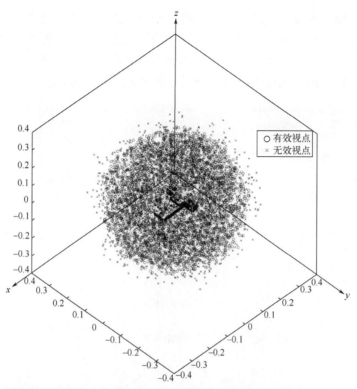

图 7-8　观察空间的蒙特卡罗模拟(产生有效/无效投影的相机位置分布，单位为 m)

7.1.3　观察空间的工业场景应用

1. 视觉系统在机械臂抓取中的任务场景

机器人的视觉系统在机械臂的抓取操作中，存在两种比较常见的任务场景，如图 7-9 所示。在单目标场景中，相机的视野里只有一个目标物体，图像的背景较为简单。在多目标场景下，相机的视野里存在多个目标物体(不同种类)，而且往往堆叠在一起，增加了识别的难度。

无论何种场景下，机器人都在循环着"观察-规划-操作"的基本步骤。在单目标场景下，某些任务不需要安排目标检测，因为零件的类别往往是已知的。在每一轮的操作中，由于零件和相机的位姿发生变化，视觉系统每次都需要对目标物体进行位姿估计。在多目标堆叠的场景中，视觉系统首先需要确定视野里不同目标的种类，再估计与目标零件之间的相对位姿(目标检测+位姿估计)。

2. 视觉任务中的观察空间类型

观察空间是操作对象能被相机检测到的所有可能的位姿构型的集合。每一种构型都对应了一幅二维投影图像。观察空间是一个 6 维空间中的流形，只能通过采样的方式对其进行观察。观察空间样本为本章的相关算法提供了深度学习模型所需的训练集。根据采样图像的类型，可以将其分为观测场景和预测场景。观测场景的图像是通过相机实际拍摄的图像，预测场景的图像是通过计算机渲染的虚拟图像。

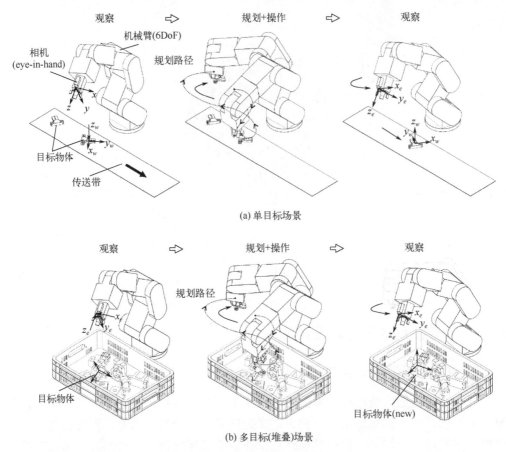

(a) 单目标场景

(b) 多目标(堆叠)场景

图 7-9　视觉系统的两种应用场景

　　观测场景描述了检测场景中目标物体的真实状态，体现了环境、光照、噪音等因素的影响。对于反光物体来说，表面的反光和倒影现象会随着环境变化产生强烈的波动(对环境变化的敏感性)，只有通过现场的拍摄才能够精确捕捉它们的状态。由于观测场景往往就是实际的检测场景，观测场景的样本对于机器视觉的相关应用具有更高的参考价值。但是，观测场景获取图像的成本太高，存在获得完备样本的困难性。基于这个因素，观测场景适用于精度要求较低的视觉应用，如目标检测。

　　与观测场景不同，预测场景可以获得不限数量的样本图像，所以预测场景适用于精度要求较高的视觉应用,如 6D 位姿估计。在一个"目标检测+位姿估计"的复杂场景视觉检测过程中,可以先使用基于观测场景的目标检测算法获取目标的位置和类别,再使用基于预测场景的位姿估计算法来估计目标的 6D 位姿。

3. eye-in-hand 视觉系统的观察空间

机械臂机器人的视觉系统,可以根据相机的安装位置将其分为眼在手上(eye-in-hand[13])和眼在手外(eye-to-hand)两种类型[14],如图 7-10 所示。eye-in-hand 的相机被固定在机械臂上,随机械臂而运动;eye-to-hand 的相机固定在机器人的附近,与世界坐标系保持相对静止。

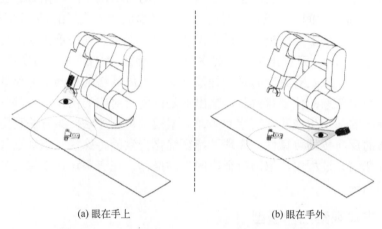

(a) 眼在手上　　　　　　　　　　(b) 眼在手外

图 7-10　由相机安装方式决定的两种视觉系统类型

在工业生产中,eye-in-hand 视觉系统的应用更加广泛。这是由于 eye-in-hand 的相机可以随着末端执行器而运动,因此相机的动态观察范围也随着操作空间获得了拓展。但是,在工业场景中,相机在对目标进行观察的瞬间,其静态观察范围并没有发生变化。相机的动态观察范围虽然得到了扩展,但是作为解空间的观察空间,依然是先验的集合。因此 eye-in-hand 系统的解空间并没有因为机械臂的连带运动获得拓展。对于具有 6 自由度的目标物体来说,它们与相机之间的相对位姿关系依然属于 SE(3)欧式群中的元素。eye-in-hand 视觉系统的估计位姿,是操作空间与观察空间的联立求解(末端执行器位姿和目标位姿)。

7.2　生成式观察空间与"特征–图像"模式识别方法

在机器视觉领域的模式识别技术(如目标检测和 6D 位姿估计)中,传统的主流方法可以归纳为"图像–特征"架构类型的方法。该方法的工作流程为:从图像中提取特征,再根据特征进行识别。在机器学习领域,"图像–特征"类型的方法属于判别式模型的范畴。这类模型的训练或识别过程中，模型的输入端接收训练集或测试集中的图像，输出端是图像对应的属性。

生成模型是与判别式模型相对应的机器学习模型。其特点在于和判别式模型"相反"的输入输出机制。在生成模型的生成过程中，模型的输入端接收从先验分布中随机产生的特征向量，输出端是这些特征对应的图像。基于该原因，生成模型较少应用于解决模式识别的问题。

另一个重要的原因也限制了生成模型在模式识别领域的应用：生成模型为了实现模式识别的功能，必须基于贝叶斯估计进行改造。但是，其中必要的"遍历特征空间"环节，在某些模式识别问题中是难以实现的穷举操作，如在 6D 位姿估计的问题中，"遍历特征空间"要求算法对所有的位姿都进行一次匹配（贝叶斯估计）。这是该技术路线——基于生成模型的模式识别方法，不受重视的重要原因之一。

针对上述问题，本章提出生成式观察空间+"特征-图像"方法的模式识别框架，并实现了突破。生成式观察空间是一种基于深度生成网络的机器学习模型，其输入端是观察空间中任意的位姿（特征），输出端是位姿所对应的图像。"特征-图像"方法是本章提出的基于生成式观察空间的通用型模式识别方法。该方法利用了深度生成神经网络的反向传播可微性，实现了特征优化搜索的特殊模式识别过程。该过程规避了贝叶斯估计过程中"遍历特征空间"的操作，在有限迭代步骤内实现了对目标特征的回归求解。

7.2.1　生成式观察空间模型

1. 生成模型现状

生成模型（generative model）[15-17]是一类与判别式模型相对应的机器学习模型。判别式模型的流程是基于图像提取特征（"图像-特征"），生成模型的流程是基于特征生成图像（"特征-图像"）。从训练的过程看，判别式模型的训练需要样本 X 和标签 Y 的拟合，属于监督（discriminative）式的过程。生成模型往往只需要样本 X，属于自监督（self-discriminative）式的过程。

常见的生成模型包括隐马尔可夫模型（hidden Markov model，HMM）[18]、朴素贝叶斯模型[19]、高斯混合模型（Gaussian mixture model，GMM）[20]、线性判别分析（linear discriminant analysis，LDA）[21]、马尔可夫随机场[22]等。随着深度学习的发展，出现了基于深度神经网络的生成模型（deep generative models，DGMs）[23]，典型的代表是生成对抗神经网络（generative adversarial networks，GAN）[24,25]和变分自编码器（variational auto encoders，VAE）[26,27]等。

VAE 是基于自编码器（auto-encoder，AE）的双模型判别式结构（编码器+解码器）改造的神经网络[28]。VAE 通过变分推断的原理，输出关于隐参数的后验概率，将

AE 改造成生成模型的形式。

GAN 是基于强化学习原理的深度生成模型，通过两个独立的神经网络（生成器/判别器）彼此对抗的训练过程，达成"纳什均衡"的博弈状态[29]，使生成器获得了生成以假乱真虚拟图像的能力。

生成模型在图像领域的应用包括：①风格转换：StyleGAN[30]、StyleGAN2[31]、Cycle GAN[32]、Pix2Pix[33]、StarGAN[34]；②图像修复：PD-GAN[35]、Contextual Attention[36]；③数据增强：Mixup[6]、Cutout[37]、AugMix[38]；④超分辨率：Closed-loop Matters[39]、EventSR[40]、Pseudo-Supervision[41]、Correction filter[42]、Deep unfolding network[12]。

在模式识别领域的目标检测和位姿估计技术中，只有少量的相关应用，如 Pix2Pose[43]，仅仅使用生成模型实现了辅助性功能（修补缺失图像）。

2. 生成式观察空间的定义

从统计学习的角度，生成模型期望得到的是一个关于样本和标签的联合概率密度函数 $p(X,Y)$。与判别式模型不同，生成模型构建的理想模型是一个输入为标签（特征），输出为图像的映射函数：$f:Y \to X$。假设标签 Y 的分布 $p(Y)$ 是先验的，根据联合概率密度函数 $p(X,Y)$ 以及条件概率公式可知：

$$p(X|Y) = \frac{p(X,Y)}{p(Y)} \tag{7-13}$$

由于 $p(Y)$ 是先验的，可以从 $p(Y)$ 的分布中随机生成不属于采样样本的"新特征"Y'。根据式（7-13）的相关定义，模型会输出 Y' 所对应的"新图像"X'，即随机特征生成的随机样本。这些样本表现出与采样样本相似的属性，但又不属于它们，是生成模型实现的拓展数据。

基于以上理论，本章提出了"生成式观察空间"的模型概念：在深度生成网络模型中，将图像 X 的分布 $p(X)$ 定义为观察空间的全体图像，将特征 Y 的分布 $p(Y)$ 定义为观察空间的全体位姿，构建如图 7-11 所示的生成模型。

生成式观察空间具备以下性质。

①"特征-图像"的生成机制。与判别式模型正好相反的输入输出流程。

②观察空间泛化性。"特征-图像"的生成机制对特征空间中的任意特征都有效，包括训练样本中不存在的"新样本"。

③反向传播可微性。输出 X 是关于其输入 Y 的可微分函数模型。

第③点的反向传播可微性，是本章提出的"特征-图像"方法的重要前提。

3. 基于生成模型的贝叶斯估计

为了实现模式识别的功能，生成模型（生成式观察空间）必须经过贝叶斯公式的改造：

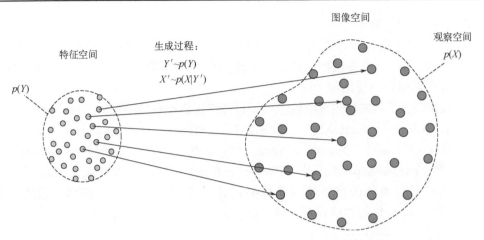

图 7-11　生成式观察空间的原理示意图

$$p(Y \mid X) = \frac{p(X \mid Y)p(Y)}{p(X)} \tag{7-14}$$

对于任意一对数据 (X, Y)，都可以通过式 (7-14) 判断 $p(Y \mid X)$ 在联合概率密度空间 $p(X, Y)$ 中存在的概率。因此对于任意的图像 X'，通过遍历所有的 Y，可以得到其中概率密度 $p(Y \mid X')$ 最大的样本：

$$Y^* = \arg\max_Y p(Y \mid X') = \arg\max_{Y'} \frac{p(X' \mid Y)p(Y)}{p(X')} \tag{7-15}$$

Y^* 即被认为是 X' 对应的正确标签。如图 7-12 所示，上述方法 (贝叶斯估计) 最重要的步骤是在特征空间中进行遍历，穷举其中的每一个特征 Y 所对应的后验概率 $p(Y \mid X)$，该过程被称作"遍历特征空间"。

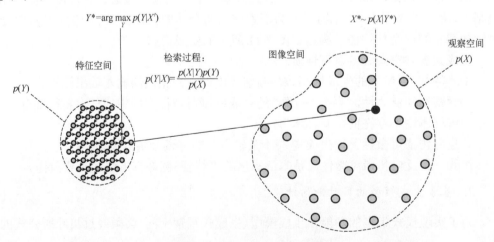

图 7-12　基于生成模型的贝叶斯估计 (遍历特征空间) 原理示意图

生成式观察空间通过拟合特征 Y 和图像 X 的先验分布 $p(X)$ 和 $p(Y)$，使其生成能力不仅覆盖了训练集的样本，也覆盖了样本中不存在但是属于该分布的"新样本"。因此，生成式观察空间涵盖了识别问题完整的解空间(零件的有效位姿)。在模式识别的问题中，生成式观察空间保证了求解必然来自先验答案的其中之一。然而，基于生成模型的模式识别方法存在以下难点：

①拟合 X 和 Y 的联合概率分布 $p(X,Y)$ 需要提供大量的观测样本。

②"遍历特征空间"的操作往往不具计算可行性。

尤其第②点，是目标检测和 6D 位姿估计领域较少使用生成模型的主要原因。本章提出的"特征-图像"方法，正是在该问题上获得了突破。

7.2.2　"特征-图像"模式识别方法

1. "特征-图像"方法的贝叶斯原理

在机器人视觉系统中，目标检测和 6D 位姿估计是两种主要的模式识别任务。由于目标物体的位姿变化是引起投影外形变化最主要的因素，因此在"图像-特征"架构的方法中，目标检测的核心是排除位姿变化带来的干扰，提取图像中稳定不变的特征；而 6D 位姿估计需要从图像中提取表示位姿的特征。

生成式观察空间是一个输入为特征，输出为图像的模型，与传统的判别式模型的"图像-特征"流程正好相反。本章提出的"特征-图像"方法正是利用生成式观察空间从特征到图像的生成机制实现了模式识别功能。本节以 6D 位姿估计问题为例，说明"特征-图像"方法的原理及过程。

在生成式观察空间中，标签 Y 和图像 X 的分布 $p(Y)$、$p(X)$ 都是先验的，包含了所有潜在的有效位姿和对应图像。在 6D 位姿估计问题中，基于生成模型的模式识别方法必须通过贝叶斯估计对所有可能的位姿 (Y_1, Y_2, Y_3, …, $p(Y_i)>0$) 进行遍历，并筛选出其中概率最大的结果。其中，后验概率 $p(Y|X)$ 可以通过以下方式进行估计。

图像 $X = \{ x_1,\ x_2,\ x_3,\cdots \}$ 由 $m \times n$ 个像素组成。归一化像素之后，每一个像素值都介于 0 到 1 之间。每个像素可以看作一个服从伯努利分布的概率密度函数，图像整体服从式(7-16)所示的联合概率分布。

$$p(X|Y) = \prod_{i=1}^{m \times n} p(x_i|Y) \tag{7-16}$$

对于任意两张图片 $X_1 \sim p(X|Y_1)$ 和 $X_2 \sim p(X|Y_2)$，可以通过计算"匹配值"的方法比较 Y_1 和 Y_2 之间的相似性：

$$L(X_1, X_2) = \log \frac{p(X \mid Y_1)}{p(X \mid Y_2)} = \log p(X \mid Y_1) - \log p(X \mid Y_2)$$

$$= \log \prod_{i=1}^{m \times n} p(x_i \mid Y_1) - \log \prod_{i=1}^{m \times n} p(x_i \mid Y_2)$$

$$= \sum_{i=1}^{m \times n} \log p(x_i \mid Y_1) - \log p(x_i \mid Y_2) \qquad (7\text{-}17)$$

$$= \sum_{i=1}^{m \times n} \log \frac{p(x_i \mid Y_1)}{p(x_i \mid Y_2)}$$

式 (7-17) 的意义在于，对于任意两张图像 X_1 和 X_2，通过统计它们每一个独立像素之间重合概率的联合概率，就可以估计标签 Y_1 和 Y_2 的相似程度，等价于后验概率 $p(Y \mid X)$ 的比较。因此，在贝叶斯估计过程中，通过匹配图像 $X \sim p(X \mid Y)$ 之间的像素相似度，可以代替标签 $Y \sim p(Y \mid X)$ 之间的相似度的比较。

2. 特征优化检索的模式识别

生成式观察空间建立了一个由特征到图像的映射函数：$f: Y \rightarrow X$。由于生成式观察空间是通过深度生成网络(如 GAN 和 VAE)实现的映射函数 f，就一定具备了"反向传播可微性"的条件。这是本章实现特征优化检索方法的基础。

如图 7-13 所示，在具有可微性的深度生成网络模型中，既可以实现从特征 Y 到图像 X 的生成过程 $(Y \rightarrow X)$，也可以通过反向传播算法由图像计算关于特征的梯度，反过来实现特征的优化 $(X \rightarrow \Delta Y, \ Y: Y - \Delta Y)$。基于该原理，可以实现在特征空间中对目标特征的回归求解：

步骤 1：在特征空间中，基于先验分布 $p(Y)$ 产生随机起始点 Y_0。

步骤 2：由 Y_0 生成对应的生成图 f：$Y_0 \rightarrow X_0$。

步骤 3：根据匹配算法，计算 Y_0 的优化梯度 $X_0 \rightarrow \Delta Y_0$，并进行优化 $Y_1 = Y_0 - \Delta Y_0$。

重复步骤 2～3，直至特征 Y 的收敛。此时，收敛的特征 Y_n^* 对应匹配度最高的生成图像 X_n^*。Y_n^* 即式 (7-15) 对应的结果，是"遍历特征空间"的等价求解。

上述过程中，实现 $X_0 \rightarrow \Delta Y_0$ 的算法被称作"输入参数的反向传播优化算法 (back-propagation-to-input, BPI)"。BPI 算法提供了一种反向的从输出端 X 到输入端 Y 的修正功能。区别于机器学习算法中面向网络参数的反向传播算法，BPI 反向传播的对象是生成网络中的输入端 Y。特征优化检索方法避免了遍历特征空间并寻找最优匹配特征的操作，只需要经过有限步骤内的迭代，就可以实现在整个特征空间中寻找需要的答案。

需要说明的是，BPI 算法的应用不仅限于已知的生成模型，如 GANs、VAE 等。任何生成模型只要符合以下两个条件：

①输入特征关于输出图像可微;

②输出图像关于匹配函数可微。

就可以通过 BPI 算法实现特征优化检索的功能。

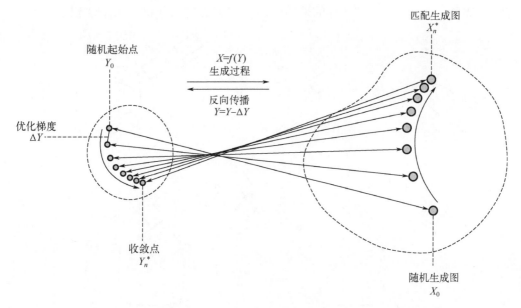

图 7-13　基于生成模型可微性的优化检索方法(BPI)示意图

综上,BPI 算法是本章提出的"特征-图像"方法的核心算法。基于生成模型的模式识别方法(贝叶斯估计)必须通过遍历特征空间才能求解目标答案,因此往往不具有可操作性。特征优化检索实现了从随机特征经过有限步骤的迭代搜寻目标求解的过程,解决了遍历特征空间的难题。

7.2.3　观察空间的主观位姿表达方式

已知一个 6 自由度刚体的空间位姿[$R_{3\times3}$ | $t_{3\times1}$],可以由 3 个旋转变量: a (yaw), b (pitch), g (roll)以及 3 个平移变量: x, y, z 来表示。经典的位姿变换,通过旋转和平移按照不同顺序的组合,产生了 12 种不同的表达方式。本章提出了一种不同于这些组合的"主观位姿"表达方式。主观位姿模拟了虚拟相机在空间中针对目标物体的观察运动,以相机的主观视角记录了运动的轨迹,并以运动轨迹描述空间位姿。如图 7-14 所示,"观察运动"的顺序为 a-b-r-g-x-z。根据运动顺序,主观位姿的产生过程如下。

(1)在 a-b 阶段,相机围绕着以目标物体为中心的球极坐标系(半径 r =1)进行旋转。变换的轨迹为坐标系的方位角 $a\in[0,2\pi)$ 和仰角 $b\in[-\pi,\pi]$。这一阶段,相机将

重复上述过程对 a、b 进行大量采样。区别于在 a、b 取值范围内的均匀采样，主观位姿采取了基于斐波那契球的采样策略[44]。斐波那契球是一种在球面上均匀分布点的算法。如图 7-15 所示，a、b 范围内的均匀采样（图 7-15(a)）会导致采样点向球极坐标系的两级聚集，而基于斐波那契球的采样（图 7-15(b)）在空间分布上具有均衡性。

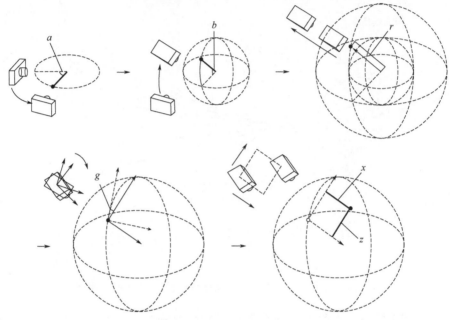

图 7-14　主观位姿运动阶段的顺序：a-b-r-g-x-z

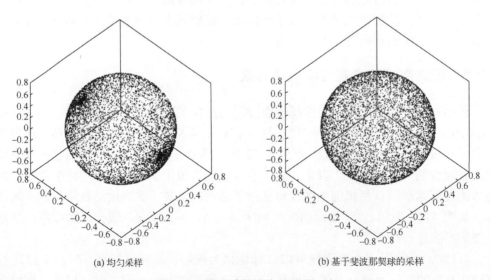

(a) 均匀采样　　　　　　　　　　　　　　(b) 基于斐波那契球的采样

图 7-15　两种采样策略的结果对比

（2）在 r 阶段，相机沿着自身的 Y 轴的反方向（原点 O 至相机中心）运动 $r-1$ 的距离。此过程相当于将球极坐标系的半径扩大至 r 倍，r 即相机中心与目标中心的距离。

（3）在 g 阶段，相机围绕自身的 Y 轴进行旋转，以右手螺旋准则的顺时针方向旋转 $g \in [0, 2\pi)$ 的角度。

（4）在 x-z 阶段，相机在自身 XY 轴定义的平面上，沿着自身的 X 轴平移距离 x，再沿着自身的 Z 轴平移距离 z。

参数 a、b、g、x、z、r 即主观位姿表示的位姿。

如图 7-16 所示，不同阶段的运动对目标投影有不同的影响效果：a、b、g 决定投影的旋转形态，x、z 决定投影的画面位置，r 决定投影的大小。在 a-b-r-g 阶段，目标投影始终处于画面的中心位置。在距离 r 合适的条件下，目标投影将始终完整地处于画面中心。这一阶段所有的投影都属于观察空间的有效投影。

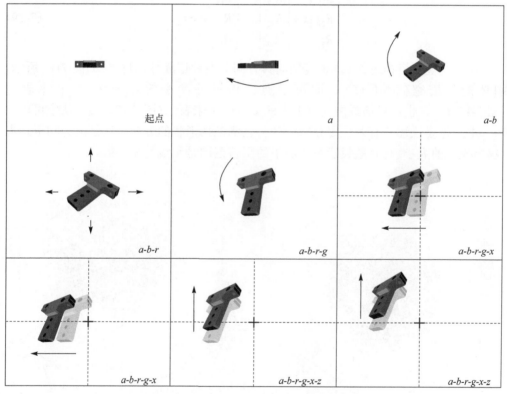

图 7-16　主观位姿在不同阶段所产生的投影变化

在 x-z 阶段，目标投影开始离开画面中心，在成像平面进行上下左右的平移，产生了超出观察空间的可能。这就为通过极小包围膜判断投影有效性提供了便利。由于上一阶段所有采样的位姿都是有效的，最后的位姿只需要在 XZ 轴的范围内进行自我适应，即只需要在两个维度上进行蒙特卡罗模拟，就能采样观察空间中的有效姿态。

综上，主观位姿是以虚拟相机主观视角的运动轨迹表示与观察对象的相对位姿。这种方式保证了目标投影在 a-b-r-g 阶段的观察有效性，以及在 x-z 阶段的观察可控性，提高了采样的成功率。需要说明的是，主观位姿的表达方式与任意其他的位姿表达方式都是等价的，式(7-18)和式(7-19)提供了它们与相机外参 $[\boldsymbol{R}_{3\times3} | \boldsymbol{t}_{3\times1}]$ 之间的转换公式：

$$\begin{bmatrix} \cos b & 0 & \sin b \\ 0 & 1 & 0 \\ -\sin b & 0 & \cos b \end{bmatrix}\begin{bmatrix} 1 & 0 & 0 \\ 0 & \cos a & -\sin a \\ 0 & \sin a & \cos a \end{bmatrix}\begin{bmatrix} \cos g & -\sin g & 0 \\ \sin g & \cos g & 0 \\ 0 & 0 & 1 \end{bmatrix} = \boldsymbol{R}_{3\times3} \tag{7-18}$$

$$\begin{bmatrix} R_{11} \\ R_{21} \\ R_{31} \end{bmatrix}x + \begin{bmatrix} R_{12} \\ R_{22} \\ R_{32} \end{bmatrix}z - \begin{bmatrix} R_{13} \\ R_{23} \\ R_{33} \end{bmatrix}r = \boldsymbol{t}_{3\times1} \tag{7-19}$$

通过主观位姿描述的 6D 位姿空间具有同一性和连续性的特点。如图 7-17 所示，刚体的位姿空间（平移），即可以通过相机外参中的 $\boldsymbol{t}_{3\times1} = [t_x, t_y, t_z]^{\mathrm{T}}$ 来表示（图 7-17(a)），也可以通过主观位姿中的 x，z，r 来表示（图 7-17(b)）。从中可以发现，主观位姿描述的有效位姿(观察空间)呈倒锥体形状的分布。这是因为相机距离（决定投影的大小）与有效投影在画面中的平移范围是负线性相关的。

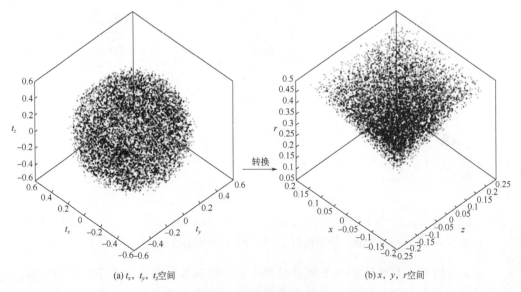

(a) t_x，t_y，t_z 空间　　　　　　　　　　　　　(b) x，y，r 空间

图 7-17　观察空间在不同位姿空间中的分布

同一性：如图 7-18 所示，在成像平面中，位置相同、姿态(旋转)不同的两个投影，在 $t_{3\times1}$ 描述的位姿空间中，属于相异的两点(图 7-18(a))。但是，在主观位姿的 x-z-r 空间中，它们属于同一个点(图 7-18(b))。主观位姿的表达方式保证了成像平面中位置相同的投影(无论旋转姿态)的位姿在 x-z-r 空间中处于同一位置。

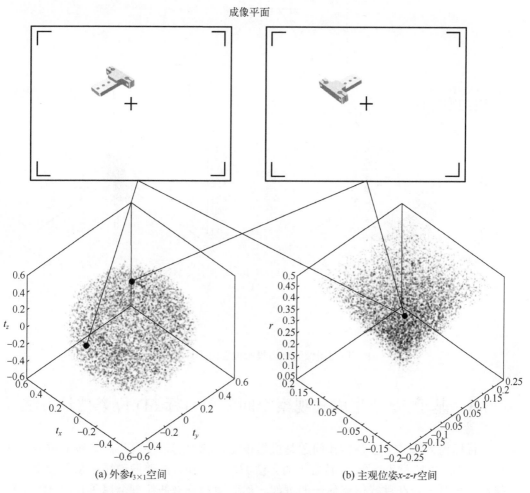

图 7-18　投影位姿在不同位姿描述空间中的对应位置

连续性：如图 7-19 所示，成像平面局部区域(黑线表示)内的所有有效投影，其位姿在 $t_{3\times1}$ 空间中的对应分布如图 7-19(a)所示，是扩散分布的。在主观位姿的 x-z-r 空间中，如图 7-19(b)所示，对应的位姿以局部聚集的方式(小立锥体)分布着。主观位姿的表达方式保证了成像平面中位置相近的投影(无论旋转姿态)的位姿在 x-z-r 空间中的分布是连续的。

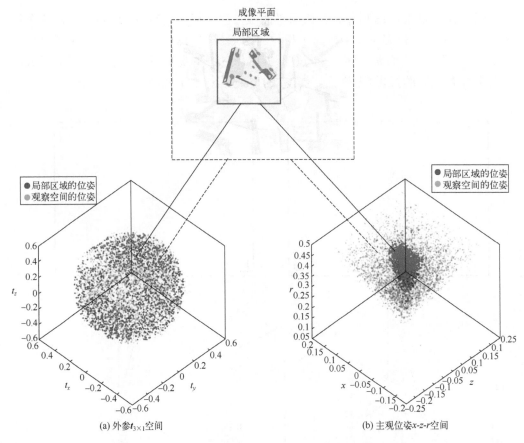

图 7-19　局部图像区域内投影位姿的不同描述空间分布

7.3　基于 VAE 生成式观察空间的单目标 6D 位姿估计方法

　　目标物体的 6D 位姿估计问题是机器视觉领域中的重要内容。传统的位姿估计算法，都可以归类为"图像-特征"的方法类型。这些方法普遍遵循了从图像中提取特征，再基于特征进行位姿估计的框架。然而面对反光低纹理金属零件的 6D 位姿估计问题，传统方法遇到了金属表面造成的三个难点：

　　①非接触式深度信息的测量困难；

　　②局部特征的稀疏性；

　　③对环境变化的敏感性。

　　本节针对上述难点，基于 VAE 构建了零件位姿投影的生成式观察空间，并利用"特征-图像"方法实现了对金属零件位姿的精确回归求解。

7.3.1　面向 6D 位姿估计的变分自编码器

1. VAE 的生成模型

变分自编码器是基于自编码器的改进模型[26,27]。自编码器是一种自监督学习的判别式模型[28]。其网络结构由两个前后连接的编码器(encoder)和解码器(decoder)网络组成，如图 7-20(a) 所示。

编码器的输入参数是图像数据 $x \in \mathbb{R}^{H \times W \times C}$，输出数据是维度远小于图像的特征向量 $z \in \mathbb{R}^d$，称作隐参数。解码器将隐参数作为输入，输出与输入图像尺度相同的解码图像 $\bar{x}$。自编码器的训练目的是追求输入输出图像的一致性($x = \bar{x}$)，相当于图像压缩的原理，将高维数据进行降维再重建。在该过程中，隐参数 z 可以学习到图像数据的高级语义特征，其"编码-解码"的过程是自监督式的特征提取，类似于非线性的主成分分析(PCA)。

变分自编码器的改进之处在于，通过变分推断的改造，使其从判别式模型转化为自监督学习的生成模型。如图 7-20(b) 所示，与自编码器的区别在于，变分自编码器并不直接输出隐参数 z，而是通过输出的变分参数 $\lambda = (\mu, \sigma)$，生成随机分布 $z \sim N(\mu, \sigma^2)$，再根据这些分布产生随机向量作为隐参数 z。这种特征生成的方式被称作变分推断(variational inference)[45,46]。

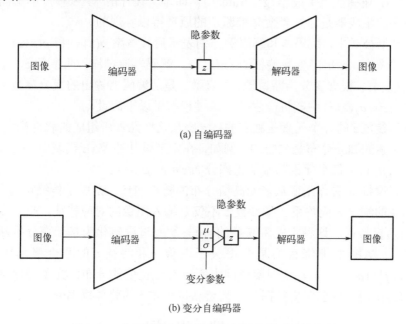

(a) 自编码器

(b) 变分自编码器

图 7-20　自编码器与变分自编码器的模型结构差异

2. 基于变分推断的生成模型原理

生成模型的核心原理是通过样本拟合图像 x 和标签 y 的联合概率密度函数 $p(x,y)$。在 VAE 的生成模型理论（贝叶斯估计）中，标签（位姿）y 被替换成隐参数 z：

$$p(z|x) = \frac{p(x|z)p(z)}{p(x)} \tag{7-20}$$

隐参数 z 即通过编码器输出的低维向量，是非解释性的高级语义特征。在 6D 位姿估计的应用中，生成式观察空间需要符合以下条件。

(1) 模型的生成能力泛化至观察空间中的所有位姿，即目标函数 $f:z \to x$ 不仅可以实现离散的位姿（训练集）从 z 到图像 x 的映射，也可以实现连续的位姿从 z' 到图像 x' 的映射。

(2) 隐参数 z 存在可判断其观察有效性的概率函数 $q(z)$，即观察空间位姿的概率 $q(z) > 0$。该函数是为了实现训练过程中对有效位姿对应隐参数 z 的空间规范，以及在特征优化检索过程中，作为"约束边界（restriction boundary）"抑制并修正"特征逃逸（feature escaping）"现象的出现。

满足以上条件的生成式观察空间标记为

$$x = G(z)|z \sim q(z) \tag{7-21}$$

其中，G 被称作"生成器（generator）"，即本章设计的 VAE 模型的解码器。符合上述条件的生成器是通过"变分推断"的原理得以实现的。

在贝叶斯公式中，编码器和解码器分别表示后验概率 $p(z|x)$ 和 $p(x|z)$。编码器通过输入图像 x，输出隐参数特征 $z \sim p(z|x)$。解码器通过输入隐参数 z，生成重建图像 $\bar{x} \sim p(x|z)$。根据变分推断原理，隐参数 z 是从编码器输出的变分参数 λ 所代表的随机分布 $z \sim q_\lambda(z|x)$ 中随机产生的。该过程基于以下假设。

向量隐参数 z 的各个元素是独立的，z 服从这些元素所组成的联合概率分布。

每个元素的独立分布是先验的。例如，在本节设计的 VAE 模型中，变分参数被定义为 $\lambda = (\mu, \sigma)$，每个元素都服从正态分布 $z \sim N(\mu, \sigma^2)$。

以上假设将 z 看作是服从多元高斯分布的随机向量，摆脱了传统自编码器中 z 与输入图像的唯一对应关系。隐参数 z 不仅是输入图像的对应特征，也是先验分布 $p(z)$ 中的随机特征。这种方式将简单的编码-解码过程转化为基于变分推断的生成模型机制。VAE 的训练目的是获得关于图像 x 和特征 z 的联合概率密度函数 $p(x,z) = p(x|z)p(z)$。$p(z)$ 是观察空间中所有有效位姿的分布。为了确保解码器能够生成 $p(z)$ 中所有位姿对应的图像，需要获取样本 x 的整体概率分布：

$$p(x) = \int p(x|z)p(z)\mathrm{d}z \tag{7-22}$$

其中，先验分布 $p(x)$ 在贝叶斯理论中被称为证据。由于 $p(x|z)$ 的不可遍历性，$p(x)$

只能通过极大似然估计获得接近。

变分推断的核心思想在于，通过简单的后验分布接近真实的后验分布 $p(z|x)$。由于隐参数服从 $z \sim q_\lambda(z|x)$，通过 KL（Kullback-Leibler）散度可以评估 $q_\lambda(z|x)$ 与 $p(z|x)$ 的距离：

$$\mathbb{KL}(q_\lambda(z|x) \| p(z|x)) = E_q[\log q_\lambda(z|x)] - E_q[\log p(x,z)] + \log p(x) \tag{7-23}$$

最小化 KL 散度，得到最接近 $p(z|x)$ 的 $q_\lambda(z|x)$：

$$q_\lambda^*(z|x) = \arg\min_\lambda \mathbb{KL}(q_\lambda(z|x) \| p(z|x)) \tag{7-24}$$

在最小化 KL 散度的过程中，式（7-23）可以转化为

$$\begin{aligned} \log p(x) &= \mathrm{ELBO}(\lambda) + \mathbb{KL}(q_\lambda(z|x) \| p(z|x)) \\ \mathrm{ELBO}(\lambda) &= E_q[\log p(x,z)] - E_q[\log q_\lambda(z|x)] \end{aligned} \tag{7-25}$$

由于 $p(x)$ 是先验的，$\log p(x)$ 属于常量，最小化 KL 散度等价于最大化 ELBO（evidence lower bound）。根据 Jensen 不等式理论，任意两个概率分布之间的 KL 散度 ≥ 0，因此：

$$\log p(x) \geq \mathrm{ELBO}(\lambda^*) \tag{7-26}$$

ELBO 即先验分布 $p(x)$ 设定的底线，并为 $q_\lambda(z|x)$ 逼近 $p(z|x)$ 提供了避免遍历 $p(x|z)$ 的途径。此外，通过贝叶斯公式可知：

$$p(z) = \int p(z|x)p(x)\mathrm{d}x \approx \int q_\lambda^*(z|x)p(x)\mathrm{d}x \tag{7-27}$$

由于观察空间中所有位姿都是等价的，对于任意 x_1，x_2，$p(x_1) = p(x_2)$，因此：

$$p(z) \approx q_\lambda^*(z) \tag{7-28}$$

$q_\lambda^*(z)$ 即"约束边界"，其作用是判断特征空间的任意参数是否属于观察空间。

7.3.2　基于 VAE 的反光低纹理物体生成式观察空间

本节提出基于 VAE 的生成式观察空间构建方法，其总体流程如图 7-21 所示。该流程可以分为样本生成阶段和 VAE 训练阶段。

1. 预测场景下观察空间的样本生成

预测场景的生成式观察空间，需要存在先验性质的观察空间样本作为训练数据集。在获取目标物体 CAD 模型的条件下，通过图形渲染可以获得任意位姿下目标物体的虚拟图像，生成这些样本的步骤如下。

步骤 1：对目标物体进行 CAD 建模；

步骤 2：计算 CAD 模型的极小包围膜；

步骤 3：标定工业相机内参；

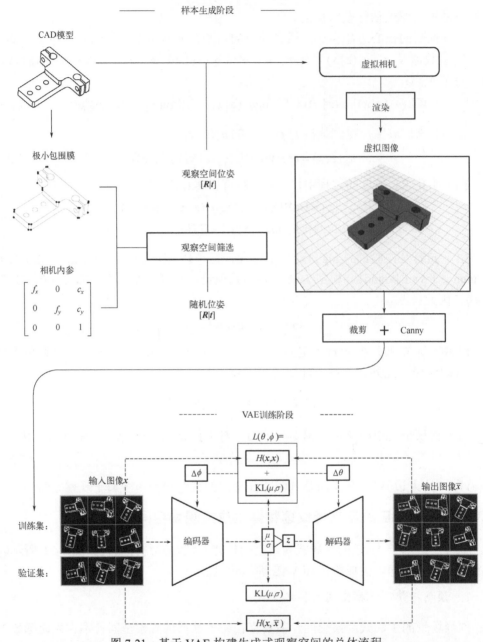

图 7-21　基于 VAE 构建生成式观察空间的总体流程

步骤 4：产生随机的位姿 $[\boldsymbol{R}|\boldsymbol{t}]$；

步骤 5：根据极小包围膜和相机内参，筛选随机位姿中的有效位姿，组成观察空间中的有效位姿集合；

步骤 6：在 OpenGL 程序中输入 CAD 模型、相机内参以及观察空间位姿，通过虚拟相机生成位姿的对应渲染图；

步骤 7：对虚拟图像进行裁剪（128×128），并通过 Canny 轮廓提取的方法将图像转化为二值化的轮廓线条图。

通过上述过程生成的虚拟图像样本，即 VAE 模型的训练集和验证集来源。

2. 基于 CNN 的编码器网络结构

本章设计的 VAE 模型分别使用了卷积神经网络（CNN）和反卷积神经网络（deconvolutional neural network，DCNN）[47,48]作为编码器和解码器的网络结构，并标记为 $p_\theta(z|x,\lambda)$ 和 $p_\phi(x|z)$，θ 和 ϕ 是编码器和解码器的网络参数，网络具体结构如图 7-22 所示。

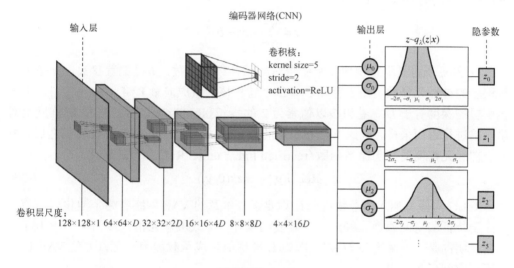

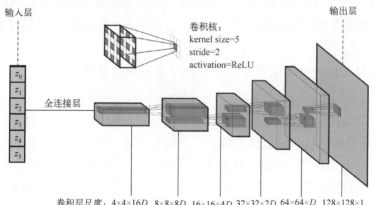

图 7-22　VAE 的神经网络结构：编码器（CNN）+解码器（DCNN）

编码器的 CNN 网络由三维排列的神经元组成，并通过输入至输出的多项卷积层(convolutional layer)前后连接而成。卷积层的连接由三种运算实现：卷积(convolution)，激活(activation)和池化(pooling)。

CNN 的输入层 (输入映射空间)设置为与采样图像一致的尺度空间：$H=128$，$W=128$，$C=1$。连接输入层的卷积层尺度为：$H'=64$、$W'=64$、$C'=D$，是 $64\times64\times D$ 个神经元排列成的张量(tensor)网络。

卷积层之间通过卷积核(convolutional kernel)的卷积运算实现通信。卷积核是由数量为 C(卷积层的深度)的不同平面滤波器组成，是尺寸为 $5\times5\times C$ 的可学习权重张量 W。卷积运算通过滑动并选取与卷积核尺度相同的矩形图像区域(感受野)，并使用式(7-29)进行计算：

$$y = \sum_{i=1}^{5\times5\times C} w_i x_i + b \tag{7-29}$$

w_i 和 x_i 分别表示卷积核和感受野对应的神经元参数，b 是偏置参数，y 是下一卷积层的神经元参数。由于存在 $C'=D$ 个卷积核，组成向量 $\boldsymbol{Y}=[y_1,y_2,\cdots,y_D]$，下一卷积层的深度等于 D。卷积核以像素为 2 的步长(stride=2)分别在 H 和 W 维度上对输入层进行遍历采样，因此下一卷积层的 H 和 W 被缩短一半。在进行卷积之后，每一个神经元都需要经历激活函数(rectified linear unit，ReLU)[49]的转化：

$$\text{ReLU}(y_i) = \max(0, y_i) \tag{7-30}$$

ReLU 为模型加入了非线性的计算要素。本章的 VAE 网络省略了池化层，使其专注于特征的空间属性。经过 6 轮重复的操作，末端卷积层的尺度为 $4\times4\times16D$。需要说明的是，伸缩变量 D 控制着 VAE 模型的生成承载能力，可以方便 VAE 适应不同解空间任务需求。

最后，末端卷积网络通过全连接层(fully connected layer)输出 VAE 的变分参数 λ。本章将变分参数设置成高斯型 $\lambda=[\mu_0,\sigma_0,\mu_1,\sigma_1,\cdots,\mu_d,\sigma_d]$。$d+1$ 等于隐参数向量 $\boldsymbol{z}$ 的维度。

3. 极限压缩的特征空间及基于 DCNN 的解码器结构

在经典的 VAE 或 GAN 中，隐参数的特征空间往往维持在 100 维及以上($z\in\mathbb{R}^d, d\geqslant100$)。这是由于决定生成模式的独立特征的维度往往是未知的，为了保证特征空间能够完备地表达语义特征，必须为特征空间提供充足的冗余维度。

但是，由于本章所涉及的 6D 位姿估计问题可以明确解空间(观察空间)是一个 6 维的流形，因此便将特征空间的维度限定为 6($z\in\mathbb{R}^6$)，使特征空间 Z 与位姿空间 Y 形成同构的有限维欧式空间。这是一种极限压缩特征空间的特殊做法，造成了正负两种影响。

（1）负面影响：训练时间增长。VAE 的训练过程除了需要重建样本图像，还需要安排特征的空间分布，使不同位姿的特征相互靠近又彼此独立。在自由度冗余的空间中，实现这样的安排相对容易。

（2）正面影响：实现特征和图像的唯一对应。在传统的生成模型中，标签 Y 往往对应多个生成图像 X。但是在 6D 位姿估计问题中，特征（位姿）与图像必须精确地一一对应。由于描述一个位姿 Y 至少需要 6 个自由度，通过极限压缩的特征空间至 6 维，则表示任意位姿的特征 Z 必须贡献其全部的自由度才可能进行完备的描述。

图 7-23 为一个特征空间被极限压缩的 VAE 实例，通过向编码器输入多组随机图像 x，输出它们的变分参数 λ，并绘制了 $q_\lambda(z|x)$ 的概率分布曲线。如图所示，后验概率 $q_\lambda(z|x)$ 都被训练成了类冲激函数 $\delta(\mu-t)$，并且该情况发生在了特征空间 Z 的每一个维度上（$z_0 \sim z_5$）。这说明了特征 z 正处于精确描述位姿的状态，因此变分参数 $\lambda=(\mu,\sigma)$ 中方差 σ 被极限趋向于 0。

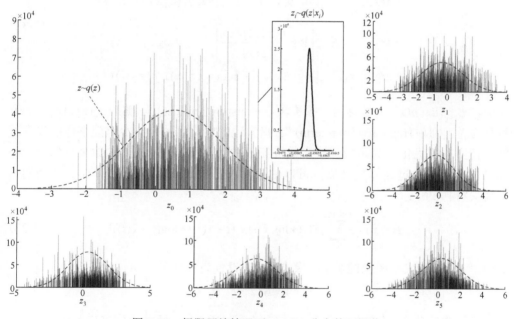

图 7-23　极限压缩情况下 $q_\lambda(z|x)$ 分布的可视化

由于特征空间的极限压缩，解码器的输入端维度也被对应地设置为 6。隐参数变量 z 是解码器网络的输入参数。解码器网络的结构是 DCNN，与 CNN 相对称。DCNN 的输入层通过全连接神经网络与卷积层相连接。与 CNN 的区别在于，DCNN 通过"填补（padding）"的方式进行卷积运算。DCNN 在感受野以 stride=2 的步长填补 0 单位，将感受野从 3×3 的矩阵扩张为 5×5，再通过同样的卷积方式（式（7-29））计算下一卷积层。由于感受野的扩张，下一卷积层的平面尺度（H 和 W）被扩大了一倍。经过 6 轮相同的卷积操作接力，末端的卷积层形成了与输入图像尺度相同的神经网络（$H = 128$，$W = 128$，$C = 1$）。通过对末端卷积层进行 Sigmoid 转化，将每个神经元参数归一化至 $(0,1)$ 的范围，作为图像输出：

$$\text{Sigmoid}(y_i) = \frac{\mathrm{e}^{y_i}}{1 + \mathrm{e}^{y_i}} \tag{7-31}$$

4. VAE 生成式观察空间的自监督学习

对于样本空间中的任意数据 x_i，变分参数是共享的。期望 μ 和方差 σ^2 是受到样本 x_i 和 VAE 神经网络的参数 θ / ϕ 控制的函数。对于 VAE 的训练目的来说，寻找最优的网络参数 θ / ϕ 等价于最大化 ELBO：

$$
\begin{aligned}
\lambda^* = (\mu_{x_i}^*, \sigma_{x_i}^*) = (\theta^*, \phi^*) &= \arg\max_{(\theta,\phi)} \text{ELBO}(\lambda) \\
&= \arg\max_{(\theta,\phi)} (E_{z \sim q}[\log p(x,z)] - E_{z \sim q}[\log q_\lambda(z \mid x)]) \\
&= \arg\max_{(\theta,\phi)} \left(E_{z \sim q} \left[\log \frac{p(x \mid z)p(z)}{p(x)} \right] - E_{z \sim q}[\log q_\lambda(z \mid x)] \right) \\
&= \arg\max_{(\theta,\phi)} (E_{z \sim q}[\log p(x \mid z)] - \mathbb{KL}(q_\lambda(z \mid x) \| p(z \mid x)))
\end{aligned}
\tag{7-32}
$$

其中，$E_{z \sim q}[\log p(x \mid z)]$ 被称为"损失项（reconstruction loss）"，$\mathbb{KL}(q_\lambda(z \mid x) \| p(z \mid x))$ 被称为"正则项（regularization term）"。损失项的优化目的是减少重建图像的失真程度，正则项的优化目的是规范隐参数特征 z 的空间分布，增大隐参数来自先验分布 $p(z)$ 的概率。通过计算交叉熵，可以估计输入图像 x 与输出图像 $\bar{x} = G(z)$ 之间的信息损失（损失项）：

$$H(x, \bar{x}) = \sum_{i=1}^{128 \times 128} [x(i) * \log \bar{x}(i) + (1 - x(i)) * \log(1 - \bar{x}(i))] \tag{7-33}$$

其中，$x(i), \bar{x}(i)$ 表示图像的第 i 个像素。q 被设置为高斯型 $\lambda = (\mu, \sigma)$：

$$q_\lambda(z \mid x_i) = N(z \mid \mu_{x_i}, \sigma_{x_i} * I) \tag{7-34}$$

预设先验分布 $p(z)$ 为标准正态分布 $p(z) \sim N(0,1)$，可以计算它与 $q_\lambda(z \mid x_i)$ 之间的 KL 散度（正则项）：

$$\text{KL}(\mu_{x_i}, \sigma_{x_i}) = \sum_{j=1}^{6} [\sigma_{x_i}(j) + \mu_{x_i}^2(j) - \log \sigma_{x_i}(j) - 1] \tag{7-35}$$

其中，$\mu_{x_i}(j)$ 和 $\sigma_{x_i}(j)$ 即图像 x_i 通过编码器输出的变分参数的第 j 个期望和方差。

通过以上公式，可以建立面向每一个训练样本 x_i 的损失函数：

$$\mathcal{L}(\theta, \phi, x_i) = H(x_i, \bar{x}_i) - \alpha * \text{KL}(\mu_{x_i}, \sigma_{x_i}) \tag{7-36}$$

其中的调节参数 $\alpha = 0.5$ 。

基于式 (7-36)，VAE 的自监督训练过程如下：

步骤 1：虚拟图像样本分为训练集和验证集。验证集的数量为 64×100 。在训练的过程中，每张训练图像只使用一次。

步骤 2：将训练集和验证集分成各个 minibatch，每个 minibatch 包含 64 张图像。

步骤 3：向编码器输入图像 x_i ，输出变分参数 μ_{x_i}, σ_{x_i} 。

步骤 4：基于变分参数表示的分布生成随机隐参数 $z_{x_i} \sim N(\mu_{x_i}, \sigma_{x_i}^2)$ 。

步骤 5：向解码器输入隐参数 z_{x_i} ，输出生成图像 $\overline{x}_i = G(z_{x_i})$ 。

步骤 6：基于 μ_{x_i}, σ_{x_i} 计算损失函数的正则项 KL，基于 $x_i, \overline{x}_i$ 计算损失函数的损失项 H 。

步骤 7：计算正则项和损失项组合的损失函数 $\mathcal{L}$ 。

步骤 8：根据损失函数 $\mathcal{L}$ ，通过反向传播算法计算网络参数 θ 和 ϕ 的优化梯度并进行随机梯度下降的优化。

步骤 9：重复步骤 3～8。

在训练过程中，每经 100 次迭代，就对验证集中的样本实施步骤 3～6 的操作，并记录其中的 KL、H 和 $\mathcal{L}$ 。图 7-24 和图 7-25 演示了 VAE 在训练过程中验证集的损失函数、重建图像和特征的变化过程。验证集的作用即通过参考这些数据监控以下训练效果。

图像重建效果如图 7-24 所示，图像重建能力增强，损失项 H 应该随之下降。

特征拟合效果如图 7-25 所示，隐参数特征的分布与先验分布逐渐拟合，正则项 KL 先升后降。

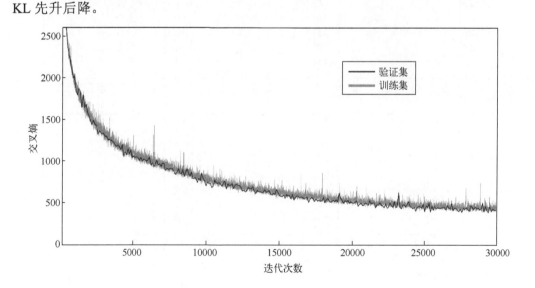

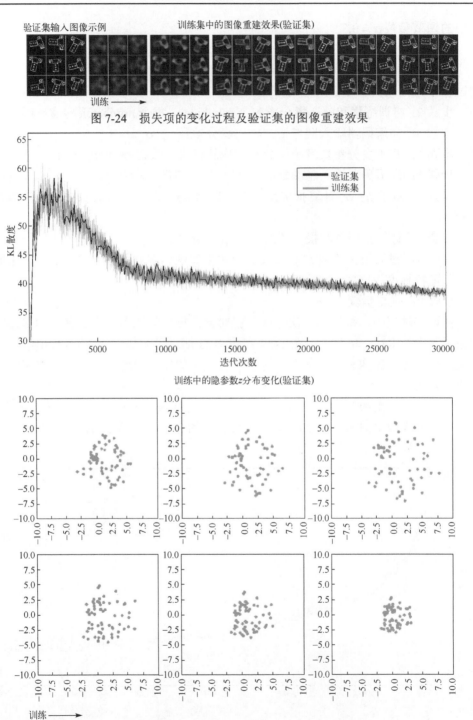

图 7-24　损失项的变化过程及验证集的图像重建效果

图 7-25　正则项的变化过程及验证集对应特征的空间分布

监控训练过程的目的是防范"后验崩塌(posterior collapse)"现象[50]的发生。后验崩塌是不可逆的训练事故，主要呈现为 KL 的骤升。解决方案只有通过对训练过程的重启。因此本章在训练过程中设置了每经历 10^4 次迭代，就进行神经网络参数 θ、ϕ 的备份，确保在发生后验崩塌的状况后恢复至备份状态继续训练。

7.3.3　基于"特征–图像"方法的 6D 位姿估计

本节的内容介绍实现 6D 位姿估计功能的"特征–图像"方法。该方法的整体流程如图 7-26 所示，分为特征检索阶段和特征解码阶段。

1. 链式法则下生成模型的可微性原理

BPI 算法的原理建立在生成器的"可微性"以及函数微分的链式法则(chain rule)之上。链式法则是复合函数求导的法则：已知函数 $y = f(u)$，$u = g(x)$，复合函数 $y = f(g(x))$，则 x 关于 y 的求导可以表示为

$$\frac{dy}{dx} = \frac{dy}{du}\frac{du}{dx} = f'(u)g'(x) \tag{7-37}$$

对于多变量的函数，链式法则对于偏导数的求导依然成立：已知函数 $z = f(u,v)$，$u = g(x,y)$，$v = h(x,y)$，则复合函数 $z = f\big(g(x,y),h(x,y)\big)$ 对于 x，y 的偏导数可以表示为

$$\begin{aligned}
\frac{\partial z}{\partial x} &= \frac{\partial z}{\partial u}\frac{\partial u}{\partial x} + \frac{\partial z}{\partial v}\frac{\partial v}{\partial x} = f'_u(u,v)g'_x(x,y) + f'_v(u,v)h'_x(x,y) \\
\frac{\partial z}{\partial y} &= \frac{\partial z}{\partial u}\frac{\partial u}{\partial y} + \frac{\partial z}{\partial v}\frac{\partial v}{\partial y} = f'_u(u,v)g'_y(x,y) + f'_v(u,v)h'_y(x,y)
\end{aligned} \tag{7-38}$$

基于以上的链式法则，现证明生成器(解码器)从损失函数到输入特征的反向传播可微性。对于生成器的输出图像 $x=[x(1),x(2),x(3),\cdots]$($x(i)$ 为图像 x 的第 i 个像素)，可微的损失函数 $\mathcal{L} = F(x)$ 关于每个像素 $x(i)$ 的一阶偏导可以表示为

$$\mathcal{L} = F(x(1),x(2),x(3),\cdots), \quad \frac{\partial \mathcal{L}}{\partial x(i)} = F'_{x(i)}(x), \quad \nabla \mathcal{L} = \sum \frac{\partial \mathcal{L}}{\partial x(i)} \tag{7-39}$$

由于图像 x 是输出层通过 Sigmoid 转化而来：$x(i) = \text{Sigmoid}(y(i))$。因此，损失函数关于输出层参数的一阶偏导可以表示为

$$\frac{\partial \mathcal{L}}{\partial y(i)} = \frac{\partial \mathcal{L}}{\partial x(i)}\frac{dx(i)}{dy(i)} = F'_{x(i)}(x)\frac{1}{1+e^{-y(i)}}\left(1 - \frac{1}{1+e^{-y(i)}}\right) \tag{7-40}$$

式(7-40)建立了输出层的反向传播起点。在生成器中，卷积层通过卷积运算的方式前后连接，首端至末端卷积层的神经元标记为 $y_{h,w,c}(k)$。h，w，c 分别表示卷积层的长宽高序列(卷积层尺度)，k 表示卷积层的序列(1~6)。卷积运算的操作标记为

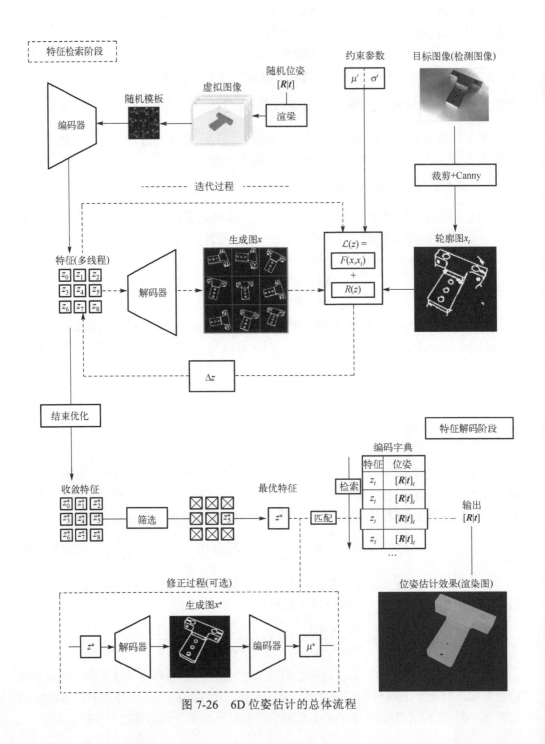

图 7-26　6D 位姿估计的总体流程

$$y(k) = \text{conv}(y'(k-1)) \tag{7-41}$$

其中，第 $k-1$ 层卷积网络的神经元需要经过激活函数（RELU），因此：

$$y'(k-1) = \text{RELU}(y(k-1))$$

$$\frac{\mathrm{d}y'(k-1)}{\mathrm{d}y(k-1)} = \begin{cases} 1 & y(k-1) > 0 \\ 0 & y(k-1) \leqslant 0 \end{cases} \tag{7-42}$$

通过反卷积的运算操作，可以得到前后两层卷积层的神经元的偏微分关系：

$$\frac{\partial y_{h,w,c}(k)}{\partial y'_{h',w',c'}(k-1)} = w_{h',w',c'}(k-1) \tag{7-43}$$

其中，$w_{h',w',c'}(k-1)$ 是卷积操作时卷积核与神经元参数的对应参数。卷积层的正向传播/反向传播原理如图 7-27（a）所示。

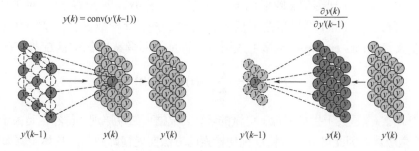

(a) 卷积层的正向/反向传播原理

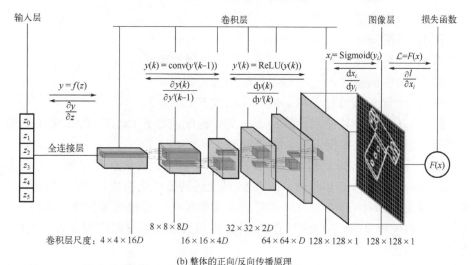

(b) 整体的正向/反向传播原理

图 7-27　生成器网络的正向/反向传播原理示意图

通过以上操作，获得了从输出图像到第 $k-1$ 层卷积层的反向传播机制。以此类推，可以得到第 1 层卷积层的偏微分导数：$\dfrac{\partial \mathcal{L}}{\partial y(1)}$。由于输入层通过全连接层连接卷

积层 $y(1)$：

$$y_{h,w,c}(1) = \sum_{j=1}^{6} w_{h,w,c}(j)z(j) + b_{h,w,c} \tag{7-44}$$

可以得到输入特征 z 至卷积层的偏导数：

$$\frac{\partial y_{h,w,c}(1)}{\partial z(j)} = w_{h,w,c}(j), \quad \nabla z = \sum_{m=1}^{h \times w \times c} \sum_{k=0}^{5} \frac{\partial \mathcal{L}}{\partial y(1)} \frac{w_m(k)}{\partial z(k)} \tag{7-45}$$

2. 基于可微性原理的位姿回归估计

前面证明了 $F(x)$ 是关于输入参数 z 一阶可导的函数，如图 7-27(b)所示。生成器是一个实现特征 z 到图像 x 映射的非线性方程 $f: z \to x$，即 $x = G(z)$。对于任意以 x 为变量的可微函数 $F(x)$，都存在可反向传播的 z 的一阶导数 $F'(z) = F'(x)G'(z)$。本章使用交叉熵(cross entropy)计算生成图像 x 和目标图像 x_t 之间的匹配度 $F(x)$：

$$F(x, x_t) = \sum_{i=1}^{128 \times 128} x(i)\log(x_t(i)) \tag{7-46}$$

由于 $F(x, x_t)$ 是关于生成图像 x 可微的函数，根据可微性原理，自然也是关于输入特征 z 的可微函数，因此可以通过特征优化检索的方法实现精确回归，具体步骤如下。

步骤 1：在观察空间中生成随机位姿；

步骤 2：根据位姿生成对应的渲染图；

步骤 3：将渲染图转化为轮廓图；

步骤 4：向编码器输入轮廓图，输出随机的起始特征 z_0；

步骤 5：向生成器输入 z_0，输出生成图像 x_0；

步骤 6：计算 x_0 与目标图像 x_t 的匹配函数 $F(x_0, x_t)$；

步骤 7：基于 BPI 算法，计算特征 z_0 关于匹配函数 $F(x_0, x_t)$ 的优化梯度 ∇z_0；

步骤 8：通过随机梯度下降，优化特征 $z_1 = z_0 - \nabla z_0$。

以优化后的特征 z_1 为新起点，重复步骤 5～8，直至收敛至 z^*。通过实验发现，特征 z 在 200 次迭代内必然收敛。图 7-28 是上述特征优化检索过程的实例。在该过程中，生成图像 $x = G(z)$ 会与目标图像逐渐发生重合。通过可视化生成图像 x_0 与目标图像 x_t 的匹配程度(黄色标注重叠轮廓)，可以发现特征 z 的收敛是以增大图像匹配度为目的的过程。

然而在实际操作中，匹配函数 $F(x_0, x_t)$ 不能直接设置为特征优化检索的目标函数，这是因为存在着"特征逃逸"的现象。

3. 约束场效应下的特征优化检索

VAE 通过变分推断的机制，将观察空间的对应特征 z 聚集在 $p(z)$ 描述的先验分布

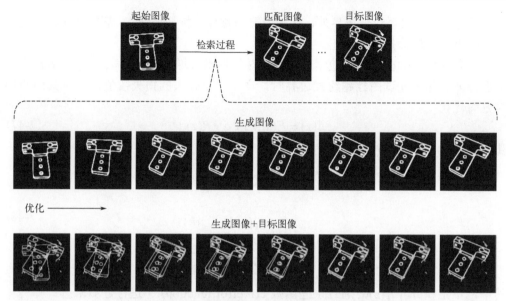

图 7-28　特征检索的过程中生成图像的变化(见彩图)

之中。因此，$p(z)$ 也被称作"约束边界"。在特征空间中，并不是所有的特征都属于观察空间。只有当 $p(z)>0$，特征 z 才属于观察空间的有效位姿。在实际的特征优化检索过程中，优化并不一定朝着全局最优点的方向，因此常常会陷入"局部最小值"的困境。如图 7-29 所示，局部最小值会造成两种失败的收敛情况:

①特征 z 收敛至约束边界内，这种情况将通过在后面介绍的多线程方法解决;

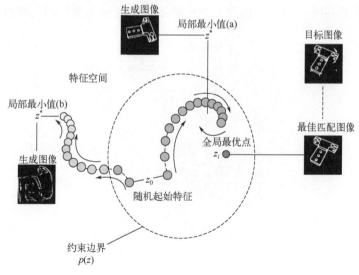

图 7-29　特征优化检索的两种失败情景
a 为收敛至约束边界内的局部最小值; b 为收敛至约束边界外的局部最小值(特征逃逸)

②特征 z 收敛至约束边界外，这种情况被称作"特征逃逸"，需要通过本节提出的"约束场"进行抑制或修正。

约束场是本章在待优化检索过程中，对目标函数增加的惩罚项 $R(z)$。$R(z)$ 保证了当特征 z 翻越或试图翻越约束边界时，产生一个较大的损失数值，抑制其向错误的方向优化：

$$\mathcal{L}(z) = F(x, x_t) + \alpha * R(z) \tag{7-47}$$

其中，$\alpha = 0.0001$。$R(z)$ 的具体表达式为

$$R(z) = \sum_{k=0}^{5} \log P_k(z(k)) \tag{7-48}$$

$$P_k(z(k)) = \begin{cases} \int_{z(k)}^{+\infty} q_k(z)\mathrm{d}z, & z(k) \geqslant \mu_k \\ \int_{-\infty}^{z(k)} q_k(z)\mathrm{d}z, & z(k) < \mu_k \end{cases}$$

其中，不定积分 $\int q_k(z)\mathrm{d}z$ 通过误差函数 erf(error function)[51]进行近似求解：

$$\int_z^{+\infty} q(z)\mathrm{d}z = 1 - \frac{1}{2}\left[\mathrm{erf}\left(\frac{z-\mu}{\sqrt{2}\sigma}\right) - \mathrm{erf}\left(\frac{\mu-z}{\sqrt{2}\sigma}\right)\right]$$

$$\mathrm{erf}(x) \approx 1 - \frac{1}{(1 + a_1 x + a_2 x^2 + a_3 x^3 + a_4 x^4)^4} \tag{7-49}$$

其中，$a_1 = 0.278393$，$a_2 = 0.230389$，$a_3 = 0.000972$，$a_4 = 0.078108$。由于 $R(z)$ 也是关于输入特征 z 可微的函数，因此 BPI 算法的可微性前提依然有效。如图 7-30 所示，约束场的作用是在特征空间中施加一个向量场。向量场的方向指向减少惩罚项的偏

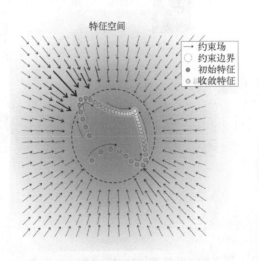

图 7-30　约束场的效应示意图

微分导数，向量场的势是定义域(特征空间)中惩罚项的输出数值。在特征优化过程中，约束场的作用是将越界的特征牵引回约束边界内，或抑制特征接近约束边界时产生的越界趋势。

式(7-48)中 $z \sim q(z)$ 是对先验分布 $p(z) = N(0,1)$ 的拟合。但是，VAE 的训练过程很难实现它们之间完全的拟合。图 7-31 是对观察空间特征的采样统计，以及样本的均值 μ_k 和方差 σ_k^2 描述的正态分布曲线。从中可以发现，每个维度($z_0 \sim z_5$)元素的分布虽然都呈高斯型，但是与先验分布 $N(0,1)$ 并不重合。

约束参数: $\left(\mu' = \dfrac{1}{k}\sum\limits_{i=1}^{k} z_i,\ \sigma'^2 = \dfrac{1}{k}\sum\limits_{i=0}^{k}(z_i - \mu')^2 \right)$

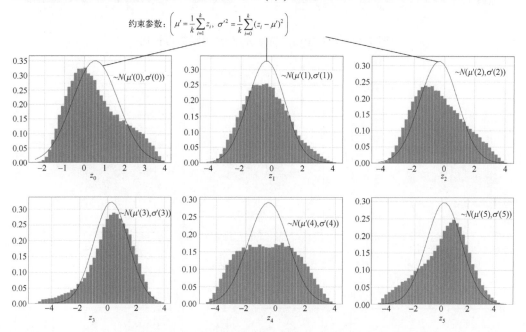

图 7-31　特征 z 各元素的分布分析(统计直方图)及约束参数的统计(纵坐标表示概率分布)

在实际的应用中，将统计样本的均值 μ_k 和方差 σ_k^2 作为"约束参数"，并以 $q_k(z) = N(\mu_k, \sigma_k^2)$ 代替 $p(z)$，可以实现同样的约束场效果。如图 7-32 所示，在二维可视化的特征空间中，约束参数所描述的约束场(通过像素的灰度值表示 $R(z)$ 的大小)同样可以拟合观察空间的特征分布。在图 7-33 所示的消融实验中，通过设置约束场(图 7-33(a))和撤销约束场(图 7-33(b))，对比了多个独立重复试验下的特征优化轨迹，从而验证了基于约束参数的约束场的实际效果。

4. 饱和式并行位姿回归

本章提出的 BPI 算法，本质上是非凸优化过程中的一种随机过程，并不能保证一定能够收敛至全局最优点。即使设置了约束场机制，也仅仅提高了该过程的成功率。因此需要进一步提高其鲁棒性。

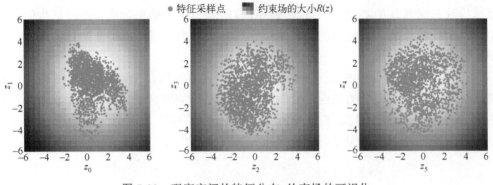

图 7-32　观察空间的特征分布+约束场的可视化

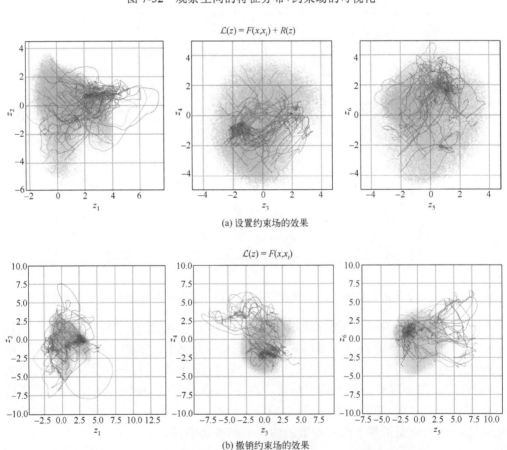

(a) 设置约束场的效果

(b) 撤销约束场的效果

图 7-33　约束场的消融实验效果(特征轨迹+观察空间特征分布)

通过实验发现，BPI 算法的成功概率与优化过程之初特征点的起始位置高度相关。其成功的条件包括了两个因素：

①特征的起始点本身就处于全局最优点的附近；

②起始点与全局最优点之间存在可连续优化的路径。

对于任何优化检索过程，全局最优点位置是未知的。为了检索全局最优点，一个可行的方法就是不断地尝试随机的起始位置，直至出现成功的实例。基于这个思路，本章提出了饱和式并行进程的检索机制，基本流程如下。

步骤 1：从观察空间中随机采样多项随机的位姿；

步骤 2：根据位姿生成随机的渲染图像；

步骤 3：将渲染图转化为轮廓图；

步骤 4：将这些图像输入编码器，获得对应的特征 z 的集合；

步骤 5：以每一个特征 z 作为起始点，执行优化检索操作（并行执行）；

步骤 6：200 次迭代后，停止进程，输出优化后的收敛特征；

步骤 7：从收敛特征中筛选出匹配度最高的特征。

在 GPU 的硬件支持下，步骤 4～6 的并行进程等价于多项随机起始点的独立重复试验，并且执行的时间与单一进程相同。饱和式并行进程的原理在于，当随机起始点达到一定数量，总能保证存在起始点满足全局最优点的收敛条件。由于收敛的成功率与起始位置高度相关，并且位姿的分布是均匀的，因此符合收敛条件的起始点的选中概率也服从均匀分布。对于并行进程的整体过程，只要存在单个成功的进程，就等于完成了整体的任务。假设单进程的成功率为 p，拥有 n 个单进程的整体过程的成功率等于：

$$p^* = 1 - (1-p)^n \tag{7-50}$$

根据式（7-50），即使 p 在极低的情况下（如 $p = 0.1$），只需要 $n = 64$ 个并行进程，就可以达到接近 100% 的整体成功率，这是饱和式并行进程实现的高鲁棒性的根本原因。

5. 基于编码字典的位姿解码

在获得收敛特征之后，位姿估计的最后一步是将它转化为位姿的表达形式。VAE 的隐参数特征 z 是空间位姿 y 的非解释性的语义表达。本节提出了将其解码成位姿形式的编码字典（codebook）方法。编码字典是记录特征和对应位姿的参照模板。如图 7-34 所示，编码字典的制作流程如下。

步骤 1：预估位姿潜在的解空间。

步骤 2：对解空间的每一项位姿变量进行均匀采样，如以 1° 和 1mm 的间隔对 A、B、G（旋转变量）和 X、Z、R（平移变量）进行采样。

步骤 3：通过极小包围膜筛选出采样位姿中的有效位姿 y。

步骤 4：将有效位姿转化成对应的渲染轮廓图（字典的模板图像）。

步骤 5：将模板图像输入编码器，输出对应的特征 z（字典的模板特征）。

步骤 6：以一一对应的方式（y,z），逐条记录上述制作过程中位姿 y 和对应的特征 z。

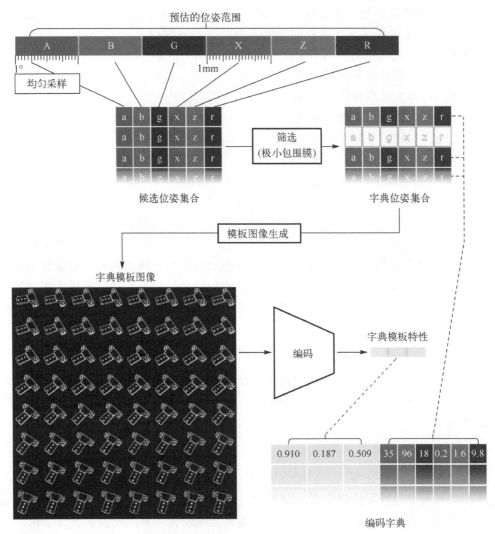

图 7-34　编码字典的制作流程

在 6D 位姿估计的最后阶段，将最优匹配特征 z^* 与编码字典中的模板特征进行逐条对比，选出其中欧式距离最小的模板特征 z，对应的位姿 y 就是最终的位姿答案。

此外，在字典匹配的操作之前，还可以对最优特征进行一次修正处理。将最优特征 z^* 输入解码器，输出其对应的生成图 x^*，再将 x^* 返回编码器，输出对应的变分

参数 μ^* 和 σ^*。然后将其中的期望 μ^* 作为修正后的特征输出。该操作可以缓解 VAE 因训练效果不佳（先验分布的欠拟合）导致的模拟分布误差问题。

7.3.4　实验验证

1. 反光低纹理物体的 6D 位姿估计方法的实验验证

实验平台：如图 7-35 所示，该平台的硬件系统包含了三部分。

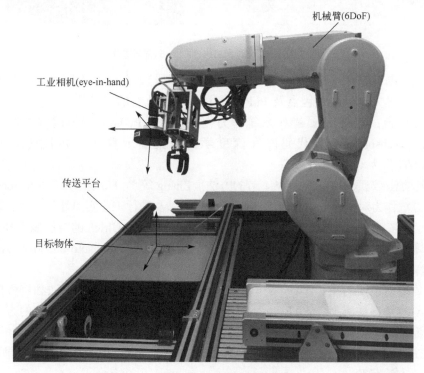

机械臂(6DoF)

工业相机(eye-in-hand)

传送平台

目标物体

图 7-35　实验平台

① 6 自由度机械臂机器人；
② 装配在机械臂末端的工业相机（分辨率：640×480，焦距：3.5mm）；
③ 模拟工厂流水线的传送平台。

实验平台通过机械臂在操作空间中随机运动以及目标物体在传送平台上的随机摆放，模拟了生产流水线中视觉系统的观察行为，并筛选出包含完整目标投影的图像，制作了观察空间的观察样本。

实验对象：如图 7-36 所示，实验共检测了 6 个形状各异的金属零件。每个零件提供了对应的 CAD 模型。

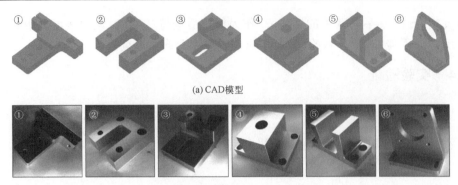

(a) CAD模型

图 7-36　实验对象：零件 1~6（见彩图）

测试数据：96 张测试图片（每个实验对象 16 张），包含了不同光照条件下的随机位姿，通过人工标注关键点及 PnP 的方法获取了位姿的真实值。

软件平台：以 Linux 操作系统作为程序平台，Python 作为编程语言，通过 OpenGL、TensorFlow 等代码库和深度学习框架实现算法，并且使用了一台 GTX1080Ti 作为 GPU 加速硬件。

对比算法：选取了 He 等[52]（6.1 节的方法）、Zhang 等[53]、Ulrich 等[54]和 Sundermeyer 等[55]的方法作为对比算法。为了公平地对比算法以及进行工业实用性的评价，这些方法都属于不依赖真实采样图像的算法。其中，He、Zhang、Ulrich 的方法属于基于模板匹配的算法，Sundermeyer 的方法——增强自编码器（augmented auto-encoder，AAE）属于基于深度学习的算法。

需要特别说明的是，AAE 是说明本章提出的"特征-图像"方法独特性的典型实例。与本章方法类似，AAE 也是基于自编码器的"编码-解码"架构的方法。但是在位姿估计阶段，与本章正好相反，AAE 使用了编码器（本章对应的是解码器）对输入图像进行了判别操作。所以 AAE 的方法仍然落入了判别式模型的"图像-特征"传统方法范畴。

实验结果：图 7-37 展示了实验结果示例，图 7-37（a）为检测图像；图 7-37（b）为根据估计位姿重建的渲染图；图 7-37（c）为检测图像+渲染图的轮廓；图 7-37（d）为检测图像的轮廓（Canny）；图 7-37（e）为最优匹配特征的对应生成图；图 7-37（f）为图 7-37（d）和图 7-37（e）的重叠，通过不同的颜色区分。

　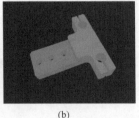　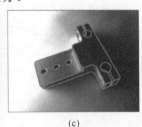

(a)　　　　　　　　　　　(b)　　　　　　　　　　　(c)

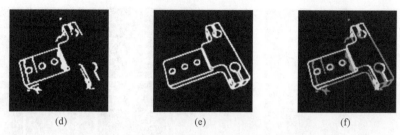

(d)　　　　　　　　　　(e)　　　　　　　　　　(f)

图 7-37　零件 1 的实验结果示例（见彩图）

图 7-38 是零件 1～6 实验结果的示例。表 7-1 是实验的数值结果（包括对比算法），包括了：位姿估计的正确率（旋转误差≤10°且平移误差≤10mm 的估计位姿的比例）、估计位姿与真值的平均误差（主观位姿表示法）、对单幅图像进行位姿估计的平均运行时间。

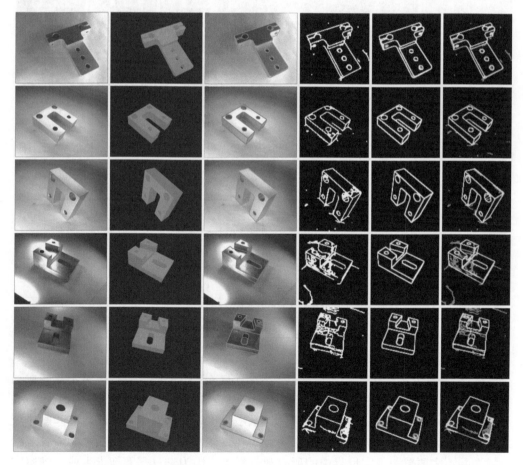

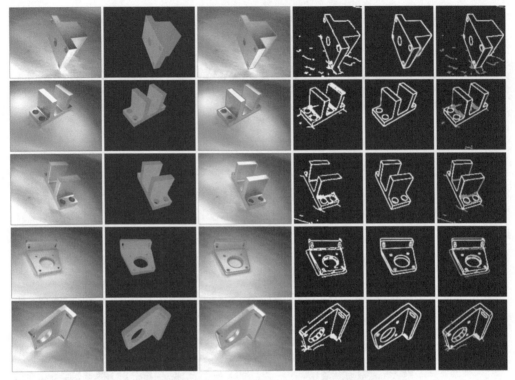

图 7-38　零件 1～6 的实验结果示例（见彩图）

表 7-1　实验结果的数值统计

所用方法	位姿正确率/%	位姿精度（旋转和平移误差）						运行时间/s
		$a/(°)$	$b/(°)$	$g/(°)$	x/mm	z/mm	r/mm	
本节方法	100	0.493	0.645	0.633	0.332	0.840	1.004	0.532
He	85.1	1.076	1.757	1.222	2.457	2.849	3.408	5.218
Zhang	31.9	7.537	9.465	8.061	5.576	6.016	7.083	6.725
Ulrich	54.2	2.055	2.231	2.180	2.612	2.489	3.248	1.180
Sundermeyer	78.8	7.708	8.853	6.381	2.697	2.845	6.970	0.502

下面从鲁棒性、精确性和实用性三个方面对实验结果进行分析。

（1）鲁棒性分析：传统"图像-特征"类型的 6D 位姿估计方法都属于从图像到特征的映射模型。由于图像样本的有限性，必然存在样本代表性不足的问题。以 He 和 Zhang 为代表的模板匹配方法以及以 AAE 为代表的机器学习方法，其匹配模板或训练数据无法完全覆盖现实世界中所有的观察样本。本章所提出的"生成式观察空间"并不需要覆盖现实世界中的所有观察样本，因为它只需要搜索生成式观察空间中与现实样本的对应生成样本（必然存在）。实际上，本章所使用的轮廓提取算法，是一种极为常见 Canny 轮廓检测算法[56]。如图 7-37 和图 7-38 所示，该算法除了产生了大量的噪声，还造成了目标物体自身轮廓的缺失。但是，通过有限的边缘信息，本章的特征优化检索过程可以搜索出严密拟合的对应生成图像。针对金属零件对环境的敏感性，具有良好的解决效果。此外，饱和式并行进程的方法也是该方法高鲁棒性的原因之一。

（2）精确性分析：在 6D 位姿估计领域，基于局部特征的关联点法或投票法往往具有最高的精度。以 AAE 为代表的全局特征法，只能达到如表 7-1 所示的粗糙精度。这是由于"图像-特征"架构的方法存在因"过拟合"问题而引起的精度塌陷问题。本章的方法之所以可以突破全局特征法的精度瓶颈，是因为生成式观察空间覆盖了连续域的解空间，并且通过"特征-图像"方法实现了全局特征的回归求解，达到了局部特征方法的精度级别。这是传统方法因金属零件的局部特征稀疏性而无法实现的。

（3）实用性分析：金属零件由于其深度信息的测量困难性，成为很多算法适用范围的禁区。以 He、Zhang 和 Ulrich 为代表的方法，对目标物体的几何外形存在多种限制。本章提出的 6D 位姿估计方法，仅需要目标物体提供其任意的外形轮廓，具有广泛的适用性。此外，该方法不需要提供真实的采样图像，在工业应用中具有较高的实用性。

2. 饱和式并行进程的验证实验

在特征优化检索阶段，进行了多次独立重复实验。如图 7-39 所示，实验选取了 8 张上一实验的测试图像，并对每张图像都执行了 128 次拥有 64 个单进程的并行检索进程。如图所示，通过统计成功收敛的单进程数量，可以估计出单进程的成功概率：

$$p = 成功线程数量/线程总数$$

对于不同的测试对象，单进程的成功检索概率在 10%～90%的范围内波动。

每项单进程都等价于独立的特征优化检索实验。通过将 8192 项单进程结果分为 m 组，得到包含 $n = 8192/m$ 项单进程的并行进程的整体结果。统计成功的并行进程（至少拥有一项成功的单进程）的数量，可以估计并行进程的成功率：

$$p^* = 成功进程数量/进程总数$$

分析 $n=1,2,3,\cdots,64$ 时的并行进程的成功率，可以得到单进程数量与整体成功率之间的关系。表 7-2 给出了 $n=1,8,16,24,32,40,48,56,64$ 时的统计结果。从中发现，当单进程的数量达到了 40 及以上时，即使以极低的单进程成功率（10%左右），其总体成功率也可趋近于 100%。

基于 7.3.3 节中"约束场效应下的特征优化检索"这节的理论，并行进程中单进程的数量 n 与总体成功率 p^* 的关系为

$$p^* = 1 - (1-p)^n$$

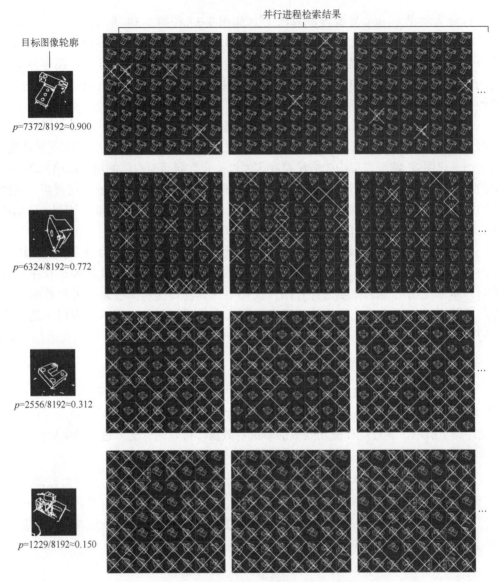

图 7-39　并行进程的重复试验的结果

表 7-2　并行进程实验结果

试验编号	1	2	3	4	5	6	7	8
线程数量	成功进程数量/进程总数							
1	1701/8192	979/8192	4341/8192	3720/8192	7372/8192	1229/8192	5527/8192	2556/8192
8	846/1024	654/1024	1019/1024	1017/1024	1024/1024	751/1024	1023/1024	975/1024
16	495/512	443/512	512/512	512/512	512/512	483/512	512/512	511/512

续表

试验编号	1	2	3	4	5	6	7	8
线程数量	成功进程数量/进程总数							
24	339/341	323/341	341/341	341/341	341/341	338/341	341/341	341/341
32	256/256	252/256	256/256	256/256	256/256	253/256	256/256	256/256
40	204/204	204/204	204/204	204/204	204/204	204/204	204/204	204/204
48	170/170	170/170	170/170	170/170	170/170	170/170	170/170	170/170
56	146/146	146/146	146/146	146/146	146/146	146/146	146/146	146/146
64	128/128	128/128	128/128	128/128	128/128	128/128	128/128	128/128

图 7-40 绘制了理论曲线以及实际结果。理论曲线与实际结果高度重合，从而验证了饱和式并行进程的有效性。

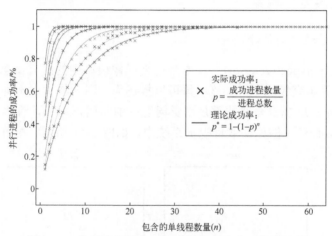

图 7-40　并行进程的实际成功率与理论成功率的比较

7.4　透视误差与多目标场景的 6D 位姿估计

在 6D 位姿估计问题中，每个目标投影都可通过一个 6 自由度的位姿向量唯一确定。因此，所有目标投影的位姿集合(观察空间)对应了特征空间中的 6 维流形。然而，我们通过实践发现，当对目标投影进行了平面仿射变换的相关操作(缩放/平移)后，无法在位姿空间中寻找到该投影的对应位姿。

经过深入研究，我们总结了这一现象——"透视误差"，并证明了其背后的图形学原理。该现象说明了在透视投影模型中，不同的观察参考系(局部观察空间)在各自位姿空间隔离的情况下，存在着无法拟合的投影外形差异。该现象在多目标复杂场景下先进行目标检测，再进行位姿估计的方法流程，造成了一定程度的广泛影响。

为了解决由该现象引起的问题，本节在 7.3 节的研究基础上提出了基于多元局部观察空间的 6D 位姿估计方法。

(1)建立多元局部观察空间的模型。局部观察空间通过在位姿空间中增加额外的 2 个维度(6→8),实现了对透视投影模型中所有局部观察参考系的完备描述,拓展观察空间的描述体系。

(2)提出"监督式生成模型"的网络架构。该模型通过区别于传统生成模型的训练过程,将原本随机的输入特征与生成图像进行绑定,实现特征"监督"图像内容的生成,为多元局部观察空间的生成式构建提供解决方法。

(3)在特征检索阶段,采取对待输入特征动态分配的 BPI 算法。该算法根据输入特征的属性进行区别处理,令描述局部空间的特征保持静止,同时允许描述 6D 位姿的特征进行自我更新,从而实现在局部观察空间中对位姿的回归求解。

7.4.1 "透视误差"现象

1. 透视误差现象的消除设想

"透视误差(perspective error)"原本是透视成像模型中的既有概念,常见于双目视觉和 SLAM 等研究领域[57,58]。该现象可以描述为:同一物体在不同视角下产生的透视投影的差异。透视误差并非都是视觉问题中的阻碍,相反,许多视觉问题需要借助它才能完成任务。例如在双目视觉系统中,如图 7-41 所示,相机 1 和相机 2 在

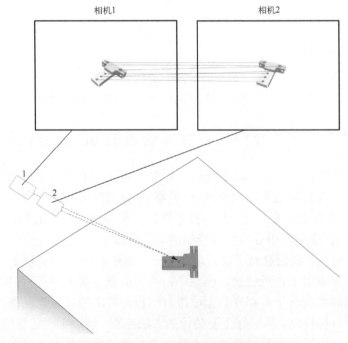

图 7-41　双目视觉下的透视误差的现象

空间中相隔固定的距离并对同一物体进行观察(同时指向中心),其拍摄的投影就存在外形上的差异。双目视觉技术通过关联同一点的不同二维坐标,可以复原其三维坐标,进而复原整个物体的空间模型。该原理也是人眼对物体产生"立体感"的原因之一。

　　然而,在 6D 位姿估计的过程中,目标物体的投影并不总是处于相机的观察中心。图 7-42 是透视误差的另一种形式:相机的姿态(转向)固定,并在自身坐标系定义的 XY 轴平面上进行平移,就会产生图像位置不同的目标投影(编号 1-9)。在正交投影(orthogonal projection)模型中,目标投影仅发生图像位置的变化。在透视投影模型中,伴随着目标投影的位置变化,其外形也发生了变化。

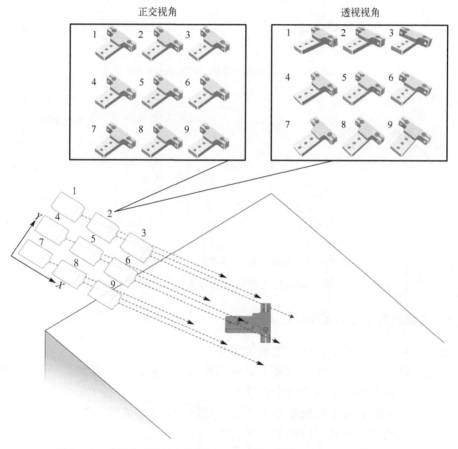

图 7-42　目标投影(正交投影/透视投影)随相机平移而发生的变化
1-9 代表了相机的不同位置,相机的平移只局限于自身 XY 轴所描述的平面上

　　针对图 7-42 中出现的透视误差现象,本章设想了以下"消除透视误差"的情形。如图 7-43(a)所示,在透视投影模型中,通过对目标物体进行位姿调整,可以使得画

面中不同位置的目标投影保持外形的一致，形成类似正交投影模型中出现的情形。

上述情形还可以表达为一种条件更宽的形式——如图 7-43(b)所示，在透视投影模型中，存在两个不同的位姿，它们产生的投影通过缩放和平移(仿射变换)，可以发生重合。

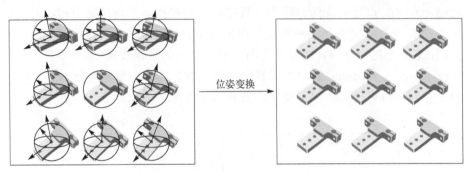

(a) 调整位姿，不同画面位置的投影的形成外形一致

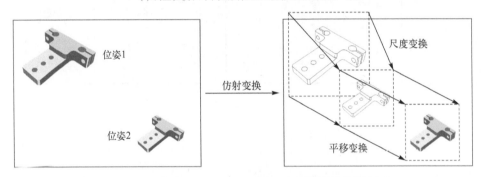

(b) 通过"缩放+平移"，存在可以发生投影重合的不同位姿

图 7-43 针对消除透视误差设想的情形

2. 透视投影形态孤立性的发现及证明

通过研究，我们发现了以下图形学定理。

在透视投影模型中，任意位姿下目标物体投影，不能由任意的另一个位姿产生的投影通过任何平移缩放的仿射变换获得。

上述定理被命名为透视投影形态孤立性定理。该定理说明了 7.4.1 节中"透视误差现象的消除设想"中设想情形的不可行性：

①不同画面位置的投影，不可能出现形态一致的投影(透视误差无法消除)；

②在透视投影模型中，任意位姿产生的投影的外形都是独一无二的，即它们之间不可能通过平移或缩放发生重合。

为了证明该定理,需要用到群论(group theory)、三维旋转群 SO(3)、欧式群 SE(3)

和仿射变换的相关知识：

"群（group）"是一种"集合+运算"的代数结构，记为$(A,\cdot)$。其中，A表示集合，"$\cdot$"表示群操作，是作用在集合A上的二元运算。群的定义包括 4 个性质：封闭性、结合律、幺元以及逆。本章的证明过程主要利用群的封闭性。

集合A中任意两个元素a_1和a_2，通过群操作产生的结果依然限定在A之内。

$$\forall a_1, a_2, \quad a_1 \cdot a_2 \in A \tag{7-51}$$

三维旋转群 SO(3) 的定义如式（7-52）所示：

$$\mathrm{SO}(3) = \{ \boldsymbol{R} \in \mathbb{R}^{3\times 3} \mid \boldsymbol{R}\boldsymbol{R}^{\mathrm{T}} = I, \det(\boldsymbol{R}) = 1 \} \tag{7-52}$$

其中，$\boldsymbol{R}$是三维旋转矩阵。在空间位姿变换的理论中，任意一个旋转矩阵$\boldsymbol{R}$可以由一组旋转变量(a,b,g)唯一确定：

$$\boldsymbol{R}(a,b,g) = \begin{bmatrix} \cos a \cos g - \cos b \cos a \sin g & -\cos b \cos g \sin a - \cos a \sin g & \sin a \sin b \\ \cos g \sin a + \cos a \cos b \sin g & \cos a \cos b \cos g - \sin a \sin g & -\cos a \sin b \\ \sin b \sin g & \cos g \sin b & \cos b \end{bmatrix} \tag{7-53}$$

对于任意两个旋转矩阵$\boldsymbol{R}_1 = (a_1, b_1, g_1)$和$\boldsymbol{R}_2 = (a_2, b_2, g_2)$，它们的群操作"$\cdot$"被定义为矩阵相乘$\boldsymbol{R}_1 \times \boldsymbol{R}_2 = \boldsymbol{R}_3$，其结果$\boldsymbol{R}_3 = (a_3, b_3, g_3)$等价于旋转变量$(a,b,g)$的角度变换：

$$a_3 = a_1 + a_2, \quad b_3 = b_1 + b_2, \quad g_3 = g_1 + g_2 \tag{7-54}$$

$\boldsymbol{R}_3$依然是 SO(3) 集合中的元素，以上便是 SO(3) 群的封闭性。

同理，表示空间位姿变换的 SE(3) 欧式群，同样满足封闭性：

$$\mathrm{SE}(3) = \left\{ T = \begin{bmatrix} R & t \\ 0 & 1 \end{bmatrix} \in \mathbb{R}^{4\times 4} \mid R \in \mathrm{SO}(3), t \in \mathbb{R}^3 \right\} \tag{7-55}$$

$\boldsymbol{T}$即描述空间坐标系变换外参矩阵。在透视投影模型中，三维空间中的点(U, V, W)通过以下公式转化为二维平面中的点(u, v)：

$$s \begin{bmatrix} u \\ v \\ 1 \end{bmatrix} = \begin{bmatrix} f_x & 0 & c_x & 0 \\ 0 & f_y & c_y & 0 \\ 0 & 0 & 1 & 0 \end{bmatrix} \begin{bmatrix} \boldsymbol{R} & t \\ 0 & 1 \end{bmatrix} \begin{bmatrix} U \\ V \\ W \\ 1 \end{bmatrix} \tag{7-56}$$

将其中的内参矩阵定义为$\boldsymbol{M}$：

$$\boldsymbol{M}_{3\times 3} = \begin{bmatrix} f_x & 0 & c_x \\ 0 & f_y & c_y \\ 0 & 0 & 1 \end{bmatrix} \tag{7-57}$$

式(7-56)可以简化为

$$s\begin{bmatrix} u \\ v \\ 1 \end{bmatrix} = [\boldsymbol{M} \quad 0]\begin{bmatrix} \boldsymbol{R} & \boldsymbol{t} \\ 0 & 1 \end{bmatrix}\begin{bmatrix} U \\ V \\ W \\ 1 \end{bmatrix} \tag{7-58}$$

对于 SE(3) 群中的任意两个元素(位姿矩阵) $\boldsymbol{T}_1$ 和 $\boldsymbol{T}_2$,其群操作被定义为两个矩阵相乘:

$$\boldsymbol{T}_3 = \boldsymbol{T}_1 \times \boldsymbol{T}_2 = \begin{bmatrix} \boldsymbol{R}_1 & \boldsymbol{t}_1 \\ 0 & 1 \end{bmatrix}\begin{bmatrix} \boldsymbol{R}_2 & \boldsymbol{t}_2 \\ 0 & 1 \end{bmatrix} = \begin{bmatrix} \boldsymbol{R}_1\boldsymbol{R}_2 & \boldsymbol{R}_1\boldsymbol{t}_2 + \boldsymbol{t}_1 \\ 0 & 1 \end{bmatrix} \tag{7-59}$$

由于 SO(3) 群的封闭性, $\boldsymbol{R}_1\boldsymbol{R}_2 \in$ SO(3), $\boldsymbol{T}_3$ 依然属于 SE(3) 群。SO(3) 群和 SE(3) 群中的元素都是连续的,群操作实现的变换是光滑连续的,此类群被称为李群(Lie group)。

仿射变换又可以称作平面变换,是二维平面空间内坐标转换的过程。其中包括的尺度变换($s_x = s_y$)和平移变换也被称作"刚性变换",因为它们的变换不改变投影的外形。如图 7-44 所示,尺度变换和平移变换的操作相当于对平面中任意点(u , v)左乘式(7-60)和式(7-61)的尺度变换矩阵和平移变换矩阵,转化为新的坐标(u' , v'):

$$\begin{bmatrix} u' \\ v' \\ 1 \end{bmatrix} = \begin{bmatrix} s_x & 0 & 0 \\ 0 & s_y & 0 \\ 0 & 0 & 1 \end{bmatrix}\begin{bmatrix} u \\ v \\ 1 \end{bmatrix} \tag{7-60}$$

$$\begin{bmatrix} u' \\ v' \\ 1 \end{bmatrix} = \begin{bmatrix} 1 & 0 & t_u \\ 0 & 1 & t_v \\ 0 & 0 & 1 \end{bmatrix}\begin{bmatrix} u \\ v \\ 1 \end{bmatrix} \tag{7-61}$$

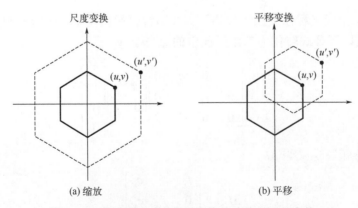

图 7-44　平面坐标系中仿射变换的缩放和平移变换

透视投影形态孤立性定理的证明过程，等价于分别证明以下三条定理。

定理 7.1　任意位姿产生的投影,若经历了任意的尺度变换,则不存在任何位姿,能够产生和它一致的投影。

定理 7.2　任意位姿产生的投影,若经历了任意的尺度变换,以及任意的平移变换,则不存在任何位姿,能够产生和它一致的投影。

定理 7.3　任意位姿产生的投影,若经历了任意的平移变换,则不存在任何位姿,能够产生和它一致的投影。

为了证明定理 7.1,现假设 7.4.1 节中"透视误差现象的消除设想"设想的"消除透视误差"情形是存在的。任意位姿矩阵 $\boldsymbol{T}$ 产生的目标投影,对其进行尺度变换 A $(a>0)$,则投影中每一个点 (u,v) 获得新的坐标 (u',v'):

$$\begin{bmatrix} u' \\ v' \\ 1 \end{bmatrix} = A \begin{bmatrix} u \\ v \\ 1 \end{bmatrix} = \begin{bmatrix} a & 0 & 0 \\ 0 & a & 0 \\ 0 & 0 & 1 \end{bmatrix} \begin{bmatrix} u \\ v \\ 1 \end{bmatrix} \tag{7-62}$$

根据式(7-58),式(7-62)等价于对目标物体的所有三维点 (U,V,W) 进行以下变换:

$$s \begin{bmatrix} u' \\ v' \\ 1 \end{bmatrix} = A[\boldsymbol{M} \quad \boldsymbol{0}] \begin{bmatrix} \boldsymbol{R} & \boldsymbol{t} \\ 0 & 1 \end{bmatrix} \begin{bmatrix} U \\ V \\ W \\ 1 \end{bmatrix} \tag{7-63}$$

7.4.1 节中"透视误差现象的消除设想"的设想在于找到位姿空间中某一位姿 $\boldsymbol{T}_1$,经过任意 $\boldsymbol{T}_2$ 的变换,使它产生的投影与经过式(7-63)变换的投影能够发生重合:

$$s \begin{bmatrix} u' \\ v' \\ 1 \end{bmatrix} = [\boldsymbol{M} \quad \boldsymbol{0}] \begin{bmatrix} \boldsymbol{R}_1 & \boldsymbol{t}_1 \\ 0 & 1 \end{bmatrix} \begin{bmatrix} \boldsymbol{R}_2 & \boldsymbol{t}_2 \\ 0 & 1 \end{bmatrix} \begin{bmatrix} U \\ V \\ W \\ 1 \end{bmatrix} \tag{7-64}$$

由于 SE(3) 群的封闭性,相当于在位姿空间中存在某个位姿 $\boldsymbol{T}'$,满足:

$$\begin{bmatrix} \boldsymbol{R}_2 & \boldsymbol{t}_2 \\ 0 & 1 \end{bmatrix} \begin{bmatrix} \boldsymbol{R}_3 & \boldsymbol{t}_3 \\ 0 & 1 \end{bmatrix} = \begin{bmatrix} \boldsymbol{R}' & \boldsymbol{t}' \\ 0 & 1 \end{bmatrix} = \boldsymbol{T}' \tag{7-65}$$

对于式(7-63),可以做如下的简化:

$$A[\boldsymbol{M} \quad \boldsymbol{0}] = \begin{bmatrix} a & 0 & 0 \\ 0 & a & 0 \\ 0 & 0 & 1 \end{bmatrix} [\boldsymbol{M} \quad \boldsymbol{0}] = \begin{bmatrix} af_x & 0 & ac_x & 0 \\ 0 & af_y & ac_y & 0 \\ 0 & 0 & 1 & 0 \end{bmatrix} = [\boldsymbol{M}' \quad \boldsymbol{0}] \tag{7-66}$$

基于存在某个位姿 $\boldsymbol{T}'$ 的假设,便有:

$$s\begin{bmatrix} u' \\ v' \\ 1 \end{bmatrix} = \begin{bmatrix} \boldsymbol{M}' & 0 \end{bmatrix}\begin{bmatrix} \boldsymbol{R} & \boldsymbol{t} \\ 0 & 1 \end{bmatrix}\begin{bmatrix} U \\ V \\ W \\ 1 \end{bmatrix} \equiv \begin{bmatrix} \boldsymbol{M} & 0 \end{bmatrix}\begin{bmatrix} \boldsymbol{R}' & \boldsymbol{t}' \\ 0 & 1 \end{bmatrix}\begin{bmatrix} U \\ V \\ W \\ 1 \end{bmatrix} \tag{7-67}$$

由于式 (7-67) 需要对空间中所有的三维点 (U, V, W) 都成立，因此必须满足：

$$\begin{bmatrix} \boldsymbol{M}' & 0 \end{bmatrix}\begin{bmatrix} \boldsymbol{R} & \boldsymbol{t} \\ 0 & 1 \end{bmatrix} = \begin{bmatrix} \boldsymbol{M} & 0 \end{bmatrix}\begin{bmatrix} \boldsymbol{R}' & \boldsymbol{t}' \\ 0 & 1 \end{bmatrix} \tag{7-68}$$

由此可知：

$$\begin{bmatrix} \boldsymbol{M}'\boldsymbol{R} & \boldsymbol{M}'\boldsymbol{t} \end{bmatrix} = \begin{bmatrix} \boldsymbol{M}\boldsymbol{R}' & \boldsymbol{M}\boldsymbol{t}' \end{bmatrix} \tag{7-69}$$

对其中的矩阵计算行列式：

$$\det(\boldsymbol{M}'\boldsymbol{R}) = \det(\boldsymbol{M}\boldsymbol{R}') \tag{7-70}$$

根据行列式的乘积定理：$\det(\boldsymbol{M}'\boldsymbol{R}) = \det(\boldsymbol{M}')\det(\boldsymbol{R})$，$\det(\boldsymbol{M}\boldsymbol{R}') = \det(\boldsymbol{M})\det(\boldsymbol{R}')$，其中，$\det(\boldsymbol{M}') = a^2 f_x f_y$，$\det(\boldsymbol{M}) = f_x f_y$。按照 SO(3) 群的旋转矩阵定义，可以得知：$\det(\boldsymbol{R}) = \det(\boldsymbol{R}') \equiv 1$，因此满足式 (7-70) 的条件为

$$a^2 f_x f_y = f_x f_y \tag{7-71}$$

由于 $a>0$，当且仅当 $a=1$ 时上式成立。

现证明定理 7.2 所讨论的"尺度变换+平移变换"的情形。仿射变换 $\boldsymbol{A}'$（平移+尺度）等于尺度变换 $\boldsymbol{A}(a)$ 和平移变换 $\boldsymbol{A}(t_u, t_v)$ 的乘积：

$$\boldsymbol{A}' = \boldsymbol{A}(a)\boldsymbol{A}(t_u, t_v) = \begin{bmatrix} a & 0 & 0 \\ 0 & a & 0 \\ 0 & 0 & 1 \end{bmatrix}\begin{bmatrix} 1 & 0 & t_u \\ 0 & 1 & t_v \\ 0 & 0 & 1 \end{bmatrix} = \begin{bmatrix} a & 0 & at_u \\ 0 & a & at_v \\ 0 & 0 & 1 \end{bmatrix} \tag{7-72}$$

与之前的证明过程类似，式 (7-69) 成立的条件是 $\det(\boldsymbol{M}') = \det(\boldsymbol{M})$，其中，$\boldsymbol{M}' = \boldsymbol{A}'\boldsymbol{M}$。根据式 (7-72)，$\det(\boldsymbol{M}') = \det(\boldsymbol{A}')\det(\boldsymbol{M}) = a^2 f_x f_y$。因此，式 (7-69) 成立的条件也是 $a=1$。同理，证明了定理 7.2。

现讨论定理 7.3 中仅使用平移变换的情形：

$$\boldsymbol{M}' = \begin{bmatrix} 1 & 0 & t_x \\ 0 & 1 & t_y \\ 0 & 0 & 1 \end{bmatrix}\begin{bmatrix} f_x & 0 & c_x \\ 0 & f_y & c_y \\ 0 & 0 & 1 \end{bmatrix} = \begin{bmatrix} f_x & 0 & c_x + t_x \\ 0 & f_y & c_y + t_y \\ 0 & 0 & 1 \end{bmatrix} = \begin{bmatrix} f_x & 0 & c_x' \\ 0 & f_y & c_y' \\ 0 & 0 & 1 \end{bmatrix} \tag{7-73}$$

$$\boldsymbol{M}'\boldsymbol{R} = \begin{bmatrix} f_x & 0 & c_x' \\ 0 & f_y & c_y' \\ 0 & 0 & 1 \end{bmatrix}\begin{bmatrix} r_{11} & r_{12} & r_{13} \\ r_{21} & r_{22} & r_{23} \\ r_{31} & r_{32} & r_{33} \end{bmatrix} = \begin{bmatrix} f_x r_{11} + c_x' r_{31} & f_x r_{12} + c_x' r_{32} & f_x r_{13} + c_x' r_{33} \\ f_y r_{21} + c_y' r_{31} & f_y r_{22} + c_y' r_{32} & f_y r_{23} + c_y' r_{33} \\ r_{31} & r_{32} & r_{33} \end{bmatrix} \tag{7-74}$$

$$MR' = \begin{bmatrix} f_x & 0 & c_x \\ 0 & f_y & c_y \\ 0 & 0 & 1 \end{bmatrix} \begin{bmatrix} r'_{11} & r'_{12} & r'_{13} \\ r'_{21} & r'_{22} & r'_{23} \\ r'_{31} & r'_{32} & r'_{33} \end{bmatrix} = \begin{bmatrix} f_x r'_{11} + c_x r'_{31} & f_x r'_{12} + c_x r'_{32} & f_x r'_{13} + c_x r'_{33} \\ f_y r'_{21} + c_y r'_{31} & f_y r'_{22} + c_y r'_{32} & f_y r'_{23} + c_y r'_{33} \\ r'_{31} & r'_{32} & r'_{33} \end{bmatrix} \quad (7\text{-}75)$$

由于 $M'R = MR'$ ，得到 $r'_{31} = r_{31}$ ， $r'_{32} = r_{32}$ ， $r'_{33} = r_{33}$ ，因此可以得到：

$$r'_{11} = r_{11} + \frac{(c'_x - c_x)}{f_x} r_{31}, \quad r'_{12} = r_{12} + \frac{(c'_x - c_x)}{f_x} r_{32}, \quad r'_{13} = r_{13} + \frac{(c'_x - c_x)}{f_x} r_{33} \quad (7\text{-}76)$$

$$r'_{21} = r_{21} + \frac{(c'_y - c_y)}{f_y} r_{31}, \quad r'_{22} = r_{22} + \frac{(c'_y - c_y)}{f_y} r_{32}, \quad r'_{23} = r_{23} + \frac{(c'_y - c_y)}{f_y} r_{33} \quad (7\text{-}77)$$

定义 $a = \dfrac{(c'_x - c_x)}{f_x}$ ， $b = \dfrac{(c'_y - c_y)}{f_y}$ ，便有

$$R' = \begin{bmatrix} R_{11} + ar_{31} & r_{12} + ar_{32} & r_{13} + ar_{33} \\ r_{21} + br_{31} & r_{22} + br_{32} & r_{23} + br_{33} \\ r_{31} & r_{32} & r_{33} \end{bmatrix} = \begin{bmatrix} 1 & 0 & a \\ 0 & 1 & b \\ 0 & 0 & 1 \end{bmatrix} \begin{bmatrix} r_{11} & r_{12} & r_{13} \\ r_{21} & r_{22} & r_{23} \\ r_{31} & r_{32} & r_{33} \end{bmatrix} = \begin{bmatrix} 1 & 0 & a \\ 0 & 1 & b \\ 0 & 0 & 1 \end{bmatrix} R \quad (7\text{-}78)$$

其中可以得到

$$P = \begin{bmatrix} 1 & 0 & a \\ 0 & 1 & b \\ 0 & 0 & 1 \end{bmatrix} = R'R^{-1} \quad (7\text{-}79)$$

由 SO(3) 群的幺元性及可逆性，可知 R^{-1} 必然存在且 R^{-1} 也属于 SO(3) 群中的元素，因此，根据 SO(3) 群的封闭性， P 也应该属于 SO(3) 群中的元素，即 P 也属于 SO(3) 的旋转矩阵。按照式(7-53)旋转矩阵的定义，可知：

$$a^2 + b^2 + 1^2 = 1 \quad (7\text{-}80)$$

因此 $a = b = 0$ ，成立的条件便是 $c'_x = c_x$ ， $c'_y = c_y$ ，因此 $t_x = t_y = 0$ 。

3. 透视误差现象的普遍性

透视误差现象引起的问题在 6D 位姿估计领域具有普遍性。在需要图像参考的 6D 位姿估计方法中，作为先验知识的样本数据(模板库或训练集)都集中来自成像平面中的特定区域，如图 7-45 所示。并且采样相机与目标物体的距离也保持一致。但是，在实际的检测过程中，既不能保证目标投影处于采样样本相同的位置，也不能保证相机的距离与采样时保持一致。检测样本的位姿空间与采样样本的位姿空间是"隔离"的。

现假设图中的实际检测区域与采样区域能够产生一致的投影，那么就一定可以通过尺度变换和平移变换使两个投影发生重合，但是这就与透视投影形态孤立性定理的结论相悖。如图 7-46 所示，在正常的观察空间中，可以识别正确的目标位姿(蓝

色轮廓），但是对于经过平移或缩放的观察空间中，以图 7-46(a)的参考体系对其进行位姿估计(PnP 求解)，就只能产生错误的位姿(红色轮廓)。因此，图 7-46(b)和图 7-46(c)都是相对于图 7-46(a)的"异常空间"，是无法描述其投影位姿的特殊观察参考系。

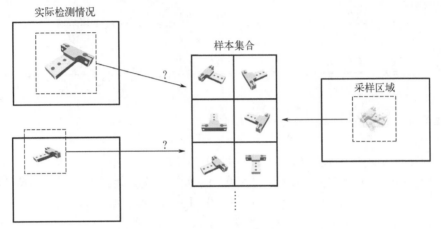

图 7-45　6D 位姿估计场景中实际的检测场景与采样场景的区别

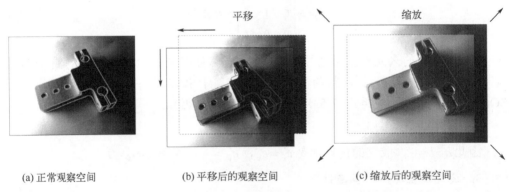

(a)正常观察空间　　　　　(b)平移后的观察空间　　　　(c)缩放后的观察空间

图 7-46　仿射变换所产生的"异常空间"现象(见彩图)

我们发现，在透视投影模型中，任意位姿对应投影都是唯一的，并且无法通过另一个位姿产生的投影经过平移和缩放得到相同的投影图形。本章以 6D 位姿估计领域中较为常用的数据集 T-Less 为例，说明"透视误差"对 6D 位姿估计数据库产生的影响。

T-Less 是一个以低纹理物体为目标对象的 6D 位姿估计图像数据库，包含了 30个塑料材质电气零部件的训练集(图 7-47(a))和测试集(图 7-47(b))。

通过复原训练集的相机采样位姿(共 1296 点)，如图 7-47(c)所示，可以发现相机的位置始终处于以目标物体为中心的斐波那契球面上。相机围绕着目标物体进行拍摄，并将拍摄的中心指向物体中心。因此，训练集中目标投影始终固定于画面的中心，其采样区域集中于图 7-47(d)所示的虚线区域内。由于固定的采样距离，投影的大小也是一致的。

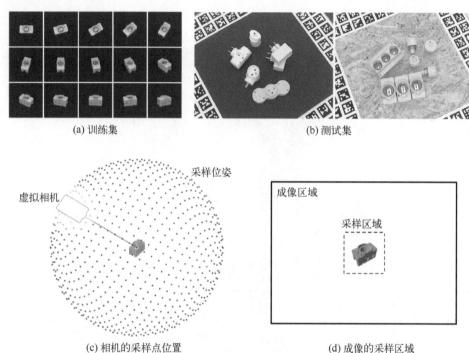

(a) 训练集　　　　　　　　　　　　　　　　　　(b) 测试集

(c) 相机的采样点位置　　　　　　　　　　　　(d) 成像的采样区域

图 7-47　T-Less 数据库示例

但是，正如 T-Less 提供的测试集显示，在实际的检测过程中，目标物体的投影往往不处于画面的中心。并且由于随机的相机距离，投影的大小也是随机的。事实上，训练集的位姿空间只占观察空间中的极小一部分。在实际的场景中，检测物体的位姿正好属于采样样本的位姿空间的概率趋近于 0。

本章以 T-Less 为例说明上述现象发生的概率。

如图 7-48 所示，在主观位姿所描述的位姿空间 XZR(x,z,r)中，每一点都代表了一个观察空间的局部领域(包含了其他变量 a,b,g 所表示的所有姿态)。需要注意的是，XZR 的观察空间是连续的，图中的采样点模拟了它的分布。

在该空间中，训练集的样本全部来自 A 点($x=0,z=0,r=0.7$)。实际检测的位姿空间完全可能来自于观察空间 XZR 中的其他任意一点，如示例中的 B 点($x=0,z=0,r=0.65$)和 C 点($x=-0.05,z=0.05,r=0.7$)。

通过对 A、B、C 三点所表示的局部位姿空间进行图像采样(虚拟渲染)，获得如图 7-49 所示的投影图像。这些样本除了各自的 x、z、r 不同，其余的变量 a、b、

g 都是一样的。从中可以发现，尽管 XZR 空间中 A,B,C 三点之间的距离不远，但是透视误差已经引起了投影外形的极大变化。透视投影形态孤立性定理说明了这三点包含的所有投影，无论如何不会出现外形相同的情况。

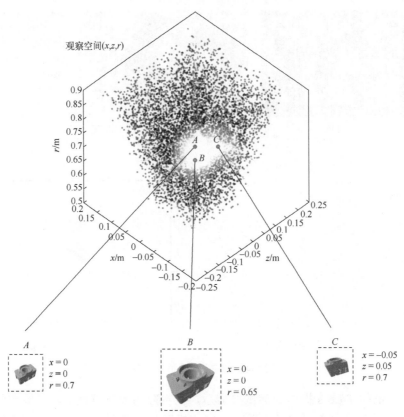

图 7-48　观察空间在 (x,z,r) 空间中的表达
A 为采样的位姿空间，B、C 为检测的位姿空间

因此，以 T-Less 为图像样本的位姿估计算法，都会存在这样的问题：这些算法通过训练集进行模型训练或模板匹配，但是在实际检测的图像(测试集)中，不会出现与训练集位姿空间中的投影外形一致的检测目标。

4. 透视误差对 6D 位姿估计算法的影响

T-Less 数据库中的"透视误差"现象，在其他数据库中同样广泛存在。因此，透视误差为相关的算法带来了一些普遍性的影响。

①绝大部分的算法都需要将数据库中的采样图像作为参考(模板库或学习数据)，但是检测图像与采样图像的投影外形不存在一致的可能性，导致了参考价值的下降。

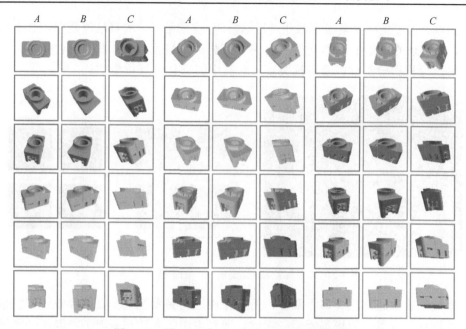

图 7-49　图 7-48 中 A、B、C 三点的采样图像

②透视误差是透视投影模型中无法避免的现象，只能通过以下方式减小误差：

使检测样本的位姿空间接近采样样本的位姿空间，减少透视误差的影响；

设置相机保持与检测物体足够远的距离，或者检测物体足够小，使物体成像近似于正交投影。

③透视误差主要影响目标投影的整体外形(全局特征)。为了规避该问题，很多算法专注于识别目标的局部特征。

④为了弥补训练集因透视误差导致的不足性，某些算法设法增加训练样本，提供更多位姿的训练图像。

但是需要说明的是，无论以何种方式(实地拍摄/虚拟渲染)补充数据集，覆盖完整的位姿空间都是极为困难的。这是由于真实的位姿空间存在 6 个维度，在其中广泛地采样耗费巨大的计算量。例如在位姿空间的旋转维度 (a,b,g) 中以 60° 作为间隔进行采样 $(360°/60°)$，在平移维度 (x,z,r) 中以 10mm 作为间隔进行采样 $(50mm/10mm)$，那么总共需要 $6^3×5^3=27000$ 个样本。这个数量已经超过了一般的数据库，如 T-Less 中的每个零件只有 1296 个样本。

7.4.2　局部观察空间

1. 多目标场景下的目标检测与位姿估计

为了解决透视误差带来的问题，本章提出了局部观察空间的概念。透视误差的影响领域，主要集中于复杂场景下"目标检测+位姿估计"的算法流程中。如图 7-50 所示，在复杂的场景中，6D 位姿估计需要首先通过目标检测，获得包含目标对象的检测框，再根据检测框以及目标类别，对其中的物体进行位姿估计。

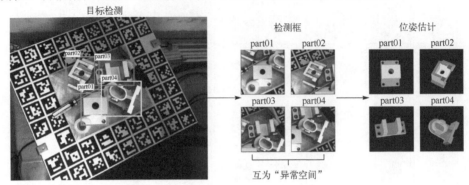

图 7-50　"目标检测+位姿估计"的一般算法流程

复杂场景中通常包含多个零件，而且互相之间易发生堆叠，图像中还可能包含了干扰物体、背景、阴影等元素。因此，现有主流的方法都采取了提取部分区域，再进行识别的算法框架，如 CNN 方法中的候选区域。

但是，上述"目标检测+位姿估计"的流程会不可避免地产生透视误差问题。如图 7-50 所示，检测框属于同一矩形区域在成像平面上进行"缩放+平移"（仿射变换）产生的结果。根据 7.4.1 节中"透视误差现象的普遍性"的结论，这些检测框所代表的观察参考系，是互为位姿空间相隔离的"异常空间"，即任意检测框中的投影，都属于其他检测框所代表的观察参考系无法描述的"异常位姿"。它们之间不存在外形一致的目标投影（除非存在足以容纳目标投影的重叠区域）。同理，任意采样区域所代表的检测框，都属于其他检测框的"异常空间"。

2. 从 6 维空间到 8 维的观察空间拓展

为了完备地描述透视误差产生的异常空间，本章提出了局部观察空间的概念。如图 7-51(a) 所示，对于全局观察空间（成像平面）中所有的位姿所产生的投影，通过一个边长为 d 的正方形区域对其进行区分，将完全被其包围的投影定义为属于它的局部观察空间，并标记该区域的左上角坐标 (u, v) 作为窗口参数。对于任意的投影，如图 7-51(b) 所示，都存在多个它所从属的局部观察空间。通过图 7-51(c) 所示的方法，可以计算该投影从属的局部观察空间的范围。

步骤 1：通过计算极小包围膜的二维投影点，可以获得该投影在画面的左右上下的极限坐标 $(x_{\max}, x_{\min}, y_{\max}, y_{\min})$。

步骤 2：通过极限坐标，计算出局部观察空间的画面范围边界：上边界 $h_t = y_{\max} - d$，下边界 $h_b = y_{\min} + d$，左边界 $w_l = x_{\max} - d$，右边界 $w_r = x_{\min} + d$。

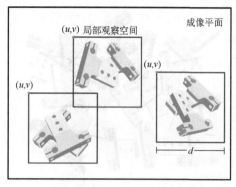 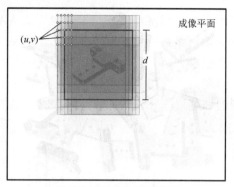

(a) 局部观察空间的定义　　　　　　　　　(b) 投影与局部观察空间的关系

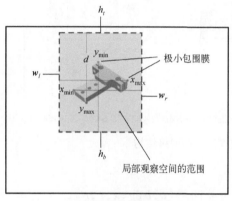 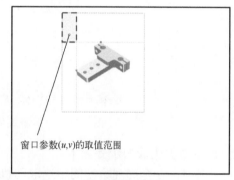

(c) 局部观察空间的范围　　　　　　　　　(d) 窗口参数的取值范围

图 7-51　局部观察空间的定义及计算方法

步骤 3：通过范围边界，确定窗口参数 (u,v) 的取值范围：$u \in [w_l, x_{\max}]$，$v \in [h_t, y_{\min}]$。

如图 7-51(d) 所示，每一个位姿 (a,b,g,x,z,r) 产生的投影，都存在一个窗口参数 (u,v) 的可连续取值的平面范围。(u,v) 作为 6D 位姿的"额外描述"，将观察空间从 6 维拓展至 8 维 (a,b,g,x,z,r,u,v)。对于任何局部观察参考系，其中，$(u=0,v=0)$ 的位姿属于正常的观察空间，其他情况则属于异常观察空间。该方法统合了观察空间对"异常空间"的描述。本章将 a,b,g,x,z,r 和 u,v 联合定义的局部观察空间的集合称为多元局部观察空间，是针对存在透视误差现象的局部观察参考系的完备描述。

7.4.3　基于"监督式生成模型"的位姿估计算法

1."监督式生成模型"的网络结构及训练

为了构建生成式的多元局部观察空间，本章提出了"监督式生成模型"的生成器网络。该网络建立在 7.3 节提出的 VAE 解码器结构之上。如图 7-52 所示，生成器的输入参数不再设置为隐参数的模式，而是由两组实际意义的参数组成：窗口参数和位姿参数。在输入端，特征的维度由之前的 6 增加至 8。其中，窗口参数表示局部观察空间左上角点 (u,v)，位姿参数表示物体的 6D 位姿 (a,b,g,x,z,r)。该模型的训练过程分为训练数据的生成以及模型的训练两个阶段，其流程如图 7-53 所示。

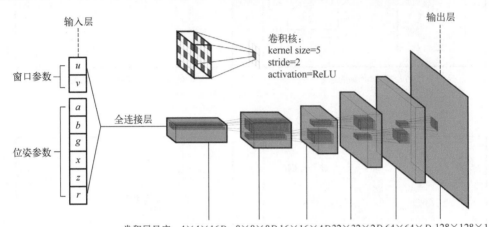

图 7-52 "监督式生成模型"的网络结构

训练数据生成的步骤如下。

步骤 1：在全局观察空间中选取随机的位姿向量 (a,b,g,x,z,r)。

步骤 2：生成位姿对应的投影渲染图像。

步骤 3：计算投影窗口参数的取值范围。

步骤 4：在窗口参数的取值范围内随机采样一点 (u,v)。

步骤 5：以采样点作为左上角点，在边长为 d 的正方形区域内对图像进行裁剪。

步骤 6：将裁剪图像转化为 128×128 的二值化轮廓图像。

需要说明的是，由于下一小节中"8 维特征空间的位姿回归"的特殊优化算法，窗口参数 (u,v) 可以在离散的整数范围内采样。通过重复上述过程，获得大量的轮廓图像以及它们对应的位姿参数 (a,b,g,x,z,r,u,v)，这些数据即为训练模型所需的训练集。

模型训练阶段的步骤如下。

步骤 1：向生成器输入特征参数(窗口参数+位姿参数)。

步骤 2：生成特征参数对应的生成图像 $\bar{x}$。

步骤 3：计算生成图像 $\bar{x}$ 和训练图像 x 之间的交叉熵 $H(\bar{x},x)$。

步骤 4：以交叉熵作为优化目标(损失函数)，对生成器参数 θ 进行迭代。

监督式生成模型摒弃了 VAE 的"编码-解码"训练过程，将输入特征由不可解释的隐参数转化为与图像绑定意义的实际参数(位姿)。通过特征"监督"图像的生成，因此属于监督学习的范畴。

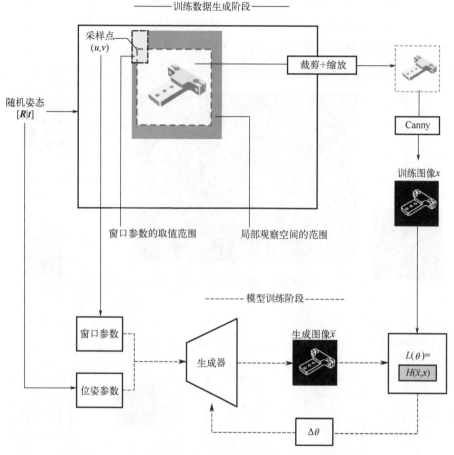

图 7-53　训练数据的生成阶段及模型的训练阶段流程图

2．8 维特征空间的位姿回归

在位姿估计阶段，该方法通过上一小节所训练的生成器网络，实现了基于"特征-图像"方法的位姿优化检索过程。在该过程中，模型的输入参数被分为：孤立参数 s（窗口参数）和动态变量 z（位姿参数）。如图 7-54 所示，该过程可以分为两个阶段：目标检测阶段和位姿估计阶段。其中，目标检测阶段需要借助目标检测算法的结果，具体步骤如下。

步骤 1：获得目标检测提供的检测框。

步骤 2：计算检测框的中心，并以此为中心划定边长为 d 的正方形裁剪框。

　　步骤 3：对图像裁剪框中的图像进行缩放和轮廓提取操作，转化为 128×128 的二值化轮廓图——目标图像 x。

　　步骤 4：获取裁剪框的左上角点坐标——窗口参数 (u,v)。

　　步骤 5：在窗口参数 (u,v) 定义的局部观察空间内生成有效的随机位姿。

　　步骤 6：将窗口参数和随机位姿输入生成器。

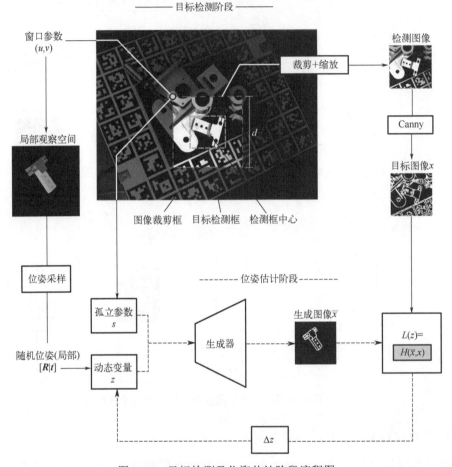

图 7-54　目标检测及位姿估计阶段流程图

位姿估计的步骤如下。

　　步骤 1：定义上一阶段输出的窗口参数为孤立参数 s，位姿参数为动态变量 z。

　　步骤 2：将 s 和 z 输入生成器，输出对应的生成图像 $\bar{x}$。

　　步骤 3：计算生成图像 $\bar{x}$ 和目标图像 x 之间的交叉熵 $H(\bar{x},x)$，作为损失函数 $L(z)$。

　　步骤 4：通过 BPI 算法对损失函数 $L(z)$ 中的动态变量 z 求导。

步骤 5：通过随机梯度下降的方法优化动态变量 $z : z - \Delta z$。

步骤 6：检查优化后的动态变量，判断其是否还属于孤立参数定义的局部观察空间。是则继续下一步，否则重启目标检测阶段的步骤 5。

步骤 7：重复步骤 1～6，直至动态变量的收敛。

步骤 8：输出动态变量，即位姿估计的最终答案。

需要说明的是，步骤 4～5 的操作是常规 BPI 算法的一种改进。与 VAE 的解码器类似，该模型中生成图像是孤立参数和动态参数作为输入的生成函数：$\bar{x} = G(z, s)$。但是在优化参数的过程中，孤立参数 s 不参与迭代，与模型的其他参数一样被看作静态的常量。而动态变量 z 则进行正常的求导和优化。通过这种动态分配优化对象的方式，实现了在局部观察空间内对位姿的回归求解。该过程的实例如图 7-55 所示。

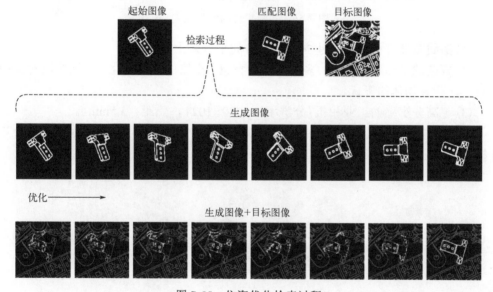

图 7-55　位姿优化检索过程

实现该方法的重要前提条件之一，是对于位姿参数（动态变量）使用了 7.2.3 节提出的主观位姿的表达形式。主观位姿避免了局部观察空间内的优化过程可能出现的穿越位姿空间 (t_x, t_y, t_z) 的状况，而是使位姿在主观位姿 (x, z, r) 聚集的局部空间中连续地搜索。

7.4.4　实验验证

1. 复杂场景下反光低纹理物体的位姿估计实验验证

实验平台：如图 7-56 所示，该平台对 7.3.4 节中的"反光低纹理物体的 6D 位姿估计方法的实验验证"的实验平台进行了改进。

图 7-56　实验平台的场景设置

(1) 搭载测试目标的场景建立在可旋转的平台之上。

(2) 复杂的工业模拟环境：多样的工业背景、丰富的光照变化、不同检测对象的堆叠、非相关物体的干扰。

(3) 更高分辨率的工业相机（分辨率：1280×1024，焦距：3.5mm）。

实验对象：如图 7-57 所示，实验共测试了 12 个形状各异的金属零件。每个零件提供了与之对应的 CAD 模型。

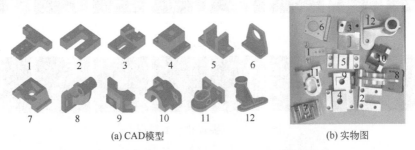

(a) CAD模型　　　　　　　　　　　　　　(b) 实物图

图 7-57　实验对象：零件 1～12（见彩图）

测试数据：通过平台的旋转以及机械臂位姿的调整（仰角调整）从多个角度对实验平台进行了拍摄，共采样了 216 张图像（每张图像包含 4 个对象，总计 864 个目标实例），如图 7-58 所示，所有的目标实例均通过跟踪码标定了目标对象的位姿真值。

软件平台：使用 Linux 操作系统作为程序平台，Python 为编程语言，OpenGL 为图像渲染的代码库，通过 TensorFlow 的架构搭建神经网络，使用一台 GTX1080Ti 作为 GPU 加速硬件。

对比算法：使用 Ulrich 等[54]和 Sundermeyer 等[55]的方法作为对比算法，出于公平比较的考虑，使用了与 Sundermeyer 相同的目标检测方法（SSD[59]）。

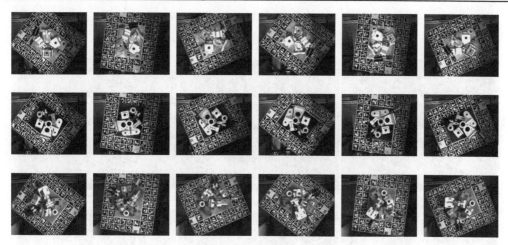

图 7-58　图像采样平台

实验结果：如图 7-59 所示，包含了检测图像、根据位姿估计重建的渲染图、检测图像+渲染图的轮廓、检测图像的轮廓、优化收敛的生成图、检测轮廓和生成图的重叠。

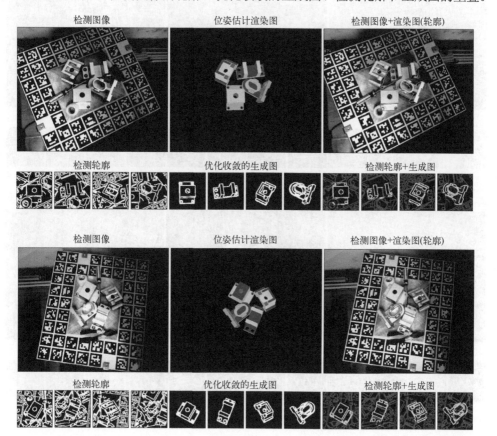

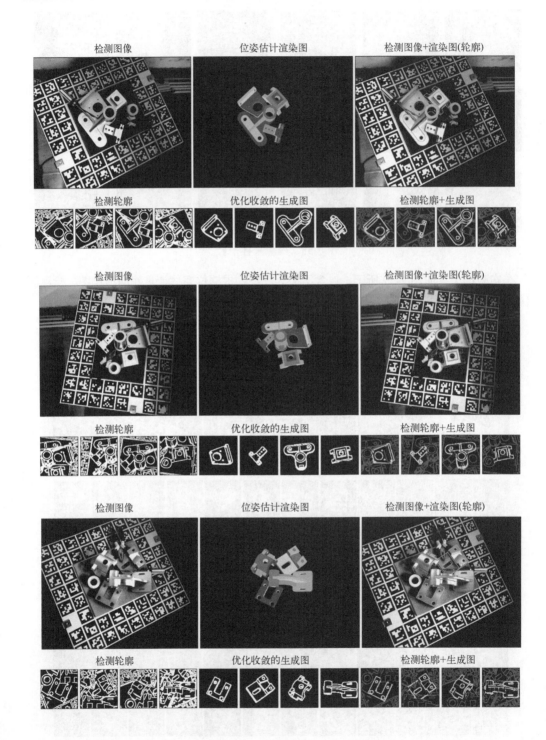

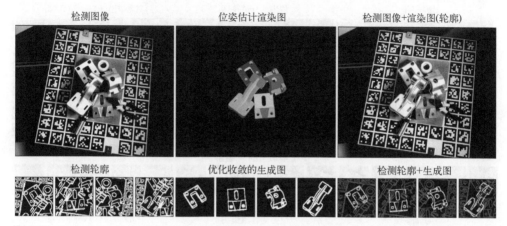

图 7-59　实验结果示例 1(见彩图)

表 7-3 是实验的数值结果(包括对比算法),包括了位姿估计的正确率(旋转误差 ≤10°且平移误差≤10mm 的估计位姿的比例)、估计位姿与真值的平均误差(主观位姿表示法)、对单个目标进行位姿估计的平均运行时间。

表 7-3　实验数值结果统计

方法	位姿正确率/%	位姿精度(旋转和平移误差)						运行时间/s
		a/(°)	b/(°)	g/(°)	x/mm	z/mm	r/mm	
本节方法	92.6	0.513	0.508	0.645	2.583	1.978	4.137	0.678
Ulrich	32.4	2.457	2.583	2.095	6.553	7.018	7.895	1.376
Sundermeyer	41.7	7.230	7.966	8.018	5.230	6.892	9.532	0.602

实验分析:根据实验结果,本节所提出的方法在复杂场景(干涉、堆叠、光照变化等)下,实现了具有精确性和鲁棒性的位姿估计效果,并且解决了"透视误差"带来的影响。此外,该方法不必经历特征解码阶段,可以直接输出位姿,具有更高的实用性。

2. 公开数据集中 6D 位姿估计算法的实验验证

为了进一步验证算法的有效性,本章在公开的数据集(T-Less)上测试了算法对于非金属零件位姿估计的效果。由于 T-Less 已经提供了测试数据和位姿真值,实验只需要根据目标对象的 CAD 模型就可以进行训练和位姿估计。

实验以 Sundermeyer 等[55]和 Peng 等[60]作为对比方法。为了公平比较,使用了 SSD[59]作为目标检测器(AAE 使用)。实验结果如图 7-60 所示,包含了检测图像、根据估计位姿重建的渲染图、检测图像+渲染图的轮廓、检测图像的轮廓、优化收敛的生成图、检测轮廓和生成图的重叠。

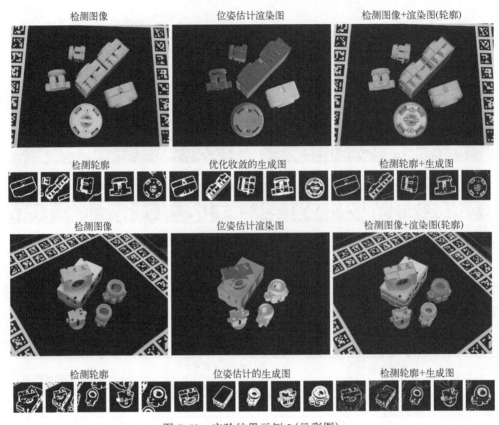

图 7-60　实验结果示例 2（见彩图）

　　表 7-4 是实验的数值结果（包括对比算法），包括了位姿估计的正确率（旋转误差 ≤10°且平移误差≤10mm 的估计位姿的比例）、估计位姿与真值的平均误差（主观位姿表示法）、对单个目标进行位姿估计的平均运行时间。

表 7-4　实验数值结果统计

方法	位姿正确率/%	位姿精度（旋转和平移误差）						运行时间/s
		$a/(°)$	$b/(°)$	$g/(°)$	x/mm	z/mm	r/mm	
本节方法	90.2	0.518	0.678	0.640	2.692	2.015	6.783	0.653
Sundermeyer	88.7	6.023	1.376	5.812	4.982	4.875	9.012	0.587
Peng	72.5	5.235	0.602	6.052	5.701	6.235	5.985	0.877

　　通过实验结果可以发现，面对非金属对象的位姿估计，本节的方法相比对比方法依然具有优势。需要说明的是，本方法并没有使用对比方法所需的位姿优化算法。由于这些优化算法必须使用 T-Less 提供的深度图像信息，因此只能应用在类似 T-Less 所提供的不反光或弱反光物体上。

参 考 文 献

[1] He Z, Wu M, Zhao X, et al. A generative feature-to-image robotic vision framework for 6D pose estimation of metal parts[J]. IEEE-ASME Transactions on Mechatronics, 2022, 27(5): 3198-3205.

[2] He Z, Chao Y, Wu M, et al. G-GOP: Generative pose estimation of reflective texture-less metal parts with global-observation-point priors[J]. IEEE-ASME Transactions on Mechatronics, 2024, 29(1): 154-165.

[3] Asada H. Introduction to Robotics[M]. Boston: Addison-Wesley, 2010.

[4] Lynch K M, Park F C. Modern Robotics: Mechanics, Planning, and Control[M]. Cambridge: Cambridge University Press, 2017: 28-32.

[5] Li F, Zhang Y, Huang Q, et al. Research and application of machine vision in intelligent manufacturing[C]//2016 Chinese Control and Decision Conference (CCDC). IEEE, 2016: 1126-1131.

[6] Zhang H, Cisse M, Dauphin Y N, et al. Mixup: Beyond empirical risk minimization[J]. arXiv preprint arXiv: 1710.09412, 2017.

[7] Wilansky A. Modern Methods in Topological Vector Spaces[M]. Dover Publications, 2013: 80-115.

[8] Chand D R, Kapur S S. An algorithm for convex polytopes[J]. Journal of the ACM, 1970, 17(1): 78-86.

[9] Clarkson K L, Shor P W. Applications of random sampling in computational geometry, II[J]. Discrete & Computational Geometry, 1989, 4(1): 387-421.

[10] Barber C B, Dobkin D P, Huhdanp A H. The quickhull algorithm for convex hulls[J]. ACM Transactions on Mathematical Software, 1993, 22(4): 469-483.

[11] Preparata F P, Hong S J. Convex hulls of finite sets of points in two and three dimensions[J]. Communications of the ACM, 1977, 20(2): 87-93.

[12] Zhang K, Gool L V, Timofte R. Deep unfolding network for image super-resolution[C]// Proceedings of the IEEE/CVF conference on computer vision and pattern recognition, 2020: 3217-3226.

[13] Flandin G, Chaumette F, Marchand E. Eye-in-hand/eye-to-hand cooperation for visual servoing[C]//IEEE International Conference on Robotics & Automation. IEEE, 2009, 3: 2741-2746.

[14] Wijesoma S W, Wolfe D F H, Richards R J. Eye-to-hand coordination for vision-guided robot control applications[J]. International Journal of Robotics Research, 1993, 12(1): 65-78.

[15] Serban I V, Lowe R, Charlin L, et al. Generative deep neural networks for dialogue: A short review[J]. arXiv preprint arXiv: 1611.06216, 2016.

[16] Gm H, Gourisaria M K, Pandey M, et al. A comprehensive survey and analysis of generative models in machine learning[J]. Computer Science Review, 2020, 38: 100285.

[17] Oussidi A, Elhassouny A. Deep generative models: Survey[C]// 2018 International Conference on Intelligent Systems and Computer Vision (ISCV), 2018: 1-8.

[18] Sean R E. What is a hidden Markov model?[J]. Nature Biotechnology, 2004, 22(10): 1315-1316.

[19] Rish I. An empirical study of the naive Bayes classifier[C]//IJCAI-01 Workshop on Empirical Methods in AI, 2001, 3(22): 41-46.

[20] Bond S R, Hoeffler A, Temple J. GMM estimation of empirical growth models[J]. CEPR Discussion Papers, 2001, 159(1): 99-115.

[21] Yu H, Yang J. A direct LDA algorithm for high-dimensional data —— with application to face recognition[J]. Pattern Recognition, 2001, 34(10): 2067-2070.

[22] Rue H, Held L. Gaussian Markov Random Fields: Theory and Applications[M]. London: Chapman and Hall/CRC, 2005: 10-25.

[23] Ruslan S. Learning deep generative models[J]. Annual Review of Statistics & Its Application, 2015, 2: 361-385.

[24] Creswell A, White T, Dumoulin V, et al. Generative adversarial networks: An overview[J]. IEEE Signal Processing Magazine, 2017, 35(1): 53-65.

[25] Wang K, Gou C, Duan Y, et al. Generative adversarial networks: Introduction and outlook[J]. IEEE/CAA Journal of Automatica Sinica, 2017, 4(4): 588-598.

[26] Kingma D P, Welling M. An introduction to variational autoencoders[J]. arXiv preprint arXiv: 1906.02691, 2019.

[27] Asperti A, Evangelista D, Piccolomini E L. A survey on variational autoencoders from a GreenAI perspective[J]. SN Computer Science, 2021, 2(4): 1-23.

[28] Bank D, Koenigstein N, Giryes R. Autoencoders[J]. arXiv preprint arXiv: 2003.05991, 2020.

[29] Holt C A, Roth A E. The Nash equilibrium: A perspective[J]. Proceedings of the National Academy of Sciences, 2004, 101(12): 3999-4002.

[30] Karras T, Laine S, Aila T. A style-based generator architecture for generative adversarial networks[C]//2019 IEEE/CVF Conference on Computer Vision and Pattern Recognition (CVPR). IEEE, 2019: 4401-4410.

[31] Karras T, Laine S, Aittala M, et al. Analyzing and improving the image quality of StyleGAN[J]. IEEE, 2019: 8110-8119.

[32] Zhu J Y, Park T, Isola P, et al. Unpaired image-to-image translation using cycle-consistent adversarial networks[J]. IEEE, 2017: 2223-2232.

[33] Isola P, Zhu J Y, Zhou T, et al. Image-to-image translation with conditional adversarial networks[J]. IEEE, 2017: 1125-1134.

[34] Choi Y, Choi M, Kim M, et al. StarGAN: Unified generative adversarial networks for multi-domain image-to-image translation[J]. IEEE, 2018: 8789-8797.

[35] Liu H, Wan Z, Huang W, et al. PD-GAN: Probabilistic diverse GAN for image inpainting[J]. IEEE, 2021: 9371-9381.

[36] Yu J, Lin Z, Yang J, et al. Generative image inpainting with contextual attention[C]//2018 IEEE/CVF Conference on Computer Vision and Pattern Recognition. IEEE, 2018: 5505-5514.

[37] Devries T, Taylor G W. Improved regularization of convolutional neural networks with cutout[J]. arXiv preprint arXiv: 1708.04552, 2017.

[38] Hendrycks D, Mu N, Cubuk E D, et al. AugMix: A simple data processing method to improve robustness and uncertainty[J]. arXiv preprint arXiv: 1912.02781, 2019.

[39] Guo Y, Chen J, Wang J, et al. Closed-loop matters: Dual regression networks for single image super-resolution[J]. IEEE, 2020: 5407-5416.

[40] Wang L, Kim T K, Yoon K J. EventSR: From asynchronous events to image reconstruction, restoration, and super-resolution via end-to-end adversarial learning[J]. IEEE, 2020: 8315-8325.

[41] Maeda S. Unpaired image super-resolution using pseudo-supervision[C]//2020 IEEE/CVF Conference on Computer Vision and Pattern Recognition (CVPR). IEEE, 2020: 291-330.

[42] Hussein S A, Tirer T, Giryes R. Correction filter for single image super-resolution: Robustifying off-the-shelf deep super-resolvers[C]// Proceedings of the IEEE/CVF Conference on Computer Vision and Pattern Recognition, 2019: 1428-1437.

[43] State L. Foundations of machine learning[J]. Computing reviews, 2013, 54(3): 157-158.

[44] Keinert B, Innmann M, Saenger M, et al. Spherical fibonacci mapping[J]. ACM Transactions on Graphics, 2015, 34(6): 1-7.

[45] Blei D M, Kucukelbir A, Mcauliffe J D. Variational inference: A review for statisticians[J]. Journal of the American Statistical Association, 2018, 112(518): 859-877.

[46] Zhang C, Butepage J, Kjellstrom H, et al. Advances in variational inference[J]. IEEE Transactions on Pattern Analysis and Machine Intelligence, 2019, 41(8): 2008-2026.

[47] Cao F L, Yao K X, Liang J Y. Deconvolutional neural network for image super-resolution[J]. Neural Networks, 2020, 132: 394-404.

[48] Men K, Chen X, Zhang Y, et al. Deep deconvolutional neural network for target segmentation of nasopharyngeal cancer in planning computed tomography images[J]. Frontiers in Oncology, 2017, 7: 315.

[49] Agarap A. Deep learning using rectified linear units (ReLU)[J]. arXiv preprint arXiv: 1803.08375, 2018.

[50] Razavi A, Oord A V D, Poole B, et al. Preventing posterior collapse with delta-VAEs[J]. arXiv preprint arXiv: 1901.03416, 2019.

[51] Andrews L C. Special Functions of Mathematics for Engineers[M]. McGraw-Hill, 1992: 49, 103-105.

[52] He Z, Jiang Z, Zhao X, et al. Sparse template-based 6D pose estimation of metal parts using a monocular camera[J]. IEEE Transactions on Industrial Electronics, 2020, 67(1): 390-401.

[53] Zhang X, Jiang Z, Zhang H, et al. Vision-based pose estimation for textureless space objects by contour points matching[J]. IEEE Transactions on Aerospace and Electronic Systems, 2018, 54(5): 2342-2355.

[54] Ulrich M, Wiedemann C, Steger C. Combining scale-space and similarity-based aspect graphs for fast 3D object recognition[J]. IEEE Transactions on Pattern Analysis & Machine Intelligence, 2012, 34(10): 1902-1914.

[55] Sundermeyer M, Marton Z C, Durner M, et al. Implicit 3D orientation learning for 6D object detection from RGB images[J]. IEEE, 2019: 699-715.

[56] Ding L, Goshtasby A. On the Canny edge detector[J]. Pattern Recognition, 2001, 34(3): 721-725.

[57] Dhond U R, Aggarwal J K. Structure from stereo: A review[J]. IEEE Trans System Man & Cybernetics, 1989, 19(6): 1489-1510.

[58] Khairuddin A R, Talib M S, Haron H. Review on simultaneous localization and mapping (SLAM)[C]//2015 IEEE International Conference on Control System, Computing and Engineering (ICCSCE). IEEE, 2016: 85-90.

[59] Liu W, Anguelov D, Erhan D, et al. SSD: Single shot multibox detector[J]. Cham: Springer, 2016: 21-37.

[60] Peng S, Liu Y, Huang Q, et al. PVNet: Pixel-wise voting network for 6DoF pose estimation[J]. IEEE, 2018: 4561-4570.

第 8 章　反光低纹理金属零件 6D 位姿估计数据集构建

在科学技术研究中数据集是非常重要的，一个优质的公开数据集能够帮助研究者们很方便地开展实验，从而促进相关领域内技术的进步。但是，在位姿估计领域提出的很多数据集中，它们的对象和环境设置大部分都源于办公室、家庭等非工业场景，即使有个别数据集中包含有工业零件[1-3]，也并不具有非常明显的反光属性，如图 8-1(a) 所示，这些数据集从研究和应用角度来看也都很重要，但面向典型的工业场景，在这些数据集上表现较好的方法也可能会显示出不太理想的效果。而针对反光低纹理对象和工业场景，仅有一些较小且未公开的数据[4,5]，这不利于研究人员进行更深入的研究和比较，阻碍了技术的进步。因此，一个面向反光低纹理物体，贴近真实工业场景的数据集是非常必要的。反光低纹理物体位姿估计是本书的重点内容，所以为了能够更好地帮助研究者开展该领域位姿估计方法的研究。本章提出了一个反光低纹理金属零件位姿估计数据集(RT-Less)[6]，如图 8-1(b)所示，其共计包含 29 万张 RGB 图像和相同数量的掩膜图像(其中包括真实图像和合成图像)。该数据集中不光提供了准确的位姿标签，同时还提供了边界框标签。这使得 RT-Less 不光适用于位姿估计，还能应用于目标检测和实例分割等领域。数据库网站为 http://www.zju-rtl.cn/ RT-Less/。

纹理丰富　　　　不反光

(a) HomebrewedDB数据集中的奶牛玩偶对象

反光　　　　低纹理

(b) RT-Less数据集中的反光低纹理零件

图 8-1　主流位姿估计数据集对象与 RT-Less 数据集对象对比

本章 8.1 节介绍了一套全自动图像拍摄系统，该系统保证数据集中同一场景下的大量图片能够被全自动获取。8.2 节提出的快速位姿迭代优化标注算法则保证了 RT-Less 提供的标签准确性以及图像标注的快速性。8.3 节则是对该数据集的公开内容、使用方式、数据集测试实验等内容的介绍。

8.1　均匀化视角分布的全自动图像采样系统

本章构建的 RT-Less 数据集是一个大型的多场景数据集,包含 38000 余张真实图像,为了更方便地获取这些图像,首先构建了一个全自动图像拍摄系统,如图 8-2 所示。该系统能保证在拍摄一组训练集或者测试集时,只要提前在相机视野内放置好目标物体,接下来完全无须人工干预,系统可以全自动批量获取整组图像。这样一个全自动高效的拍照系统,让一个大规模数据集的构建成为可能。该图像拍摄系统主要由机械臂、相机、旋转盘以及固定在转盘上的位姿标定板等硬件组成。在拍摄过程中,零件被放置在位姿标定板上,它和位姿标定板的相对位置始终不变,物体位姿的变化主要来自于以"眼在手上"的形式固定在 6 自由度机械臂上的相机位姿的变化,以及物体本身随着转盘的旋转。在这个过程中机械臂的运动提供了物体和相机间在多个自由度上的相对位姿变换,所以,如何让机械臂更科学地运动以拍出更优质的数据集,是第一个需要被考虑的问题。

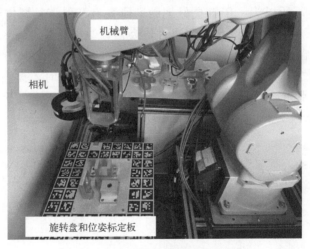

图 8-2　全自动图像拍摄系统实物图

8.1.1　基于黄金分割策略的均匀化图像采样方法

为了保证数据集的质量,首先要考虑的问题就是如何保证在机械臂运动下采样得到的图片是均匀的。如果是不均匀采样,会出现两种情况:一方面,如果采样点过于集中,会导致采样得到的图片差异过小,使用多张近似的图片作为数据仅仅是无意义地扩大了数据集的规模,这种数据集也难以区分不同方法的性能;另一方面,如果采样点过于分散,意味着采样点之间的距离很大,会导致本应该可以转换为图像数据的采样点被跳过了,降低采样效率的同时也减少了采样样本的数量。所以,本节提出了一种基于黄金分割策略的均匀化图像采样方法，能够实现均匀的图像采样从而规避采样过于集中或者分散的情况，这种采样策略也能保证采样点分布的混乱性从而更满足实际采样的随机性。这从根本上保证了 RT-Less 数据集的图像质量。

为了控制机械臂将相机移动到理想的采样点并以合适的角度对准目标进行图像采集，需要给机械臂输入其末端执行器的位置信息 (x, y, z) 及姿态信息 (α, β, γ)。其中，位置信息就是机械臂末端点在其系统规定的世界坐标系的坐标，而角度信息则代表了机械臂末端执行器坐标系相对于世界坐标系在各个轴的旋转角度。

让相机采样的图片尽量均匀化，就是让相机视角尽量均匀化，那么第一步就是让相机光心的坐标均匀化。可以将相机光心抽象为以目标物体为球心的空间球面上的一点，并让相机光心的坐标点均匀分布在这个空间球面上即可。基于黄金分割策略，相机光心的球面坐标可用式 (8-1) 计算：

$$\begin{cases} z_n = r(2n-1)/N - 1 \\ x_n = \sqrt{r^2 - z_n^2} \cos(2\pi n\Phi) \\ y_n = \sqrt{r^2 - z_n^2} \sin(2\pi n\Phi) \end{cases} \tag{8-1}$$

其中，N 表示一共有多少采样点，n 表示第几个采样点，r 表示相机光心运动的球面半径，x_n, y_n, z_n 则表示采样点在世界坐标系上的坐标。当 Φ 取黄金分割率（$(\sqrt{5}-1)/2 \approx 0.618$）时，即可得到 N 个均匀且混乱分布在半径为 r 的球面的采样点，这种采样方法的均匀性和混乱性证明如下。

(1) 基于黄金分割策略采样的均匀性。

由式中 z_n 的计算方式可知，采样点在 Z 轴方向呈等差数列分布，即采样点将空间球分割成 N 层球带，每层的高度为 $\dfrac{2r}{N}$，如果这一层空间球带的纬度为 θ，当 N 较大时，空间球带的宽度可近似为 $\dfrac{2r}{N\cos\theta}$，在这一维度上球带的半径为 $r\cos\theta$，所以可以计算出空间球带的表面积为常数 $\dfrac{4\pi r^2}{N}$，这就表示在球面固定面积上都有一个采样点，从而保证了采样的均匀性。

(2) 基于黄金分割策略采样的混乱性。

混乱性由 x_n 和 y_n 来保证，由式 (8-1) 可知，(x_n, y_n, z_n) 是在 $(x_{n-1}, y_{n-1}, z_{n-1})$ 的基础上向上爬升 $\dfrac{2r}{N}$，再沿当前纬线转 Φ 圈。如图 8-3 (b) 所示是一般的均匀化采样方法，此时 Φ 为 0.619，会得到分布比较规律的采样点集，这是因为 $13/21 = 0.619047 \approx 0.619$，即采用这种策略得到的采样点每 21 个点会完成一个周期的旋转（共旋转 13 圈），所以图 8-3 (b) 上可以较为明显地看到某些点近似分布在一条经线上，就不会产生混乱的效果。而如图 8-3(c)，当 Φ 取值为黄金分割率时会产生混乱的效果，是因为黄金分割率$((\sqrt{5}-1)/2 \approx 0.618)$作为一个无理数，在使用有理数以分数的形式逼近无理数的方法时，它的逼近速度是最慢的，这就保证了采样点不会产生周期性的变化，所以采样点分布就会比较混乱。

如图 8-3 所示，图 8-3(a) 是基于经纬度采样策略的采样结果可视图，可以看到这种采样策略下得到的采样点分布并不均匀，在南北两极点附近采样点分布非常密集，相机光心移动到这部分采样坐标时将会连续拍摄出差别不大的图像；但在赤道附近采样点非常分散，这部分采样点将导致采样得到的图像差距较大，这也会导致错过相当一部分合格的采样点。而一般的均匀化采样策略如图 8-3(b) 所示，虽然不会像经纬度采样出现两极密集赤道分散的情况保证了采样点的均匀性，但采样点分布具有周期性，没有表现出随机混乱的性质。如图 8-3(c) 是基于黄金分割策略的采样结果可视图，在这种采样策略下得到的采样点都是分布混乱且均匀的，并不会存在 8-3(a) 中局部密集或者稀疏的情况，这就会保证采样得到的图片之间不会非常相似，也能尽可能多地获得合格的采样点。同时，这种分布也能保证采样的随机性，更符合真实情况。

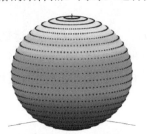 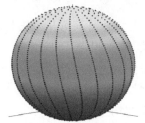 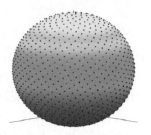

(a) 经纬度策略的采样结果　　　(b) 普通均匀化策略的采样结果　　　(c) 黄金分割策略的采样结果

图 8-3　基于不同采样策略得到的采样点对比图

上述工作完成后，仅能得到相机采样时需要的位置信息 (x,y,z)，但 6Dof 位姿还包括姿态信息 (α,β,γ)，如图 8-4 所示，为保证相机能够时刻"紧盯"目标物体进行采样，需要对相机的姿态添加"相机坐标系 Z 轴始终过空间球心"的约束。其中空间球心也就是标定板的中心。因为实际拍摄系统是机械臂带着相机运动，相机坐标系和机械臂末端执行器坐标系间仅有相对移动没有相对转动，所以计算相机姿态本质上就是计算机械臂的姿态，RT-Less 数据集构建过程中依赖于三菱的 MELFA RV13FD 机械臂，该机械臂的旋转矩阵是以 Z-Y-X 顺序的欧拉角矩阵相乘计算出来的，其旋转矩阵如式 (8-2) 所示：

$$Z_\gamma Y_\beta X_\alpha = \begin{bmatrix} c_\gamma c_\beta & c_\gamma s_\beta s_\alpha - c_\alpha s_\gamma & s_\gamma s_\alpha + c_\gamma c_\alpha s_\beta \\ c_\beta s_\gamma & c_\gamma c_\alpha + s_\gamma s_\beta s_\alpha & c_\alpha s_\gamma s_\beta - c_\gamma s_\alpha \\ -s_\beta & c_\beta s_\alpha & c_\beta c_\alpha \end{bmatrix} \tag{8-2}$$

其中，γ,β,α 分别代表绕 Z,Y,X 轴的旋转角度，c_γ 和 s_γ 分别代表 $\cos\gamma$ 和 $\sin\gamma$，因为篇幅有限采用了简写的写法，下文内容也均采用简写的形式。

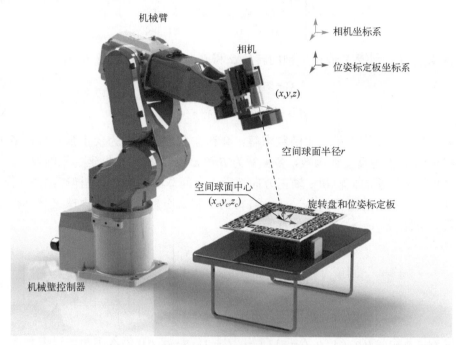

图 8-4　采样系统说明图

该旋转矩阵既是机械臂末端执行器坐标系的旋转矩阵，同时也是相机坐标系的旋转矩阵，结合前面基于黄金分割策略采样得到的相机位置坐标 (x,y,z)，可以得到相机坐标系相对于世界坐标系(同机械臂基座坐标系)位姿矩阵。因为增加了"相机坐标系 Z 轴过采样空间球球心"的约束，所以在相机坐标系下的空间球球心坐标为 $(0,0,r)$，所以，由刚体空间变换公式可以得到世界坐标系和相机坐标系下采样球球心的转换关系如式(8-3)所示：

$$\begin{bmatrix} x_c \\ y_c \\ z_c \\ 1 \end{bmatrix} = \begin{bmatrix} c_\gamma c_\beta & c_\gamma s_\beta s_\alpha - c_\alpha s_\gamma & s_\gamma s_\alpha + c_\gamma c_\alpha s_\beta & x_0 \\ c_\beta s_\gamma & c_\gamma c_\alpha + s_\gamma s_\beta s_\alpha & c_\alpha s_\gamma s_\beta - c_\gamma s_\alpha & y_0 \\ -s_\beta & c_\beta s_\alpha & c_\beta c_\alpha & z_0 \\ 0 & 0 & 0 & 1 \end{bmatrix} \begin{bmatrix} 0 \\ 0 \\ r \\ 1 \end{bmatrix} \tag{8-3}$$

其中，(x_c,y_c,z_c) 是采样球球心在世界坐标系中的坐标，(x_0,y_0,z_0) 是相机光心在世界坐标系的坐标。同时考虑到相机绕其 Z 轴旋转角度对采样图像没有影响，所以可以将绕 Z 轴旋转的角度 γ 取常数 0，所以式(8-3)可以简化如式(8-4)所示：

$$\begin{bmatrix} x_c \\ y_c \\ z_c \\ 1 \end{bmatrix} = \begin{bmatrix} c_\beta & s_\beta s_\alpha & c_\alpha s_\beta & x_0 \\ 0 & c_\alpha & s_\alpha & y_0 \\ -s_\beta & c_\beta s_\alpha & c_\beta c_\alpha & z_0 \\ 0 & 0 & 0 & 1 \end{bmatrix} \begin{bmatrix} 0 \\ 0 \\ r \\ 1 \end{bmatrix} \tag{8-4}$$

解式 (8-4) 可以得到绕 X 轴和 Y 轴的转角 α 和 β 如式 (8-5) 和式 (8-6) 所示:

$$\alpha = \sin^{-1}((y_0 - y_c)/r) \tag{8-5}$$

$$\beta = \tan^{-1}((x_c - x_0)/z_c - z_0) \tag{8-6}$$

考虑到 α 和 β 均为反三角函数求解, 会存在多重解, α 为反正弦函数, 多重解为 α 和 $\pi - \alpha$, β 为反正切函数, 多重解为 β 和 $\pi + \beta$, 参考相机坐标系的设定习惯, 可设置相机坐标系的 x 轴和 y 轴正方向都朝向空间球的轴心, 即采样球的最高点 (该点在世界坐标系中的坐标为 $(x_c, y_c, z_c + r)$) 的 x 和 y 均为正数, 采样球最高点在相机坐标系的坐标 (x_p, y_p, z_p) 如式 (8-7) 所示:

$$\begin{bmatrix} x_p \\ y_p \\ z_p \\ 1 \end{bmatrix} = \begin{bmatrix} c_\beta & s_\beta s_\alpha & c_\alpha s_\beta & x_0 \\ 0 & c_\alpha & s_\alpha & y_0 \\ -s_\beta & c_\beta s_\alpha & c_\beta c_\alpha & z_0 \\ 0 & 0 & 0 & 1 \end{bmatrix}^{-1} \begin{bmatrix} x_c \\ y_c \\ z_c + r \\ 1 \end{bmatrix} \tag{8-7}$$

将多重解组合 $((\alpha, \beta), (\alpha, \beta + \pi), (\pi - \alpha, \beta + \pi), (\pi - \alpha, \beta))$ 带入判断即可得到唯一组合解 (α^*, β^*), 结合相机光心此时在采样球表面的坐标即可得到此时的采样位姿 $(x, y, z, \alpha^*, \beta^*, 0)$。

8.1.2　多设备联动协同自动化拍摄控制系统设计

在得到相机的采样位姿后, 由于相机和机械臂是刚性连接的, 且他们的相对位姿只有平移没有转动, 所以可以很方便地得到相机坐标系和机械臂末端执行器坐标系的相对位姿, 从而把 8.1.1 节得到的相机位姿转换为机械臂位姿, 这样控制相机就变成了控制机械臂。

除了机械臂引入的 6D 姿态变化, 为了提升图像采样的效率, 可以再加入由旋转盘带来的旋转姿态变化。这样在一个采样点下可以通过转盘旋转获得不同视角的采样图片。但这也带来了新的多设备协同控制问题, 该系统涉及相机、机械臂和旋转盘等的协同控制, 所以需要一套稳定的快速响应控制系统。

如图 8-5 所示, 以 Arduino 控制板为核心, 分别建立 Arduino 与机器人控制器、PC 和步进电机的连接。从而保证在机器人动作结束后, 会输出控制信号到 Arduino, 同时, 机器人也会接收 Arduino 的信号, 在未得到 Arduino 的运动信号时, 则说明相机正在采样或者旋转台正在旋转, 这时机械臂会因为得不到 Arduino 的信号从而处于静止状态。同样地，相机和旋转台也依靠 Arduino 控制板的信号进行下一步动作，这样就能保证不同的硬件都依赖 Arduino 的控制信号，从而保证他们的协同自动化工作。

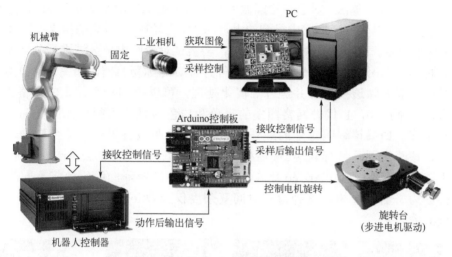

图 8-5 多设备联动协同自动化拍摄控制系统

8.2 基于 ArUco 靶标的快速全自动精确真值标注方法

通过 8.1 节所述的基于黄金分割策略的均匀化图像采样系统，可以批量自动化地获取大量的图像数据，但这些数据还需要经过真实值(ground truth)，标注才能作为数据集供其他研究者使用。RT-Less 作为一种位姿估计数据集，其 ground truth 就是图像上目标物体的位姿，该位姿将作为一个基准去评判方法的性能。如果使用 RT-Less 评估性能的方法得到的结果越接近 ground truth，则说明方法性能越好，反之则越差(位姿估计领域中常见的评价方法和指标如 2.7 节所述)。所以，数据集的 ground truth 的精确性是很重要的。同时，因为 RT-Less 数据集包含的真实图像数量较多，所以对于 ground truth 标注方法的效率要求也很高。

基于快速和准确性标注的需求，同时因为仅仅是标注中使用，所以可以通过一些额外的标记来提高 ground truth 计算的准确性和效率。而 ArUco 标靶[7]是一种特殊的标记，依靠该标靶可以快速且较为准确地估计出相机的位姿。

ArUco 标靶依赖一种特殊的 0-1 编码，所有边长相等的 ArUco 标靶都隶属于同一 ArUco 集合，在集合中 ArUco 标靶和它对应的编码值一一对应。图 8-6 展示了 ArUco 标靶检测及其转换为编码的过程。图 8-6(a)中展示了六个同属同一集合的不同 ArUco 标靶，在检测过程中，首先如图 8-6(b)所示，可以通过 Canny 边缘检测器提取灰度图像中最突出的轮廓。然后，根据边缘轮廓结果，可以提取到这些轮廓中的连通轮廓，结果如图 8-6(c) 红色轮廓所示。但在这些连通轮廓中大部分都不是目标 ArUco 标靶的轮廓，同时这些轮廓也大多是曲线。所以，在后续步骤中，继续使用 Douglas-Peucker 算法[8]对已有轮廓做近似多边形处理，并仅保留需要的四边形轮廓，这样就可以消除前序步骤中得到的大量的"噪音轮廓"，得到的结果如图 8-6(d) 中绿色轮廓所示。接下来面对有限的轮廓，会尝试对轮廓内部区域进行分析并转换为对应的 0-1 编码矩阵。具体地，以左下角的 ArUco 标靶为例，如图 8-6(e) 所示，首先对该轮廓去除透视投影并进行二值化处理，可以得到一个规则的网格图案。接下来，分别用 0，1 代替网格图案的黑色和白色区域即可得到如图 8-6(f) 所示的编码矩阵。如果该编码矩阵的最外围都是 0，说明该编码初步符合要求，否则可以确定该轮廓不是目标轮廓。最后根据得到的编码矩阵可以去 ArUco 集合中搜索该矩阵是否存在。因为 ArUco 集合构建时根据编码矩阵的编码值将不同的编码矩阵排序为平衡二叉树，这种检索时间复杂度仅为 $O(\log_n)$，从而保证了 ArUco 标靶检测的效率。

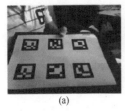 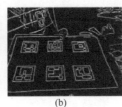 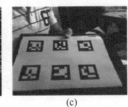 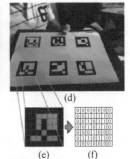

　(a)　　　　　　　　　(b)　　　　　　　　　(c)　　　　　　　　　(d)

　　　　　　　　　　　　　　　　　　　　　　　　　　(e)　　　　(f)

图 8-6　ArUco 标靶检测流程图[7]（见彩图）

　　在本节所提出的标注方法中，首先制作了一个包含 70 个同集合 ArUco 标靶的位姿标定板，相机采样前将目标物体摆放在位姿标定板上，在一次采样中，只要保证目标物体与位姿标定板的相对位姿不变，即可获得目标物体的精确位姿。具体地，因为 ArUco 标靶可以被精确地识别到，即可得到不同 ArUco 标靶的外轮廓角点二维坐标，ArUco 标靶外轮廓角点在位姿标定板坐标系上的三维坐标在标定板制作时便已经确定下来，这样就能构建角点的二维到三维的对应信息，从而使用 PnP 等方法即可获取位姿标定板的位姿。同时，因为在同一场景下批量采样的图像中，位姿标定板和目标物体之间的相对位姿并没有变化，这就保证了位姿标定板的位姿，可以直接转换为目标物体的位姿，即为 ground truth。

　　不难看出，在上述过程中 ground truth 的精度主要依赖于 ArUco 标靶外轮廓角点检测的精度，而在传统的 ArUco 标靶检测时，因为 ArUco 集合中限定了 ArUco

标靶和编码值的强对应关系，这保证了 ArUco 标靶粒度检测的鲁棒性，但在环境变化、遮挡等其他因素的影响下，可能出现如图 8-7 所示的误检测情况。如图 8-7(a)中绿色轮廓所示，id 为 37、42、43 的 ArUco 标靶都被检测出来了，且能够转换为目标 0-1 编码矩阵，但是如图 8-7(b) 所示，根据红色圆圈表示的检测结果可知，检测得到的 ArUco 标靶角点是不准确的，id 为 37 的 ArUco 标靶角点存在内缩的情况，而 id 为 42 和 43 的 ArUco 标靶角点则因为遮挡出现了偏移。由此可见，传统的 ArUco 标靶检测方法得到的角点结果中存在部分外点。所以，本节提出的方法以传统 ArUco 标靶检测方法得到的角点结果为初始结果，分别在后续的角点二次检测阶段和 PnP 位姿估计阶段采用了不同的优化算法，如图 8-7(c) 所示，能够有效去除或者校正初始结果中的外点，保证了 ground truth 标注的精度。

(a)　　　　　　　　　　(b)　　　　　　　　　　(c)

图 8-7　ArUco 标靶角点误检测及外点去除优化后的检测情况 (见彩图)

角点二次检测阶段的感兴趣区域 (region of interest，ROI) 直线融合外点校正算法：该算法以传统的 ArUco 标靶检测方法得到的外轮廓角点为基础进行校正，考虑到直接在基础结果周围检测角点易受到较多噪音信息干扰，所以本算法将外轮廓角点的检测转换为更加鲁棒的外轮廓线段检测，再将求得的两个相邻线段的延长线相交即可获得更加准确的目标外轮廓角点。以对图 8-8(a) 所示的 ArUco 标靶初始检测结果的校正为例，具体过程如下所述。

(1) 构建 ROI：以初始角点 $P_n^{\mathrm{ori}}:(u_n^{\mathrm{ori}}, v_n^{\mathrm{ori}})$ 为边界点分别构建 ROI_n，构建方式如式 (8-8) 所示：

$$
\begin{cases}
l_n = \max(\min(u_n^{\mathrm{ori}} - \delta_n * d, u_{(n+1)}^{\mathrm{ori}} - \delta_n * d), 0) \\
r_n = \min(\max(u_n^{\mathrm{ori}} + \delta_n * d, u_{(n+1)}^{\mathrm{ori}} + \delta_n * d), W) \\
t_n = \max(\min(v_n^{\mathrm{ori}} - (1-\delta_n) * d, v_{(n+1)}^{\mathrm{ori}} - (1-\delta_n) * d), 0) \\
b_n = \min(\max(v_n^{\mathrm{ori}} + (1-\delta_n) * d, v_{(n+1)}^{\mathrm{ori}} + (1-\delta_n) * d), H)
\end{cases}
\tag{8-8}
$$

$$
\delta_n = \begin{cases}
0, & \left| v_n^{\mathrm{ori}} - v_{(n+1)}^{\mathrm{ori}} \right| > \left| u_n^{\mathrm{ori}} - u_{(n+1)}^{\mathrm{ori}} \right| \\
1, & \left| v_n^{\mathrm{ori}} - v_{(n+1)}^{\mathrm{ori}} \right| \leqslant \left| u_n^{\mathrm{ori}} - u_{(n+1)}^{\mathrm{ori}} \right|
\end{cases}
\tag{8-9}
$$

式中，n 取值为 1、2、3、4，该下标表示 ArUco 标靶的第 n 个初始角点 P_n^{ori} 或者第 n

个 ROI，u_n^{ori} 和 v_n^{ori} 分别表示初始角点在图像坐标系的横纵坐标。δ_n 表示 ROI_n 的扩展因子，t_n, b_n, l_n, r_n 分别表示 ROI_n 上下左右四个边界的位置，d 为常数表示扩展距离，该数值决定了 ROI 的大小。W 和 H 分别表示当前采样图像的总宽度和总高度。在本方法中，一个 ArUco 标靶的检测角点数量和 ROI 的数量均为 4 个，所以下标的取值默认为对 4 取余后的结果。

(2) 筛选外轮廓边缘直线：得到 ROI 后，分别在 ROI 中采用 LSD 直线检测算法[9] 获取区域内的直线特征集合 L_{lsd}，结果如图 8-8(a)中黄色直线所示。在检测到的多条直线中，需要选择出最可能是外轮廓边缘的直线。首先根据检测到的直线长度进行筛选，长度小于 P_n 和 P_{n+1} 间距离一半的直线会被筛选掉。接着可以得到剩余直线在当前像素坐标系上的方程为 $v = k_i u + b_i$，并计算直线到点 P_n 和 P_{n+1} 的距离和 D_n，取距离和最短的直线为结果 l_n。

(3) 计算及评估校正结果：计算 $l_n = k_n u + b_n - v$ 和 l_{n+1} 的交点即为最终结果 P_n^*。某一 ArUco 标靶的校正结果 S_i^* 如式(8-10)所示。

$$S_i^* = \left\{ P_n^* : \left(\frac{k_n b_{n+1} - k_n b_n}{k_n - k_{n+1}}, \frac{k_n b_{n+1} - k_{n+1} b_n}{k_n - k_{n+1}} \right), \| P_n P_n^* \| < \tau \right\} \tag{8-10}$$

式中，下标 i 表示当前 ArUco 标靶的 id，$\| P_n P_n^* \|$ 表示校正前后的角点在图像上的距离，τ 是成功阈值，若校正前后的点间距离超过 τ，则认为初始点偏差过大，是外点，应该消除。否则，则认为此次外点校正成功。整个图像的校正后结果为集合 $S^* = \{ S_i^* \mid i \in \text{ArUcoIds} \}$，其中，ArUcoIds 表示被检测到的 ArUco 标靶的 ID 的集合。

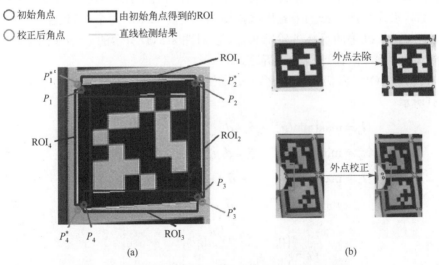

○ 初始角点　　　▭ 由初始角点得到的ROI
○ 校正后角点　　── 直线检测结果

图 8-8　角点检测阶段外点去除及校正方法(见彩图)

如图 8-8(b)所示，该算法能够有效地去除和校正初始结果中存在的外点。但仅使用该算法在角点二次检测阶段进行优化，并不能保证在后续 PnP 解算位姿过程中能稳定取得满足 ground truth 精度要求的结果。所以还需要进一步优化以提升精度。本节使用了一种基于 RANSAC 迭代的外点去除算法，该算法赋予了角点"外点度"属性，用以表达角点是外点的可能性，在迭代过程中根据该属性可以更早地剔除结果中的疑似外点来保证更好的效果，算法具体流程如下所述。

(1) 外点度更新：在前述方法得到的校正后角点集合 S^* 中随机选择其中的 m 个角点用 PnP 算法计算标定板的位姿为 $[R|t]_{\text{temp}}$，再分别计算剩余角点在 $[R|t]_{\text{temp}}$ 下的重投影误差，若该误差大于设定的阈值(本算法取值为 1.5 个像素)，则该角点的外点度加 1。在这个过程中，同时将各个剩余角点的重投影误差相加作为 $[R|t]_{\text{temp}}$ 的误差。

(2) 角点集迭代：检查角点的外点度超过阈值(本算法设置为总迭代次数的 1/3)，则认为该角点有较大可能是外点，所以在 S^* 中删除该点以禁止其参与后续迭代。

(3) 最优位姿模型迭代：比较 $[R|t]_{\text{temp}}$ 的重投影误差与迭代过程中得到的误差最小的 $[R|t]_{\text{opt}}$ 的重投影误差，并保存误差更小的位姿为 $[R|t]_{\text{opt}}$。

(4) 内点组间平均求位姿：重复步骤 (1)～(3) 直到重投影误差降低到阈值或者迭代次数超过最大迭代次数，计算得到 S^* 中所有满足在 $[R|t]_{\text{opt}}$ 下重投影误差不超过阈值的内点集，再将内点集中的点根据其外点度排序，按照蛇形顺序分组。分组后组内通过 PnP 算法计算位姿并对组间的位姿求平均即为最终结果 $[R|t]^*$。

如图 8-9 所示，红色轮廓是直接 PnP 求得位姿的可视化结果，绿色则是经过外点去除算法优化求得位姿的可视化结果，可以明显发现，优化后的结果更加准确，更能满足 ground truth 的高精确度要求。

图 8-9　经外点去除算法优化前后的位姿结果可视化对比图(见彩图)

8.3　RT-Less 数据集内容及测试

RT-Less 是一个应用于位姿估计以及目标检测等领域的公共数据集，能够帮助研究者开展更深入的研究和比较。该数据集包含 38 个机加工金属工业零件对象，这些对象涵盖了大部分工业零件的典型特征(如大平面、曲面、斜面、圆孔等)。同时这些零件均具有强烈的反光属性，且不具备明显规则纹理。该数据集包含 29 万张 RGB 图像和相同数量的掩膜图像，其中包括 38 个对象的 25080 张真实训练图像和 250800 张合成训练图像，以及 32 个模拟工业场景的 13312 张测试图像，同时，针对这些图像，数据集中也提供了准确的位姿估计和目标检测标签。针对 38 个数据集对象，RT-Less 也提供了 3 种不同类型的 CAD 模型文件，以下是 RT-Less 数据集的具体介绍。

8.3.1　RT-Less 的训练集

RT-Less 共包含 27 万张训练图像，其中每张训练图像仅包含一个放置于图像中间的对象，且对象背景均为与其本身色差较大的纯色背景，38 套训练集图像示意图如图 8-10 所示。这样设置虽然会增加训练难度，对方法的泛化性有一定要求，但这也更加符合快节奏的实际工业生产环境，因为在实际生产当中大批量拍摄和标注这种训练图像更加容易且高效。

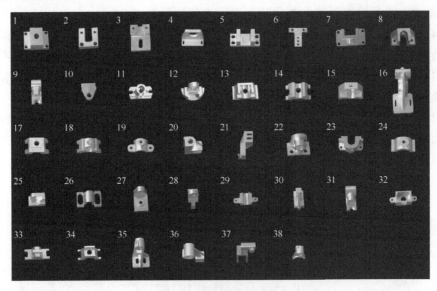

图 8-10　训练目标图像

为保证对象的工业属性真实性，数据集中所有对象的设计和加工均来自于金属零件的机加工工厂，他们都是典型的工业零件。如图 8-11 所示，数据集中部分对象也进行倒角和圆角的加工，并设计了较为复杂的结构。

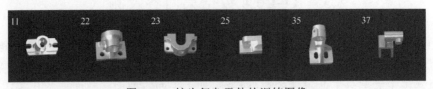

图 8-11　较为复杂零件的训练图像

为模拟部分实际工业环境下不同零件间外形特征差距小的特点,数据集中也包含了几类相似程度较高的零件,如 9、31 号零件,14、18 号零件以及 33、34 号零件等(图 8-12),它们都具有基本相同的外形特征。

图 8-12　相似零件的训练图像

8.3.2　RT-Less 的测试集

测试集的设置相较于训练集更加复杂,每类测试图像最少都有 3 个对象,且通过人为设置场景变化,改变不同场景下的零件背景、零件种类、遮挡程度、无关零件数量,构造了一个模拟工业场景且具有不同难度等级的测试集。测试集共计包含 32 个不同场景,各测试场景示意图如图 8-13 所示。

图 8-13　各测试场景示意图(图中有颜色的零件是与实物重合的 CAD 模型效果)(见彩图)

RT-Less 数据集包含的所有对象都来自于真实的机加工零件,均经过了标准的工序加工而成。这从根本上保证了数据集中的对象是没有脱离工业实际的。除此以外,数据集设计时在零件种类及外形设计、光照设计以及背景设计等多方面的配置都参考了实际工业加工场景下的情况。由于机加工零件特征较为单一,所以面向实际工业场景中相似零件的目标检测及位姿识别问题,RT-Less 的测试集在部分场景下引入了具有多个相同特征的相似零件,以更贴近真实情况。光照方面设置了明亮自然光照、昏暗光照以及明亮人工光照等三个场景,分别对应晴天环境、阴天环境以及夜晚人工照明等真实场景。最后在拍摄背景方面,RT-Less 的训练集只有一个与零件本身色差较大的纯黑色背景，而测试集共设置了四个背景，分别是纯黑色背景、黑色纹理背景、颗粒状模拟锈铁表面背景以及与零件色差较小的类零件加工表面背景，以验证不同方法对于背景变化的鲁棒性。该数据集不仅可以应用于一般的目标检测和位姿估计方法的测试和验证，更重要的是，基于对象和场景的设计，该数据集更接近工业生产实际，能够帮助研究者提出更符合工业实际需求的方法，从而更快地把方法进行实际应用，为工业界创造实际价值。

8.3.3　数据集使用方法

当前位姿估计方法有很多种，不同方法使用的训练数据和测试形式也不尽相同。差别很大的不同方法在比较时可能会造成不公平。因此，对于 RT-Less 数据集在位姿估计领域的使用，本节在训练和测试模式方面也提出了一些建议。

1) 训练模式

使用 RT-Less 训练位姿估计方法时，根据是否使用真实训练图像可分为两种训练模式。

(1) 不使用真实图像进行训练：在训练过程中仅用到计算机合成的训练图像，不使用需要提前拍摄和标注的真实训练图像。

(2) 使用真实图像做训练：这种训练模式并不限制方法是否使用合成的训练图像，只要是在训练过程中使用了真实图像的方法，都将被划分到这一训练模式当中。

训练模式(1)是最具挑战性的，但也是最实用的，这种训练模式对于实际工业生产具有较大的意义，这代表着使用这种方法可以跳过繁杂的训练数据准备阶段，从而更大程度上提高训练效率。但是模式(1)对于现有的方法来说还很难达到理想的效果，虽然现有方法使用模式(2)来训练在 RT-Less 上也很难到达较好的效果，但预计在未来几年使用模式(2)训练的方法的性能会有较大的提高。

2) 测试模式

大多数的位姿估计方法都属于两阶段的方法，即先检测目标，再计算目标对象的位姿，但由于当前技术的限制，针对反光低纹理金属零件的检测器的性能都不太理想。因此，为了针对性地测试位姿估计方法的性能，同时考虑到，有效的位姿估计算法应该能够抵抗这些不准确的目标检测结果带来的影响。为此，本章提供了一个标准的随机边界框，用于模拟不精确目标检测器的随机偏移和缩放结果，以测试位姿估计算法对目标检测结果的鲁棒性。我们称之为"目标检测器模拟模块"。对于是否使用该模块，可以将 RT-Less 的测试模式分为两种。

(1) 使用"目标检测器模拟模块"：只测试该位姿估计方法在位姿估计方面的结果。

(2) 不使用"目标检测器模拟模块"：使用研究者自己提供的真实目标检测模块对目标检测和位姿估计方法进行整体测试。

另外，在使用 RT-Less 进行测试时，根据不同场景下遮挡和杂乱物体干扰的程度将测试集分为三组：①基本没有遮挡和无关物体干扰的测试组；②轻微遮挡，具有较少无关物体干扰的测试组；③严重遮挡，具有较多无关物体干扰的测试组。具体的分组信息，可访问 RT-Less 专属网页获取。当研究者在使用 RT-Less 时，可以选择任何模式和组进行训练和测试，但要注意应当在相同的训练和测试模式以及测试分组下比较不同的方法。

8.3.4　RT-Less 数据集测试实验及结果分析

本节使用 SurfEmb[10] 和 PSGMN（Pseudo-Siamese graph matching network）[11] 两种具有代表性的位姿估计方法开展实验来测试 RT-Less 数据集。这两个方法在 LineMoD[1] 和 T-Less[2] 等主流位姿数据集中都表现较好。在实验中这两个方法都用训练模式 (2) 训练并且用测试模式 (1) 测试了 3 组不同难度的测试集。在这些实验中，对于位姿估计鲁棒性的评价都使用了基于 ADD (-S) 的位姿估计正确率指标；在位姿估计正确的情况下，进一步对位姿估计的精度进行了评估，位姿估计精确性的评价则使用了平均旋转 R 和平均平移误差指标 t（详见第 2 章）。以不同目标物体分类和以不同测试场景分类的测试结果分别如表 8-1 和表 8-2 所示。

表 8-1　以目标物体分类的测试结果表

对象 ID	直径 /mm	是否为对称零件	训练模式 (2)（使用 660 张真实图像）						训练模式 (2)（使用 200 张真实图像）					
			SurfEmb[10]			PSGMN[11]			SurfEmb[10]			PSGMN[11]		
			正确率	$R/(°)$	t/mm	正确率	$R/(°)$	t/mm	正确率	$R/(°)$	t/mm	正确率	$R/(°)$	t/mm
1	122.98	是	0.36	1.27	5.76	0.71	1.79	10.72	0.28	0.72	6.4	0.69	4.97	11.25
2	115.87	是	0.6	1.91	5.62	0.61	3.85	11.97	0.38	1.76	6.05	0.65	4.58	11.84
3	134.16	否	0.88	1.43	4.98	0.41	3.61	9.27	0.86	1.48	5.53	0.33	3.78	9.95
4	116.22	否	0.41	0.74	6.47	0.24	1.82	6.09	0.45	0.76	4.98	0.18	1.54	6.61
5	130.86	是	0.55	0.84	6.17	0.67	2.91	10.13	0.33	0.76	6.36	0.59	3.12	11.34
6	90.86	是	0.47	2.28	4.35	0.26	3.3	6.9	0.58	1.82	4.35	0.25	3.63	6.46
7	143.15	否	0.3	1.52	7.86	0.48	2.48	7.83	0.3	0.87	8.27	0.27	2.44	10.36
8	113.06	否	0.19	1.69	6.41	0.24	2.24	6.85	0.12	3.99	8.85	0.2	2.38	6.3
9	99.62	否	0.29	3.47	6.5	0.13	4.34	7.51	0.22	3.82	6.77	0.05	6.28	8.75
10	88.87	否	0.13	5.61	7.18	0.1	3.9	6.95	0.14	5.69	7.33	0.04	7.35	10.66
11	98.31	否	0.23	2.6	5.86	0.39	2.27	5.66	0.15	2.54	6.17	0.25	2.56	5.91
12	98.71	否	0.3	1.49	5.1	0.11	2.53	5.96	0.26	1.29	6.02	0.14	1.77	6.06
13	117.75	否	0.36	4.43	8.81	0.21	3.23	7.29	0.23	4.65	8.56	0.26	3.01	7.13
14	117.05	是	0.44	1.53	8.76	0.67	2.98	11.56	0.31	4.03	9.13	0.42	3.16	16.61
15	113.58	否	0.34	6.24	11.94	0.17	2.62	7.37	0.34	7.51	10.3	0.09	2.78	8.08
16	187.03	否	0.5	2.05	10.49	0.46	2.33	8.23	0.36	3.1	11.49	0.37	2.14	8.19

对象 ID	直径 /mm	是否为对称零件	训练模式(2)(使用 660 张真实图像)						训练模式(2)(使用 200 张真实图像)					
			SurfEmb[10]			PSGMN[11]			SurfEmb[10]			PSGMN[11]		
			正确率	$R/(°)$	t/mm	正确率	$R/(°)$	t/mm	正确率	$R/(°)$	t/mm	正确率	$R/(°)$	t/mm
17	116.69	是	0.23	3.78	7.33	0.18	3.36	11.53	0.16	5.57	10.38	0.1	6.24	11.83
18	112.25	是	0.31	7.15	10.57	0.36	3.43	11.98	0.23	8.47	10.22	0.23	3.39	12.79
19	111.11	否	0.27	8.3	8.77	0.16	2.44	8.23	0.26	7.52	9.41	0.1	5.69	11.49
20	94.20	否	0.25	5.5	9.1	0.12	2.41	6.91	0.21	5.62	9.67	0.11	3.81	9.19
21	123.05	否	0.24	4.28	7.31	0.21	3.65	7.29	0.12	4.34	7.79	0.12	3.98	10.52
22	114.05	否	0.45	0.69	6.42	0.17	1.77	7.05	0.41	0.65	7.26	0.08	5.19	8.08
23	108.12	否	0.26	2.64	7.74	0.2	2.38	6.19	0.27	4.47	11.92	0.15	2.98	7.15
24	112.25	是	0.2	6.4	7.07	0.24	6.79	10.55	0.19	6.61	7.21	0.12	6.95	11.47
25	79.59	否	0.22	2.2	4.5	0.13	2.35	5.01	0.2	1.29	3.98	0.1	5.24	8.41
26	117.19	是	0.36	1.83	6.01	0.61	2.25	10.04	0.36	1.42	5.03	0.51	2.78	11.98
27	102.84	否	0.27	3.64	5.19	0.29	2.39	6.41	0.23	4.98	8.45	0.18	2.51	6.17
28	115.62	否	0.26	1.45	5.84	0.03	3.09	7.09	0.28	1.28	7.02	0.03	4.94	8.35
29	100.49	是	0.24	1.54	5.86	0.65	2.67	8.45	0.35	1.2	5.48	0.7	3.25	8.44
30	81.96	否	0.19	4.34	6.8	0.13	5.52	7.3	0.24	3.93	5.99	0.13	7.31	9.55
31	99.56	否	0.3	3.6	7.43	0.16	3.9	9.22	0.24	3.24	7.75	0.09	4.61	9.9
32	113.98	否	0.05	2.81	7.06	0.28	2.48	5.54	0.02	3.23	5.66	0.13	3.1	6.97
33	110.63	是	0.35	4.34	7.26	0.52	2.17	9.12	0.41	4.25	7.83	0.33	2.95	11.1
34	103.89	否	0.29	6.93	14.06	0.25	2.67	6.25	0.39	4.29	11.48	0.23	2.27	5.79
35	170.91	否	0.37	0.55	8.1	0.16	2.8	8.97	0.29	0.55	8.93	0.05	2.64	9.09
36	140.19	否	0.34	2.11	7.98	0.25	3.75	13.85	0.35	1.59	7.94	0.23	4.56	12.45
37	126.20	否	0.32	1.23	7.29	0.14	5.2	9.54	0.43	1.58	6.06	0.11	5.78	10.44
38	86.39	否	0.17	1.82	4.8	0.17	2.63	6.86	0.26	0.89	5.24	0.13	3.31	7.04
平均值			0.32	3.06	7.23	0.3	3.06	8.25	0.3	3.2	7.56	0.23	3.92	9.31

表 8-2　以测试场景分类的测试结果表

场景 ID	训练模式(2)(使用 660 张真实图像)						训练模式(2)(使用 200 张真实图像)					
	SurfEmb[10]			PSGMN[11]			SurfEmb[10]			PSGMN[11]		
	正确率	$R/(°)$	t/mm	正确率	$R/(°)$	t/mm	正确率	$R/(°)$	t/mm	正确率	$R/(°)$	t/mm
1	0.22	1.53	5.58	0.25	2.62	6.66	0.26	1.27	5.47	0.18	3.23	8.31
2	0.29	4.55	7.46	0.23	2.81	9.74	0.23	5.64	9.6	0.1	5.54	13.22
3	0.3	2.73	5.88	0.39	2.48	7.8	0.25	1.81	6.67	0.24	2.75	7.16
4	0.39	2.92	7.82	0.18	4.89	7.81	0.29	2.79	8.21	0.16	5.09	7.65
5	0.31	1.87	6.28	0.27	3.28	9.13	0.15	2.22	6.66	0.18	6.4	14.67

续表

场景 ID	训练模式（2）（使用 660 张真实图像）						训练模式（2）（使用 200 张真实图像）					
	SurfEmb[10]			PSGMN[11]			SurfEmb[10]			PSGMN[11]		
	正确率	R/(°)	t/mm	正确率	R/(°)	t/mm	正确率	R/(°)	t/mm	正确率	R/(°)	t/mm
6	0.21	1.29	5.89	0.16	3.63	7.73	0.15	1.11	6.12	0.13	2.37	6.71
7	0.65	0.87	5.21	0.49	2.48	7.9	0.57	1	4.06	0.49	2.48	7.9
8	0.25	7.24	8.24	0.19	3.42	11.09	0.25	7.77	7.99	0.14	7.38	12.55
9	0.27	1.24	6.01	0.29	2.72	8.75	0.29	1.19	5.94	0.19	5.34	11.14
10	0.44	0.93	5.68	0.33	2.85	8.59	0.34	1.01	6.35	0.3	3.56	9.08
11	0.28	3.66	8.38	0.3	2.34	10.33	0.28	5.83	9.43	0.18	2.97	13.33
12	0.21	3.59	7.96	0.24	3.29	9.88	0.15	5.39	10.17	0.16	5.24	13.82
13	0.64	1.33	4.37	0.66	2.94	10.26	0.55	1.36	4.6	0.65	3.39	9.45
14	0.14	5.23	7.55	0.14	5.66	9.01	0.14	5.23	7.55	0.1	6.55	10.71
15	0.38	4.17	8.19	0.35	2.48	10.51	0.36	3.81	9.29	0.1	2.91	11.57
16	0.55	0.95	5.44	0.37	2.48	7.38	0.6	0.82	4.6	0.26	3	8.07
17	0.4	5.87	8.08	0.38	2.58	8.56	0.36	7.71	9.81	0.3	2.8	9.57
18	0.34	1.63	4.86	0.24	2.67	9.33	0.23	1.75	5.91	0.23	5.91	10.52
19	0.26	1.45	5.55	0.29	2.3	5.98	0.18	3.39	5.74	0.2	2.32	6.44
20	0.46	0.99	4.61	0.28	2.02	6.35	0.57	0.8	4.45	0.17	1.98	5.75
21	0.41	2.05	6.55	0.52	3.62	11.02	0.24	4.58	9.76	0.49	3.38	11.86
22	0.28	1.59	5.63	0.24	4.81	9.52	0.3	1.19	4.87	0.22	4.96	10.24
23	0.35	1.54	4.94	0.15	2.63	8.12	0.3	1.39	5.01	0.13	3.16	8.86
24	0.46	1.28	6.25	0.35	3.08	7.98	0.39	1	7.02	0.37	6.76	12.69
25	0.39	6.12	10.53	0.36	3.48	9.77	0.33	7.94	14.52	0.31	3.35	9.37
26	0.28	4.58	10.87	0.26	2.28	7.31	0.27	8.41	15.74	0.16	2.84	8.46
27	0.2	2.09	5.64	0.15	4.64	8.45	0.26	1.68	5.69	0.11	10.6	7.76
28	0.29	2.89	4.98	0.22	2.65	7.72	0.28	3.45	7.48	0.23	2.51	7.32
29	0.23	5.15	10.39	0.22	3.6	7.45	0.26	2.9	6.03	0.16	3.97	8.39
30	0.17	1.71	5.69	0.25	2.9	7.31	0.11	1.65	6.53	0.21	5.8	10.06
31	0.34	1.69	5.87	0.36	2.65	6.95	0.37	1.19	6.63	0.3	2.75	7.81
32	0.33	1.98	6.62	0.39	2.72	7.87	0.36	1.85	6.55	0.33	2.92	6.98
平均值	0.34	2.71	6.66	0.3	3.09	8.51	0.3	3.1	7.33	0.23	4.19	9.61

从表 8-1 和表 8-2 的结果来看，虽然 SurfEmb[10] 和 PSGMN[11] 在其他数据集上表现良好，但在本章提出的 RT-Less 数据集上的效果较差。

从鲁棒性指标方面分析，表 8-1 显示了每个对象的位姿估计正确率，较小和更复杂的对象可能得分较低。例如，位姿估计正确率较低的对象 10、对象 30、对象

38 的零件最大直径都不超过 90mm，且具有更复杂的结构。表格 8-2 显示了每个场景的位姿估计正确率。如果场景中包含较多的复杂结构小零件，效果会变差。例如，虽然场景 28 的遮挡较少，不杂乱，但场景中包含的零件普遍较小且结构复杂，因此结果较差。同时，不同场景的效果与光照水平和杂波有关。例如，场景 4 和场景 8 有很强的遮挡（特别是其中的对象 24 和对象 17）因此会得到不好的结果。而同时具有强遮挡、包含小且复杂的零件以及相似零件的场景 14 的结果最差。

　　而从精确性指标方面分析，我们可以看到，虽然某些零件的位姿估计正确率很高，但平均旋转和平移误差仍然很大（如对象 7）。这是因为位姿估计正确率以零件的直径为判断阈值，这种评判机制会导致对于较大零件的精度要求降低。然而，这种精度在工业场景中是不可接受的。这也表明，如果在某些对精度要求较高的情况下，位姿估计正确率度量并不适合用于判断方法的性能。

　　另外，在本次实验中仅使用了训练模式 (2) 对方法进行训练，主要是因为使用训练模式 (1) 训练，两种方法的效果都太差，对于大部分零件和场景都难以得到有差异性的结果，参考意义不大，所以没有使用该训练模式进行实验。但在实验中，也分别设置了使用 660 张真实图像和 200 张真实图像等两个对照组进行实验，通过实验结果也可以看出，使用越多的真实图像，一般会得到更好的结果。

　　在过去，很少有学者涉及具有挑战性的反光低纹理物体的位姿估计领域。实验结果表明，用当前表现优异的通用物体 6D 位姿估计方法在 RT-Less 上进行实验，每个场景的位姿估计正确率不超过 35%，平均精度（正确估计的情况下）也仅能达到 7 mm 和 3° 的水平，这也说明该数据集对于当前方法来说非常具有挑战性。在后续的工作中，我们将把前面章节提出的位姿估计方法以及后续研究的新方法在 RT-Less 数据集进行实验，并将实验结果发布在数据集的网站以便同行进行方便的对比。

参 考 文 献

[1]　Hinterstoisser S, Lepetit V, Ilic S, et al. Model based training, detection and pose estimation of texture-less 3D objects in heavily cluttered scenes[C]// Computer Vision-ACCV 2012, Berlin, Heidelberg, 2013: 548-562.

[2]　Hodan T, Haluza P, Obdržálek Š, et al. T-Less: An RGB-D dataset for 6D pose estimation of texture-less objects[C]// 2017 IEEE Winter Conference on Applications of Computer Vision, 2017: 880-888.

[3]　Richter-Kluge J, Wellhausen C, Frese U. ESKO6d-A binocular and RGB-D dataset of stored kitchen objects with 6d poses[C]// 2019 IEEE/RSJ International Conference on Intelligent Robots and Systems, 2019: 893-899.

[4]　Munoz E, Konishi Y, Murino V, et al. Fast 6D pose estimation for texture-less objects from a

single RGB image[C]// 2016 IEEE International Conference on Robotics and Automation, 2016: 5623-5630.

[5]　Crivellaro A, Rad M, Verdie Y, et al. A novel representation of parts for accurate 3D object detection and tracking in monocular images[C]// 2015 IEEE International Conference on Computer Vision, 2015: 4391-4399.

[6]　Zhao X Y, Li Q Z, Chao Y, et al. RT-Less: A multi-scene RGB dataset for 6D pose estimation of reflective texture-less objects[J]. The Visual Computer, 2023, 40: 5187-5200.

[7]　Garrido-Jurado S, Muñoz-Salinas R, Madrid-Cuevas F J, et al. Automatic generation and detection of highly reliable fiducial markers under occlusion[J]. Pattern Recognition, 2014, 47 (6): 2280-2292.

[8]　Douglas D H, Peucker T K. Algorithms for the reduction of the number of points required to represent a digitized line or its caricature[J]. Cartographica: The International Journal for Geographic Information and Geovisualization, 1973, 10 (2): 112-122.

[9]　Gioi R G V, Jakubowicz J, Morel J M, et al. LSD: A fast line segment detector with a false detection control[J]. IEEE Transactions on Pattern Analysis and Machine Intelligence, 2010, 32 (4): 722-732.

[10]　Haugaard R L, Buch A G. SurfEmb: Dense and continuous correspondence distributions for object pose estimation with learnt surface embeddings[C]// 2022 IEEE/CVF Conference on Computer Vision and Pattern Recognition, 2022: 6739-6748.

[11]　Wu C R, Chen L, He Z X, et al. Pseudo-Siamese graph matching network for textureless objects' 6D pose estimation[J]. IEEE Transactions on Industrial Electronics, 2022, 69 (3): 2718-2727 .

彩　　图

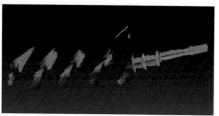

图 1-6　利用结构光技术对复杂强反光物体表面采集的点云

图 3-3　SIFT 特征点

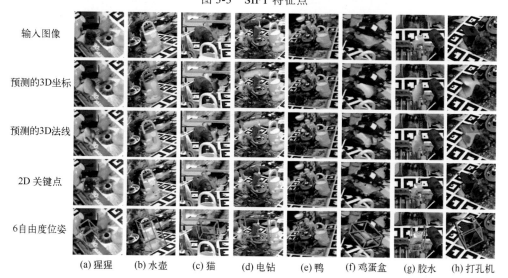

| 输入图像 | 预测的3D坐标 | 预测的3D法线 | 2D 关键点 | 6自由度位姿 |

(a)猩猩　　(b)水壶　　(c)猫　　(d)电钻　　(e)鸭　　(f)鸡蛋盒　　(g)胶水　　(h)打孔机

图 4-4　位姿估计效果示例

红色标记表示 MLFNet 的预测，绿色标记表示真实值，黄色区域表示重合程度

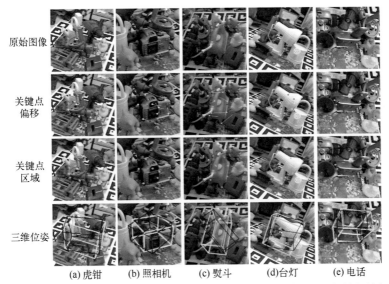

原始图像

关键点偏移

关键点区域

三维位姿

(a) 虎钳　　　(b) 照相机　　　(c) 熨斗　　　(d) 台灯　　　(e) 电话

图 4-12　LineMoD 数据集上位姿精细估计结果示例(红色框为初始位姿)

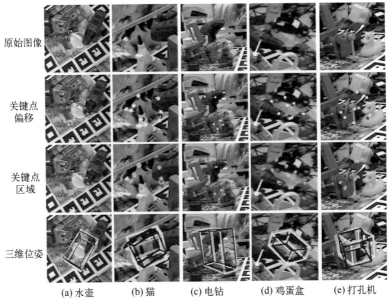

原始图像

关键点偏移

关键点区域

三维位姿

(a) 水壶　　　(b) 猫　　　(c) 电钻　　　(d) 鸡蛋盒　　　(e) 打孔机

图 4-13　Occlusion LineMoD 数据集上的位姿精细估计结果示例(红色框为初始位姿)

(a)先验轮廓

(b)位姿 P1 下本节方法分割结果

(c)位姿 P2 下本节方法分割结果

(d)位姿 P2 下传统水平集分割结果 1

(e)位姿 P2 下传统水平集分割结果 2

(f)先验水平集方法分割结果

图 5-18   本节方法与传统水平集方法实验对比结果

图 6-2   LSD 的检测效果示例

图 6-5　CLSD 的检测效果示例

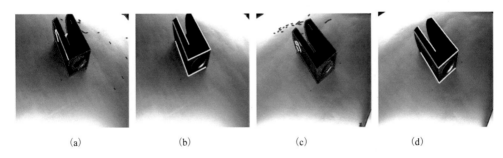

(a)　　　　　　　　(b)　　　　　　　　(c)　　　　　　　　(d)

图 6-12　某一直线段最近邻 5 条线段示例

图 6-21　连接块位姿估计结果

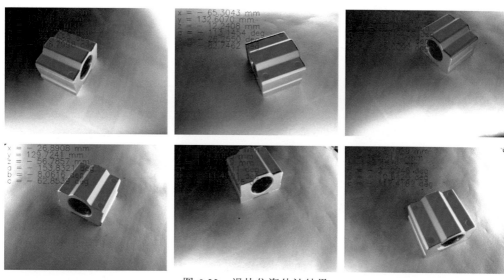

图 6-22　滑块位姿估计结果

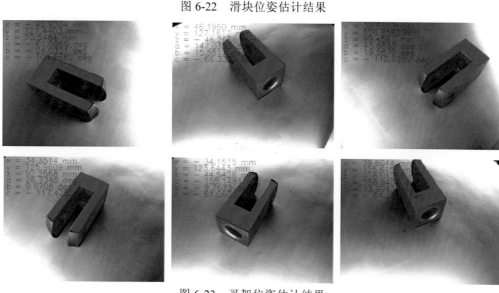

图 6-23　叉架位姿估计结果

 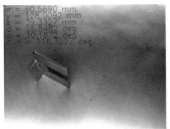 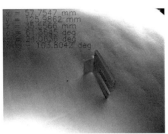

图 6-24　舌片位姿估计结果

　　(a)原图　　　　　　　　　　(b)加噪声后　　　　　　　　(c)位姿计算结果图

图 6-25　本方法在有噪声情况下的位姿估计结果

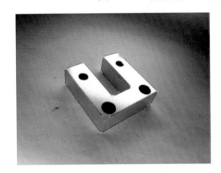 

图 6-28　直线 FVA 示意图

图 6-29　椭圆 FVA 示意图

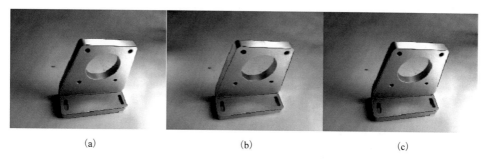

(a)　　　　　　　　　(b)　　　　　　　　　(c)

图 6-31　直线特征增强效果图，图(c)为将图(a)、图(b)融合增强后的效果

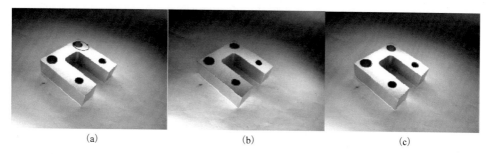

(a)　　　　　　　　　(b)　　　　　　　　　(c)

图 6-33　椭圆特征增强效果图，图(c)为将图(a)、图(b)融合增强后的效果

图 6-35　位姿估计结果示例

图 6-36　连接片渲染叠加图

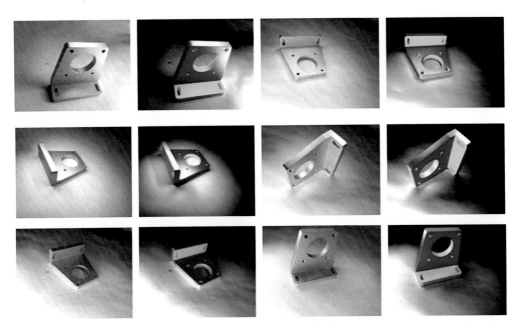

图 6-37　电机座渲染叠加图

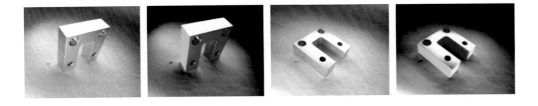

图 6-38　定位块渲染叠加图

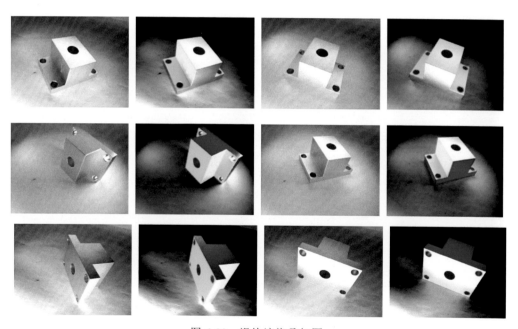

图 6-39　滑块渲染叠加图

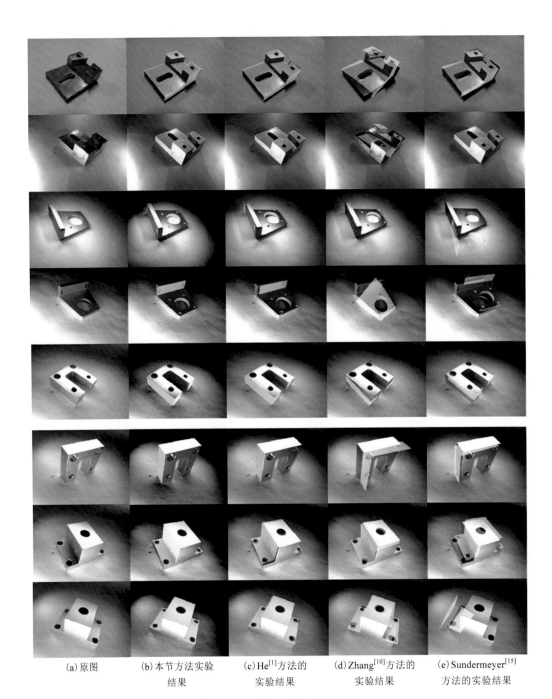

(a) 原图　　(b) 本节方法实验　　(c) He[1]方法的　　(d) Zhang[10]方法的　　(e) Sundermeyer[15]
　　　　　　　结果　　　　　　实验结果　　　　　　实验结果　　　　　方法的实验结果

图 6-40　对比实验渲染叠加图

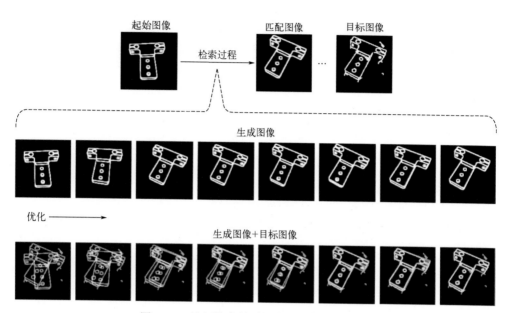

图 7-28　特征检索的过程中生成图像的变化

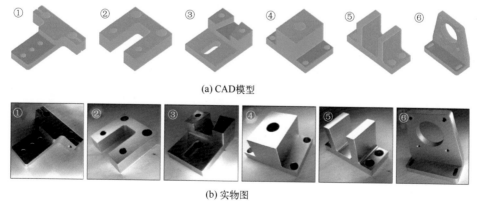

(a) CAD模型

(b) 实物图

图 7-36　实验对象：零件 1～6

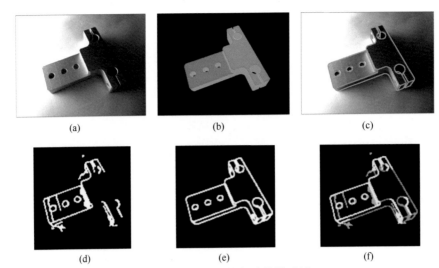

(a)　　　　　　　　　(b)　　　　　　　　　(c)

(d)　　　　　　　　　(e)　　　　　　　　　(f)

图 7-37　零件 1 的实验结果示例

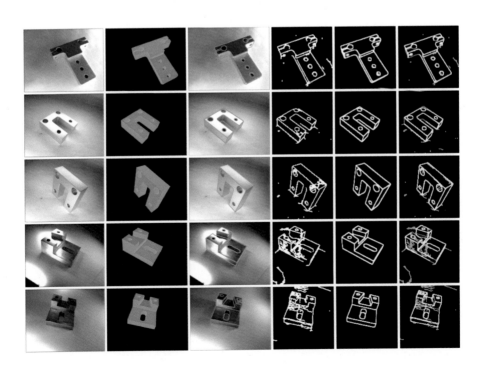

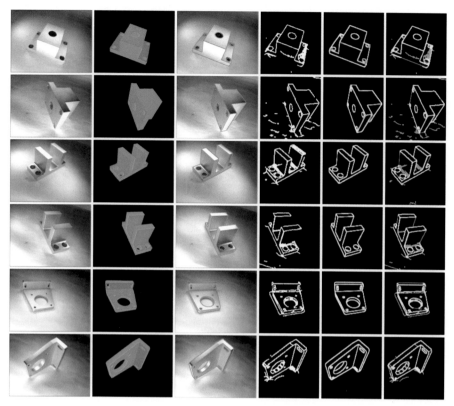

图 7-38　零件 1～6 的实验结果示例

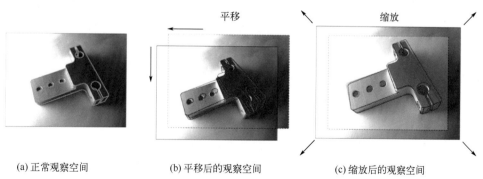

(a) 正常观察空间　　　　　　(b) 平移后的观察空间　　　　　(c) 缩放后的观察空间

图 7-46　仿射变换所产生的"异常空间"现象

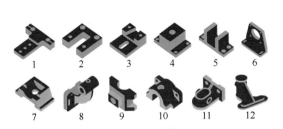

(a)CAD 模型　　　　　　　　　　　　(b)实物图

图 7-57　实验对象：零件 1～12

检测图像　　　　　　　　位姿估计渲染图　　　　　检测图像+渲染图(轮廓)

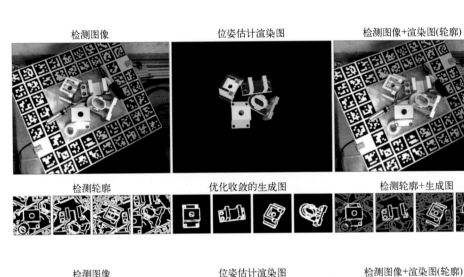

检测轮廓　　　　　　　优化收敛的生成图　　　　　检测轮廓+生成图

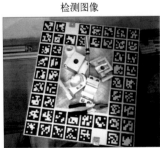

检测图像　　　　　　　　位姿估计渲染图　　　　　检测图像+渲染图(轮廓)

检测轮廓　　　　　　　优化收敛的生成图　　　　　检测轮廓+生成图

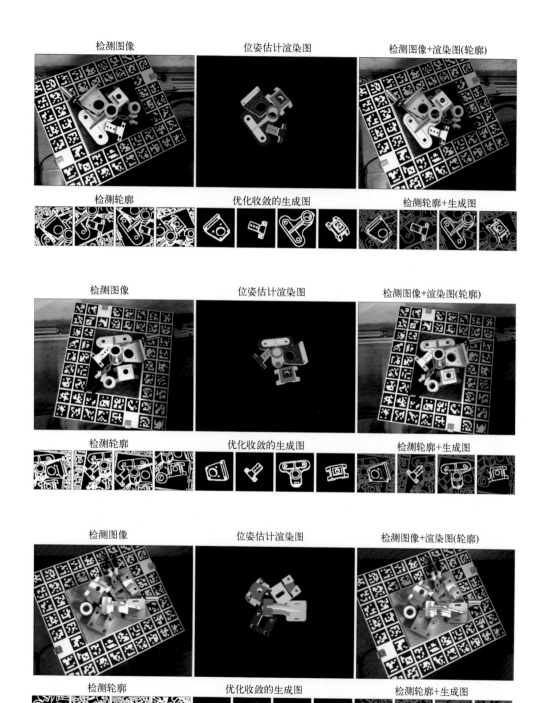

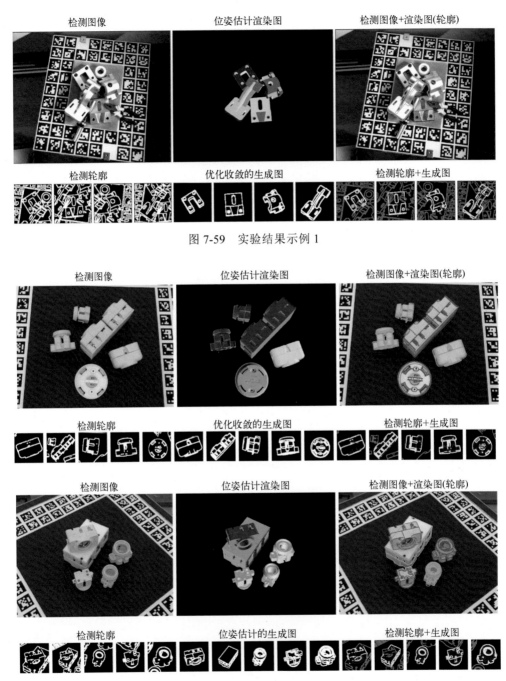

图 7-59　实验结果示例 1

图 7-60　实验结果示例 2

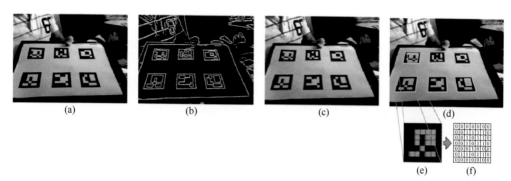

图 8-6　ArUco 标靶检测流程图[7]

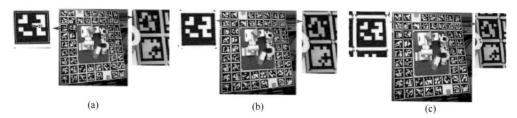

图 8-7　ArUco 标靶角点误检测及外点去除优化后的检测情况

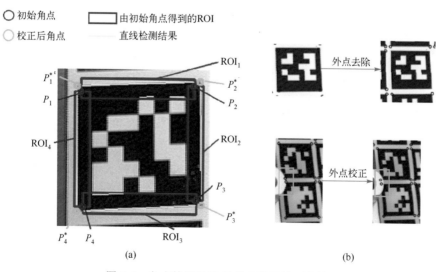

图 8-8　角点检测阶段外点去除及校正方法

图 8-9 经外点去除算法优化前后的位姿结果可视化对比图

图 8-13 各测试场景示意图(图中有颜色的零件是与实物重合的 CAD 模型效果)